摄影师、画家和设计师都必须了解的摄影用光

光的语言

Stoppees' Guide to Photography and Light

（美）布莱恩·斯托夫（Brian Stoppee） 简妮特·斯托夫（Janet Stoppee）著

梁明 策划　王真 郭人和 译

后浪出版公司
摄影学院 005

世界图书出版公司
北京·广州·上海·西安

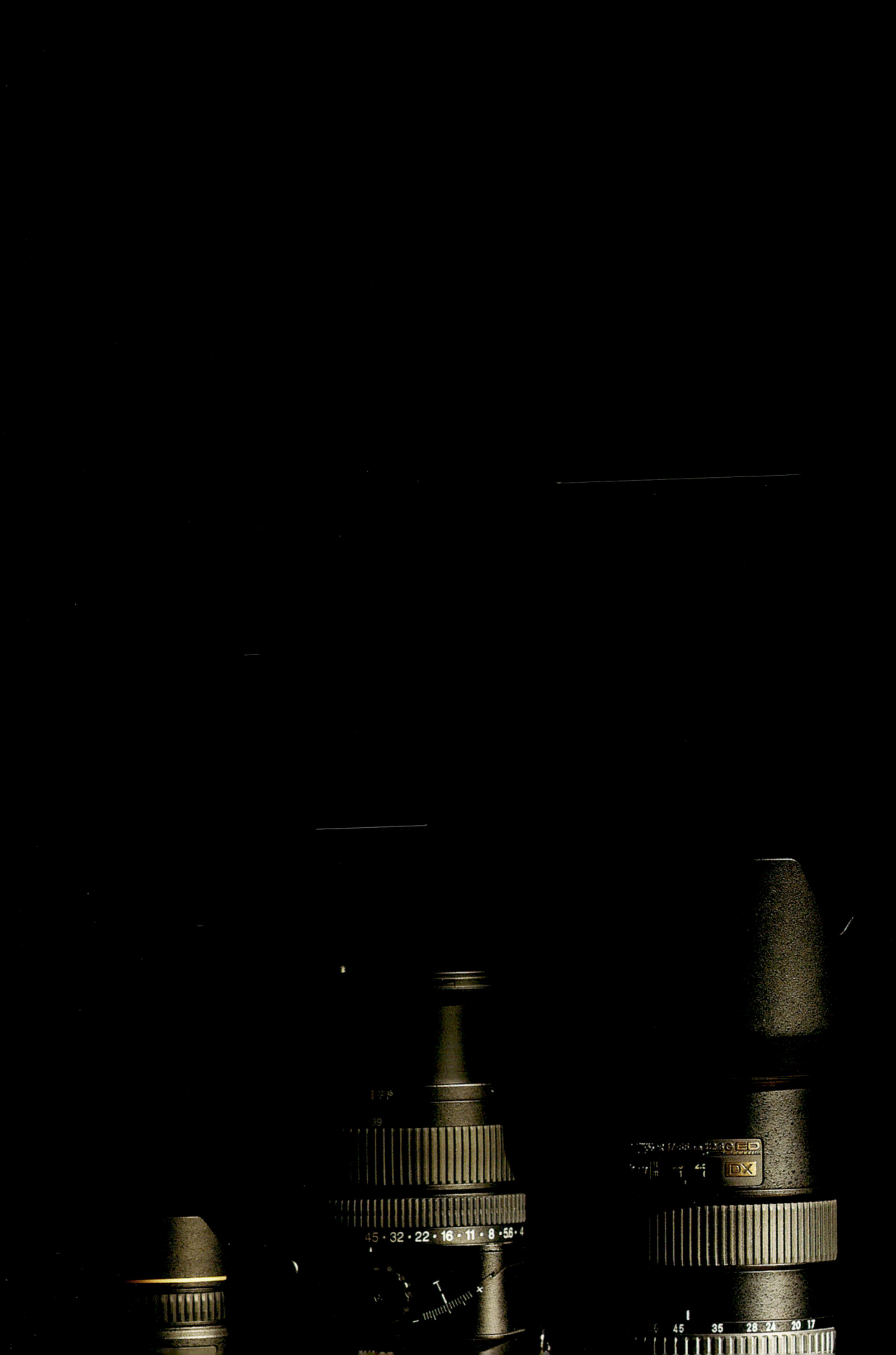

仅以本书献给布莱恩的父母，哈里和阿瓦隆。在生活以及专业方面，他们启迪了布莱恩与简妮特。

哈里是一位自力更生的生意人，而阿瓦隆是一位平面设计师。自布莱恩孩童时代起，她就希望布莱恩能出书。是他们使布莱恩在八岁时对摄影产生了兴趣。是他们全心全意地接纳简妮特走进他们的生活，把她视为己出。

在本书完本前几周，阿瓦隆与世长辞。

目 录

第一章 光的颜色   12

1.1 色彩斑斓的阳光	14	1.14 无处不在的表面和纹理	30
1.2 色温	15	1.15 足够的高光点	32
1.3 一年四季的阳光	17	1.16 丰富的阴影	33
1.4 光照方向	19	1.17 制造高光，控制阴影	35
1.5 你看见了什么	21	1.18 明度	37
1.6 你的大脑如何补偿	22	1.19 色调	38
1.7 调色板	23	1.20 色相	40
1.8 中灰	24	1.21 对比度	42
1.9 最小灰度：超级白	25	1.22 鲜艳色、饱和色和喑哑色	43
1.10 最大灰度：漆黑	25	1.23 高调	45
1.11 入射角度和反射角度	27	1.24 低调	47
1.12 什么看得见……什么看不见	27	1.25 天气与光	49
1.13 反射光	28	1.26 画室北面的光	51

第二章 数码相机的曝光和光学原理   52

2.1 曝光中的三位一体	54	2.10 感光度：ISO的替代品	64
2.2 曝光时间、感光度和通光量	55	2.11 运动中的ISO：选择合适的快门速度	65
2.3 曝光时间因素	56		
2.4 相机动作、抖动和图像稳定	58	2.12 避免噪点；享受颗粒感	66
2.5 让身体成为三脚架	59	2.13 通光量	68
2.6 定格的动作与唯美的模糊	60	2.14 镜头上的数字	69
2.7 长时间曝光	62	2.15 镜头会对光做些什么	70
2.8 取代胶片差异的是……	63	2.16 镜头上字母的含义	71
2.9 这就是传感器	64	2.17 EV：曝光值	72

2.18 自动曝光设置	73	2.33 长焦压缩	96
2.19 相机的测光方式	74	2.34 超长焦的眼睛	98
2.20 曝光锁定	75	2.35 微距的优势	100
2.21 曝光补偿	77	2.36 弯曲的光线，弯曲的物体	102
2.22 包围曝光	78	2.37 调整白平衡	104
2.23 手动通过镜头测光（TTL测光）	79	2.38 白平衡的色彩氛围	106
2.24 景深的表现	82	2.39 包围调色	108
2.25 超焦距=最小景深	84	2.40 微倒值（mired）	109
2.26 视觉精炼	85	2.41 视野的可视角度	110
2.27 等效焦距	86	2.42 光线和透视关系	111
2.28 超广角镜头和鱼眼镜头	87	2.43 亮度范围的宽窄	112
2.29 广角镜头的透视	89	2.44 光的衍射与图片的清晰度	113
2.30 怎样用光最合适？	91	2.45 屏幕取景与你的眼睛	115
2.31 "抓拍"镜头	93	2.46 区域模式	116
2.32 人像镜头	94	2.47 对焦模式和强大的手动功能	116

第三章 测光与颜色   118

3.1 测光技巧	120	3.6 测光表	127
3.2 入射读数	121	3.7 点/反射测光	129
3.3 光源和光线距离	123	3.8 光圈/快门优先时的测光和曝光值	131
3.4 平方反比定律	125	3.9 多光源的光比	132
3.5 灰板	126	3.10 色温表	133

第四章 光线、色彩及其运用　　　　　　　　**136**

4.1 最终用途决定一切	138	4.5 文件格式及最终效果	144
4.2 色彩模式	140	4.6 理解图片大小	146
4.3 色彩空间和工作区	142	4.7 上升和下降采样（Upsampling and Downsampling）	148
4.4 色彩深度	143		

第五章 前期准备中的注意事项　　　　　　　　**150**

5.1 草图和素材图	152	5.7 校准显示器	163
5.2 考察外景地和机器的准备	154	5.8 控制印刷色彩	164
5.3 为外景拍摄准备好存储设备	156	5.9 相机的外景拍摄	166
5.4 数据储存和备份补充	157	5.10 带着设备去外景地	169
5.5 校准色彩	160	5.11 外景灯光	171
5.6 显示所有的色彩	161	5.12 外出拍摄的责任	174

第六章 原始文件和扫描胶片　　　　　　　　**176**

6.1 Bridge：元数据	178	6.10 清晰度	192
6.2 原始文件的优势	180	6.11 自然饱和度、饱和度	192
6.4 直方图	183	6.12 色调曲线	193
6.5 原始文件的直方图	184	6.13 锐化和消除噪点	195
6.6 白平衡	186	6.14 彩色转黑白	197
6.7 色温和tint	187	6.15 色相、饱和度以及亮度	198
6.8 色调	189	6.16 色调分离：高光与阴影	199
6.9 修复、辅助光和暗部	190	6.17 镜头修正和相机校准	200

6.18 从胶卷到数字化：扫描	201	6.19 扫描工具	205

第七章 环境光　　　　　　　　　　　　　　　　　212

7.1 清晨	214	7.5 夕阳和轮廓	219
7.2 中午=散射	215	7.6 蜡烛和火光	221
7.3 针对不同性别的光源	217	7.7 天黑之后：混在一起的色温	222
7.4 落日前	218		

第八章 人工调整　　　　　　　　　　　　　　　　226

8.1 自然界中的光线调节器	228	8.15 柔光箱技术	245
8.2 反射光	229	8.16 调速环	246
8.3 柔光器	231	8.17 柔光箱的入门级别——Triolet	247
8.4 反射和散射工具	232	8.18 大柔光箱	250
8.5 弱光和消光板	233	8.19 小柔光箱更合适的时候	251
8.6 反光板架	235	8.20 OctaPlus柔光箱	253
8.7 反光布、"路霸"以及照明控制套件	236	8.21 灯笼、薄饼、裙子？	254
		8.22 滤镜入门	255
8.8 帐篷	237	8.23 灯光设计师的小把戏	257
8.9 反光圆片和反光条	238	8.24 散射材料	259
8.10 遮光板和束光筒	239	8.25 反光材料	260
8.11 聚束栅和灯光点	240	8.26 偏振片	260
8.12 反光伞和柔光伞能做什么	241	8.27 颜色校正	261
8.13 用多个反光伞制造柔光	242	8.28 蓝屏和绿屏	262
8.14 新式伞	244		

第九章 创意支持与安全作业　　264

9.1 支架要求	266	9.10 灵活的支撑臂与夹头关节	276
9.2 C型架与倾斜	267	9.11 小型固定工具箱	277
9.3 箱子与冒口系统	268	9.12 钳夹、"鸽子"和绳结等等	278
9.4 机械臂与吊杆的应用	269	9.14 合适的三脚架	280
9.5 配重与袋子	271	9.15 重量与选址	281
9.6 集管和吊杆	273	9.16 聪明地使用倾柱	282
9.7 神奇手指	274	9.17 快拆球形云台	283
9.8 夹头	274	9.18 侧向球形云台的控制	284
9.9 Mafers夹具与Mathellinis夹具	275		

第十章 日光型荧光灯　　286

10.1 光照亮，功率低	288	10.4 简易柔光箱	294
10.2 奇形怪状的灯泡	289	10.5 制造反射：快速入门	295
10.3 整体照明系统	292	10.6 创造月光	298

第十一章 HMI　　300

11.1 为什么选择HMI？	302	11.5 小角和广角打光	309
11.2 控制镇流器	304	11.6 详述静物摄影	312
11.3 PAR	304	11.7 探照灯和遮光板	316
11.4 好莱坞风格	308	11.8 探照灯附件和雾化效果	318

第十二章 无线电池闪光   **320**

- 12.1 相机做些什么   322
- 12.2 复杂的闪光   326
- 12.3 反射和快速补光   328
- 12.4 将闪光灯拿下来   329
- 12.5 无线闪光工作室   331
- 12.6 微型闪光工具组   333
- 12.7 揭示微观世界   335
- 12.8 在静物台上   338

第十三章 数码工作室的闪光灯   **340**

- 13.1 系统   342
- 13.2 瓦秒是什么？   345
- 13.3 灯光输出与数码增效   346
- 13.4 同步线和无线工作   347
- 13.5 循环时间与输出功率   349
- 13.6 管理闪光灯持续时间   351
- 13.7 反差比   352
- 13.8 石英模拟灯   353
- 13.9 灵活的裸管   354
- 13.10 反射器的选择   356
- 13.11 从属之眼   357
- 13.12 复制平面艺术品   358
- 13.13 Monolight的便捷性   360
- 13.14 单一光源   361
- 13.15 使用面板框架制造广角光照   363
- 13.16 创造日光   365
- 13.17 迷人的照明   366
- 13.18 同时使用多把光伞   370
- 13.19 同时使用多个柔光箱   371
- 13.20 辅助自然光照   374
- 13.21 从属的背景房间   376
- 13.22 拍摄地点的安全   377
- 13.23 混合的灯光效果   380
- 13.24 穿过广阔的空间   382
- 13.25 用"曲奇"模拟窗户效果   383

第十四章 重要的桌面工具　　386

- 14.1 适用的手绘板　　388
- 14.2 桌面工具　　389
- 14.3 手绘板键和触控列　　391
- 14.4 改进使用体验　　391
- 14.5 对手绘板键进行编程　　395
- 14.6 调节新帝　　396

第十五章 Painter 的色彩　　398

- 15.1 了解传统媒介　　400
- 15.2 Painter的工作界面　　404
- 15.3 粉笔与蜡笔　　406
- 15.4 丙烯　　410
- 15.5 油画棒　　412
- 15.6 水彩　　415
- 15.7 自动绘制照片　　419

第十六章 光线与展现　　422

- 16.1 打印机的驱动和媒介　　424
- 16.2 ICC匹配信息　　426
- 16.3 控制墨水；演绎你的视觉　　428
- 16.4 管理墨盒　　429
- 16.5 黑白色域　　432
- 16.6 哑光铜版纸和光面纸　　434
- 16.7 绒面纸与油画布　　435
- 16.8 亮度和持久度　　435

出版后记　　439

第一章
光的颜色

在我们已知的所有能量里，光的形象最为直接。它能揭露真实。

光的大部分能量一旦碰到物体表面就会发生反射，改变方向。

光对我们而言不可或缺，就像生命离不开水一样，我们同样离不开光。

通过摄影，我们捕捉到这种积极而重要的能量，凝固它的辉煌。这是为我们自己，也是为了与他人分享。

光由各种颜色组成。

作为摄影师，我们是光的使者。我们拍下的图片会通过眼睛进入观者的体内到达脑海，引起他们的反响。

来吧，热爱光、热爱光活力、热爱光生活的乐趣和色彩，在你余下的生命里积极地与它们沟通。分享在视觉世界的每一次探索成果，并为之喝彩。

1.1 色彩斑斓的阳光

晴朗的正午，阳光中各种波长的光分布比较均衡。

光和空气分子

光线每天在空气分子中传播。空气分子会使一部分光线发生散射。散射时，光的颜色也会发生变化。

在每天的晨昏时分，光线成一定角度照射着大地，因此到达地面需要更远的距离。比起中午，早上的阳光要在空气中多行进几百英里。

黎明和黄昏时光的波长

黎明时缺少蓝色，因为这种波长的光被空气分子过滤掉了。

与此相反的是日落之后的日光颜色。傍晚时的光线呈现蓝色。

如果天气条件适合，黎明和黄昏时自然中的万物都会被一种橙色或粉色的色调笼罩。摄影师们称这一时段为"黄金时段"。对摄影师来说，这个绝佳时机转瞬即逝，因此需要好好统筹规划。（关于如何制订合理的计划，详见第五章"前期准备中的注意事项"）

每天，随着太阳横穿天空，光的颜色也会发生改变。07：30拍下的景物与12：30拍下的景物，在颜色基调上会有所区别。

与时间沟通

作为摄影师，我们要学会用颜色来表达情感，而颜色则与一天中的时间有关。我们不必明确地告诉观众"这张照片其实拍摄于下午"，只需巧妙地利用不同时间的光线，就可以让作品中的事情看上去好像发生在"清晨"。

当然了，孩子们上校车这样的场景，还是和早上的光线最搭调。

设定计划去捕捉颜色

要设定计划捕捉一天当中的各种颜色，就意味着摄影组成员要披星而出，戴月而归。

有时候，对于助理、造型师和模特来说，执行这样的行程计划会遇到困难，必须有严格的组织纪律才行。我们要保证整个团队都意识到：每一张作品都在记录一个空前绝后的瞬间。我们要时刻调动气氛，但跟上进度也很重要。

从开拍到收工，在这10小时的工

正午的光线

早晨的光线　　　　　　　　　　　　　　　傍晚的光线

作中，要始终最大限度地激发每个人的能力。只要确保所有人的精神高度集中，每个人都能从中得到愉悦。

光照不足所带来的挑战

黎明和黄昏的照明效果充满戏剧性，因而受到摄影师的偏爱。然而光线不足却会影响曝光效果。（详见第二章"数码相机的曝光和光学原理"）快门速度和光圈总有极限。当我们为了追求高分辨率和低噪点而把感光度设在 100 时，这一点尤其明显。

光源离被摄物体越远，光线强度越弱。

有时，我们只能接受自然界中的客观条件。我们的宗旨是充分享受你所拥有的一切。

1.2　色温

冬天冷，夏天热。如果温度计显示 20 ℉（约为 -6℃），我们最好把自己包成粽子。如果护士说我们的体温是 100 ℉（约 37.7℃），那就是发烧了。对于这些和温度有关的事情，我们已经习以为常。

但是如果让我们用温度来衡量和表现颜色，就会感到有些困难。

有很多学科致力于研究光线，而科学研究需要准确的测量工具和表达方法。

开尔文表

如果我们加热某件物品到一定程度，它就会发光。黑色意味着完全不发光，在开尔文表上，它是零度。这意味着该物体处于 -459.67 ℉（-273℃）的极度严寒环境中。

就像华氏度的缩写是 ℉，摄氏度的缩写是 ℃，衡量色温的开尔文度缩写是 K。

从一根点燃的火柴里我们无法得到太多热量，但毫无疑问，火柴在燃烧时也会发光。小火柴发出的光的色温在开尔文表上是1700k左右，而一盏普通家用灯在3000k上下。

开尔文表另一端的颜色类似于阴霾的天空，看上去很冷。这时的色温大概在10000k左右。

听上去是不是有点儿怪？

我们眼中温暖的东西，色温只有1700k；而看起来冷的东西，色温却有10000k？

在脑海中建立起参照系（比如火柴和家用灯），你就会渐渐习惯的。

正午的阳光＝5500k

晴天正午的阳光是一个重要的参照物。这时的色温是5500k。在胶片时代，这种光被称作"标准日光"，现在它仍是我们的参考标准。

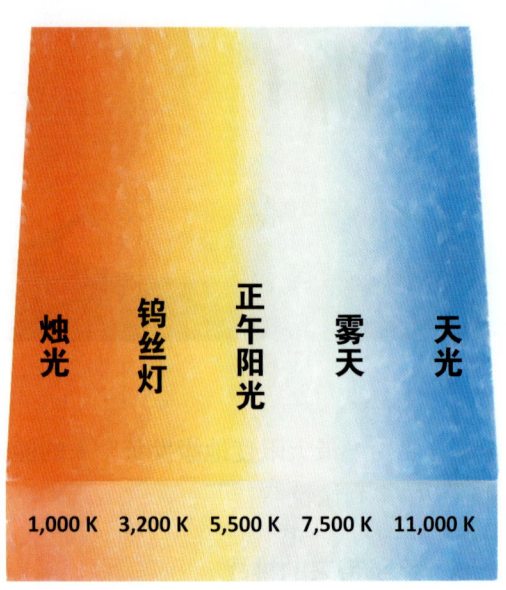

开尔文色温表的跨越幅度很大，是根据环境中各种光线情况而设定的。

五种基本色温

对于摄影曝光来说，有五种需要熟悉的色温：

白炽灯——3000k

日光灯——4200k

标准日光／闪光灯——5500k

多云——6000k

阴影——8000k

这些温度是估计值，自然环境是多变的，光源设备的品牌、型号和使用寿命也会使数据发生误差。

你需要牢牢记住整张可见光光谱，记住正中间的5500k，记住一端的"暖"和另一端的"冷"。随着时间推移，开尔文表会成为你观察和思考光线的标准。（详见1.5和1.6小节，让你的眼睛和头脑在感受色彩时发挥重要作用。）

太阳表面的温度大约在6000k。

把铁加热，它会变红，色温是3000k时，铁便处于"白炽状态"，而太阳的温度是6000k。如果铁落到太阳表面就会蒸发，释放出气体，呈现出蓝色。这将会突破开尔文表，达到了20000k。

在考量环境中的光线时,除了由太阳直接散发出的光,还要考虑更多因素。阳光射入天空,产生了所谓的"天空光"。天空光越强烈,我们的图片就会越多地呈现蓝色调。

天空光

在户外取景地,周围的光线由两部分组成:来自天空和太阳的光,天空反射回地面的光。它们组合出各种色温的光线。在晴天,从蓝色苍穹射向地面的光线很强烈,但直射大地的阳光更加强烈。

天空光越强,照片中的蓝色就越强。你可以在阴影细节中发现它的效果。

在日照稍弱或是有雾的时候,阳光和天空光合起来的色温约在7000k至8000k的范围内。我们可以接受并享受这样的光线条件,或者做出一些调整。

但如果阴天的光线超过10000k,调整起来就很困难了。

1.3 一年四季的阳光

因为地球是以椭圆形轨道围绕太阳公转,所以我们多了365个理由,每天都走出去拍照。

在热带,阳光受季节影响不大。然而在地球上其他地方,光线的角度会因季节而发生巨大的变化。

冬季

在较冷的月份,光照时间短,光线角度低。我们可以在雪地里拍到漂亮修长的影子。12月21日的华盛顿,太阳07:23升起,16:50落下。每天的日照时间只有9小时27分。

有人认为冬天出外景拍照只能拍到一片荒芜。但是光秃秃的树干可以为你提供更好的视野,看到未见的景色。长长的影子也能制造出一些戏剧性的视觉效果。

雪景为我们提供了拍摄高对比度照片的机会。白色的环境在构图上拉近了前景和后景的距离,更能凸显出被摄物体。光线由雪地反射到被摄物体上,提供了更均匀的照明效果。

冬天的景色宁静而平和。在光线的把握上没有什么难度，但使用自动曝光模式的摄影者会发现，图片效果比预想的暗一些。

春季

大约 13 周之后，每天的日照时间多了 166 分钟，06:09 日出，18:22 日落。每天可以有 12 个小时外拍时间，自然光非常充足，可以尽情享受。

受到地球倾角的影响，春季北半球偏向太阳的方向。随着春天的脚步临近，影子也会发生改变。有了完美的照明与和煦的天气，摄影师可以守望渐渐苏醒的植物，尽情捕捉盛开的花朵。

夏季

在 6 月 21 日，太阳 04:43 升起，直到 19:37 才落下。每天有 14 小时 54 分日照充足的摄影时间，加上日出前和日落后的一些神奇的时刻，我们每天可以出 15 小时外景，拍到筋疲力尽。

在夏至那天，地球离太阳最近。一些人认为这个季节的光线适合拍出色彩丰富、饱和度高的图片。这时候烈日高悬，影子很短。在这一天的赤道上，正午的太阳就挂在天空正上方。

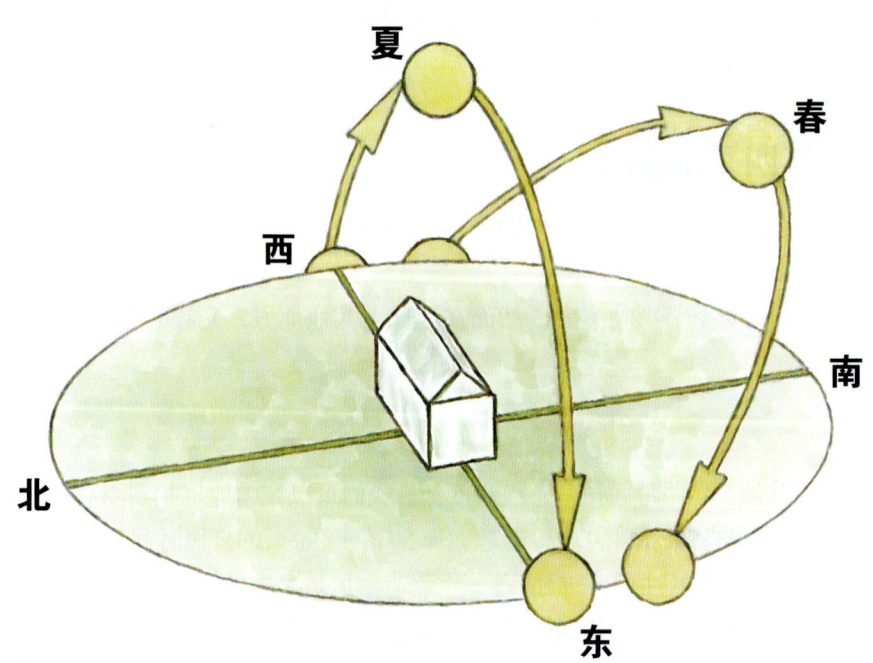

一年当中太阳的位置每天都会变化，这使日照时间、光照与地表的角度也随之变化。

有些人觉得夏天的日子很难熬，天气又热又闷，创作者和摄影组的成员无法一直保持高效率。

一年四季你都需要有效的防晒霜，并适当补充水分。夏天出外景有一点很重要：保证每个人都远离晒伤、避免脱水。

要制订万全的拍摄计划。

秋季

到秋分时，我们又回到了一天12小时日照的日子。太阳每天05:55升起，18:06落下。我们平时看到的树叶是绿的，但是在秋季每天731分钟的日照里，光线有时会符合特定波长条件，使树叶仿佛展现出隐藏的、更加明亮的颜色。日光渐渐变暗、降水减少、气温降低这都在催促我们走出去，试试手气。

北半球的太阳不再呈60°高悬在空中，夏天的暑热褪去。和春季一样，适宜的自然条件也许会为一位摄影师提供终生难遇的绝佳拍摄机会。

1.4 光照方向

当摄影师使用昂贵的布景在外拍照时，特别需要合适的太阳位置和日照角度的垂青。

当然，在拍摄小一些的场景时，我们可以有更多调整光线的余地。（详见第8章"人工调整"）

光照角度创造出的特殊视觉效果可以成为摄影师的标志。对光线的了解，将有助于你改变图像带给观众的印象。这个道理就像让光源围着一个球体旋转，你可以创造出无限种可能。

自然角度

在大多数时间里，自然光来自上方。只要打破这条规律，就能拍出效果独特的图片。面向东方的外景被摄物在上午顺光、下午逆光。

在拍摄外景时，要尽量随时关注外景地，这样你就可以根据最佳光线调整拍摄日程表。（详情参见第五章"前期准备中的注意事项"）

光线的五种角度

为了帮助你选取光线角度，我们把所有光线概括成以下几种：

1. 正面光

在一些人看来，正面光过于呆板，有的时候还会显得生硬。但它的优点在于几乎不产生可见的阴影，可以隐藏瑕疵，甚至产生修饰的效果。按照摄影的金科玉律，摄影师应该背对阳光。这样相机的测光表就能像安全带一样为你提供保障。正面光常用来强调颜色，如果拍人像时正面光源非常强，被拍对象可能不会直视镜头。

2. 顶光

一些摄影师对顶光颇有微词，因为它不像其他角度的光线那样富有戏剧性。但如果拍摄区域光线很好，被摄物和光源合适，顶光有时也很好用。要注意调整，柔化过硬的阴影。

3. 侧光

侧光变化丰富。有特色的阴影和高光都可以凸显画面的个性。隐藏在阴影中的细节可以营造神秘的氛围。如果一面明、另一面暗，被摄对象的立体感会很强。

别光盯着被摄物看，要用心研究，构思如何安排照明。如果光源从这里移到那里，被摄物会发生什么改变。假设各种可能，并在脑中构图。

4. 轮廓光

当主光源在被摄物的边缘勾勒出高光时，就会产生戏剧性的轮廓光效果。轮廓光将观众的注意力牢牢钉在主要被摄物上。在单光源场景中轮廓光会使被摄物体变暗，在多光源的场景中轮廓光最强。轮廓光也被称为发光。

5. 逆光

除了营造剪影效果，逆光还有很多用处。这种戏剧性的光线可以突出被摄物体的形状。与其他光源搭配使用时，逆光能增强被摄物体的立体感，也会造成纹理和细节的丢失——那可能正是你想要的。

1.5 你看见了什么

我们的眼睛像一台相机。瞳孔发挥光圈的作用，自动调整进入眼球的光量。

视网膜，眼睛里的胶片

我们的眼睛里有一层神奇的感光内膜，像胶片一样工作，那就是视网膜。它接收"镜头"发送来的图片，然后通过视觉神经把它传送给大脑。在大脑后部的皮层上还有眼部神经突起，视网膜传来的颜色信息、视觉任务和动作警报都在那里进行处理。

视网膜中有视杆细胞，它们对光线高度敏感却对颜色束手无策。即使在昏暗的环境或在黑暗中，视杆细胞也能做出反应。

这是一只青椒在3200k照明环境中的样子。

我们视网膜的对比度在各种条件下只相当于相机光圈的6档半。然而由于视杆细胞的调整能力极佳，我们的"拍摄范围"可以达到20档。

尽管我们有两只眼睛，它们却是各自为政，独立工作的。大脑通过它们来协助我们感知空间。

我们的视网膜接收到的图像是上下颠倒的，需要我们的大脑来修正，这点很像相机。

视觉三原色

除了视网膜中的视杆细胞，我们还有

这是你的大脑告诉你的青椒的样子，它将色温调整到了2300k。

接收颜色的视锥细胞。视锥细胞对图像很敏感，能接收短、中、长三种波长的光线。根据视锥细胞传来的信息，我们把波长较长的光线定义为警示的红色，事实上视锥细胞最敏感的波段是偏绿的黄色。那些中短波长的光线也不一定就是我们看到的蓝色和绿色，我们这样形容它，因为我们要用三原色来解释一下人眼视锥细胞的工作原理。

我们视网膜里的视锥细胞很狡猾，它其实只能传达红、绿、蓝三种颜色信息，却通过三原色的混合为我们呈现出了五彩缤纷的颜色。

1.6 你的大脑如何补偿

我们可能以为红色的裙子会散发红色的光，但事实上，这条裙子吸收了所有光，只将红色波长的光反射回来。我们认为它是红色，因为我们只能辨认这个波段的光。一些哺乳动物可辨识的光谱比人类更广，但也有一些哺乳动物根本无法辨认颜色。

颜色认知

我们基于物体所反射光线的波段来感知颜色。

颜色的适应

视网膜将图像传送给大脑之后，大脑就开始对颜色信息进行补偿性处理。我们认为特定的物体应该有特定的颜色，不管在日光下、白炽灯下还是阴天里，青椒就是绿色的。（深入理解光的颜色，详情参见第1.2小节）

相机的传感器无法做出这种调整。它只根据绿色青椒反射的光线来解读它。我们大脑营造的视觉假象被称作"对颜色的适应"，有时候也叫做"恒定色"。作为摄影师，我们需要考虑到人体的图像捕捉系统的功能和盲点。大脑对颜色的适应功能无法告诉我们失去人脑的调整，相机会拍出什么样的图片。我们只能依靠更先进的相机和测光表。

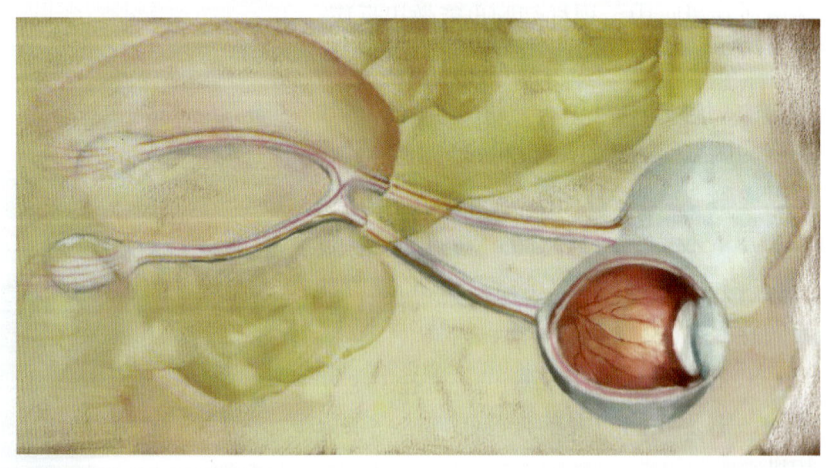

视网膜就是眼睛里的胶片，它把图像传递给大脑进行处理。大脑就像极度高效的图像处理软件。即使光线不那么完美，它也可以通过修正颜色创造出赏心悦目的画面。

湿润的眼睛

想要看得更清晰？保持眼部湿润会产生很大效果。在取景地要常备眼药水。

1.7 调色板

二十几岁的牛顿通过玻璃棱镜发现了阳光的奥秘。时至今日，我们仍在为光线进入棱镜一侧，从另一侧变成彩虹这个现象着迷。

牛顿发现棱镜不仅可以将光分割成赤橙黄绿青蓝紫，而且之间衔接得天衣无缝。

尽管那是在 1666 年，现在已是 21 世纪，我们仍然可以感受到牛顿的激动之情。我们毕生都为光和颜色着迷。

过去和现在的色彩理论

传统的颜色理论为油画调色服务，如今我们将颜色理论应用到数码校色领域。

用红、绿、蓝三原色创造引人入胜的绚丽世界。现在我们已经不再关注油画颜料，而是关注我们的电脑、数码后背如何将像素变成颜色显示出来。更有挑战性的是，我们在打印时，根据 CMYK 色彩模式将三原色又转换成四至九种颜色的墨水，而这是印刷业常用的色彩模式。（关于色彩模式详见第四章"光线、色彩及其运用"）

色彩的传达

按照传统方式，摄影师对色彩的讨论被限制在"暖色"和"冷色"之间。显然，红、粉、橙、黄通常被称做"暖色"，而蓝、绿色代表"冷色"。

有了种种视觉相关工具，如今的摄影师更有理由成为出色的视觉传达者。

许多成功的摄影师只掌握了中等的技巧。那些真正在摄影界闪耀的人，不仅要有训练有素的创造性眼光，还要能将摄影的条条框框融会贯通，并与拍摄计划中的每个人营造出良好的合作氛围。

阳光调色板

理解光，其中一方面就是要理解色彩之间的关系。

值得注意的是，在一天的不同时段，阳光能展现出各种可见的冷暖色调。（详见第 1.1 小节）选择一处外景，在一天当中反复查看。在破晓之前，太阳尚未浮出地平线的时候就开始观察。不要仅用相机拍摄，想想如何向别人表述你所看到的景象。是不是有一种静谧的蓝色？绿树和青草有什么独特之处？景色的色调是不是冷得让你感到夸张？你会不会用"蓝得柔和"来形容此时的大地色调？

中午故地重游。在晴天的正午，阳光中的冷暖色调大致相当。再看看同样一件东西,你如何形容它此时的颜色?是不是色彩平衡非常自然?

日落前回去看看。是不是暖色调占了优势?阳光给景色染上了什么颜色?哪些东西闪闪发光?有没有黄、红、金色这些让你感到"浪漫"的颜色?

场景大多没有发生什么变化。一周七天,一天 24 小时里,被摄物的物理性质没有发生改变,发生改变的是周围的光线。这一变化改变了你对景色的感知。如果你对一天 12 至 16 小时之内的光线变化很敏感,就应该在情感上有所触动。你或许很久前就已经端起相机,甚至从童年期就开始了。你见过自己的照片,也揣摩学习过别人的照片。你如何描述你正在经历的事情?这不仅与你的摄影能力有关,更重要的是,会让你留心观察眼前的世界。

很多有经验的摄影师能从视觉里意识到当前阳光里包含的颜色和色调。他们在拍摄那些出色的作品时,会在不知不觉中出色地运用光线。

为了发挥全部潜力,摄影师不仅要用心考虑拍摄的图片,还要体会眼前景象给他的感受。在用心发掘和表达这种感受的同时,摄影师绽放出光芒,完成了他的使命。

每个勤奋且富于创造力的灵魂都不甘平庸。了解平庸,会是你在光线运用技术方面胜人一筹的关键。

1.8 中灰

如果提炼我们生活中所见的美丽景致,就会发现画面的平均灰度在 18% 左右。这被称作中灰。阳光在照到大部分物体上之后,有 18% 的光被反射。

在自动曝光模式下,内置测光功能的普通相机通过光学密度进行测定,将图片结果调整到可接受的范围内。(关于在曝光中运用灰板的详情,详见第三章"测光与颜色")

明亮的白色表面只吸收 10% 的光,反射 90% 的光。而厚重的黑色表面会吸收大部分的光,反射很少。

牢记这些光线反射的原则,可以帮你理解曝光,提高捕捉到的光线的质量。

了解常规,有助于创造独特。

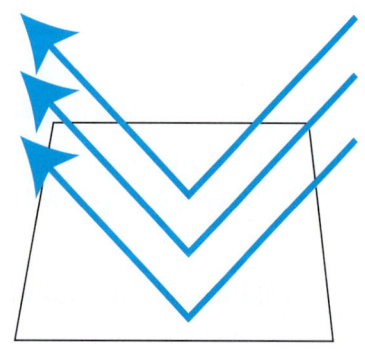
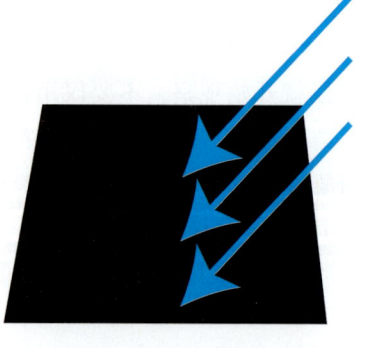

射向白卡纸的光线大部分被反射出来,而黑卡纸几乎吸收了所有射向它的光线。

1.9 最小灰度：超级白

在把客户宝贵的胶片送进暗房前，要确认冲洗胶片的器械已经准备就绪。同样也要确保相纸处理无误。

最小灰度 (D-min) 和最大灰度 (D-max)：全对比度范围

在摄影棚里，有一个重要的仪器叫做密度仪。密度仪可以测量感光材料的光学密度（即灰度）。最小灰度(D-min)和最大灰度(D-max)表明某材料所能记录的最小和最大的光线密度。

在胶片摄影中，最小灰度相对明确。在纸张上，最小灰度是白色。在色调光谱的另一端我们可以看到是黑色，也就是最大灰度。其间就是全对比度的范围。

影像所不能及之处

我们可以用图片表现很多戏剧性的视觉效果，但有更多元素无法在一张图片内捕捉到。被光线包围的被摄物会将我们的注意力锁定在物体上。在前景和背景里发生的事情都被忽略了。我们的注意力完全落在被摄物上。背景里的超级白就会让我们看不到被摄物以外的东西。（请参见后面第1.23小节"高调"）

1.10 最大灰度：漆黑

全然的黑暗带来的神秘感，既吸引人，又让人感到害怕。黑暗隐藏了太多东西。不过如果被摄物体是超级白，而物体边缘被黑色包围，我们的目光就会直接奔向中央的可见视觉信息而去。

黑色的纯粹让被摄物体跃然纸上，除

此之外我们一无所见。在黑背景前直视镜头的模特看起来大胆无畏。如果不直视镜头，表情少一点自信，就能激起观众心底更自然的情感。

在拍摄照片时，黑色的背景会让观众渴望知道更多。黑暗可以很好地呈现格调、诱惑观众，但可能显得不够直率。如果运用不当，观众会想"他们隐瞒了什么？"

那些想要看起来瘦一些的人，会一年四季选择黑色的衣服。同样，有限的照明条件也可以隐藏很多缺陷。

1.11 入射角度和反射角度

摄影师常常会面对令人讨厌的反射光。如果他想拍摄一个光滑的表面，就会更加恼火，因为总是得不到想要的效果。

入射角度

学习一点基础的物理原理有助于帮你摆脱这些摄影困境。要想从技术层面学习摄影，物理知识也是基础。你对这些东西的理解越是透彻，在拍摄时就越得心应手。

光束到达物体表面，被称为入射。入射角度就是光线的角度。

反射角度

如果入射光线呈 45°射向物体表面，就会以同样的角度向相反方向反射出去，也就是 –45°，原理就这么简单。

这个原理的应用方法也同样简单。当拍摄有很多玻璃窗的城市建筑时，你可以通过反射看到街对面的建筑。如果你正对建筑，甚至能看到正在准备拍照的自己。沿着人行道走几米，反射的东西变了。你会发现反射影像在随着移动而变化。

1.12 什么看得见……什么看不见

接下来试着在晴朗的天气里去拍黑色汽车的发动机盖。你会发现当你移动的时候，上面映出的天空倒影也会发生变化。

在上面几个例子中，你会发现随着相机角度的改变，射入镜头的光线角度也会发生变化。

这些角度在人工照明环境下至关重要，尤其是拍摄表面有光泽的物体时。有时候，被摄物体反射的光源光线就是你照片成功与否的关键。你可以通过移动光源来调整画面。

在各种情况下，都会有看得见和看不见的反光。取舍由你决定。

牢牢记住这条：入射角 = 反射角

一些成功的静物作品可以做到纹理光泽两不误。（详情参见第 13.12 小节"复制平面艺术品"）

在人工照明环境下，照明器材本身也会形成倒影。在拍摄多面水晶时，这就带来了麻烦。牢牢记住入射角等于反射角可以帮你解决这个难题。

1.13 反射光

我们所在的世界在某些意义上确实是"镜花水月"。物体能被我们看见，只是因为它反射了不能吸收的光。

拍摄光滑、有光泽的表面，能反射更多的倒影。

这点应该能让你的创意机器高速运转起来。对于反射度很好的被摄物而言，供你发掘的可能性是无穷无尽的。

自然中的景象

自然界中存在很多美丽的景象，例如像布丁般下坠的雨滴。无论白天还是晚上，在被雨水润湿的人行道上都能拍出很好的照片。

自然中的反射

在自然中能拍到一些好照片，比如其中一个物体的倒影正好映在另一个物体当中。

一个很好的例子就是湖上的天鹅，我们既可以看到天鹅，又可以看到天鹅的倒影。试着忽略天鹅，看看只用天鹅的倒影可以讲出什么样的故事。

城市街景

你可以将图像排成没有止境的队列，用以讲述城市生活。高反射率的玻璃能为你增色不少。来来往往的行人的倒影都会给人带来生活的紧张感。高楼大厦的静默和倒影中模糊的人影正好相映成趣。

孩童

孩子开心地趴在窗口，窗户上映出屋里的圣诞老人；兴高采烈的孩子们的倒影投在圣诞树的装饰物上……这些场景中拍摄图片都可以讲出动人的故事。

镜中回忆

通过镜子，你能捕捉到一些令人过目难忘的美妙瞬间。例如婚礼当天正在一起做准备的母女，或者父亲第一次带着小男孩去理发店时的镜中影像。

抽象元素

其他值得发掘的场面还有能反射出抽象形状和莫名影像的表面。拍摄波澜微惊的水面可以得到充满神秘感的照片。从刚刚开动的公车、火车的窗口向外拍，可以有力地刻画当时的景象。在机场航站楼里也能拍到类似的倒影。

仔细观察，开动你的想象力。

1.14　无处不在的表面和纹理

无论是拍摄景物还是人像，你都会发现表面和纹理。他们都会吸收并反射光线。你应该首先了解如何最大限度地应用它们，这样才能在拍摄过程中心想事成。

观察照在纹理上的光线效果

在进一步了解纹理如何影响照在上面的光线之前，先找出一些突出表现纹理的照片。注意揣摩这些给你留下深刻印象的照片，光线是如何营造出特殊的纹理效果的。

什么是纹理？

我们就这个问题深挖一些。对于纹理，你的第一印象可能是干燥的木头、陈旧的粗麻布这类物品。其实婴儿的脸蛋和抛光得锃亮的黄金也能拍出令人印象深刻的纹理。最成功的纹理表现，能让你感觉像是在用指尖感受被摄物体的表面。

在另一些情况下，摄影师也会尽其所能让你看不到任何纹理。

皮肤的纹理

除非是在拍摄劳作的老渔夫的肖像，否则摄影师总是希望能用光线美化人物，避免被摄者的皮肤纹路暴露他们的年龄。

从我们出生的那一天起，地心引力和其他因素就开始影响我们的皮肤。无论如何精心保养，从皱纹、毛孔都可以看出岁月的痕迹。这不可避免。

作为摄影师，我们歌颂人的面孔。我们可以提供一个好机会使人们更加自信。我们可以帮他们留下珍爱的人的样子，1年、10年、100年不变。

我们是讲故事的人。

柔光既可以隐藏纹路，又能修饰瑕疵，让高光和阴影的过渡更柔和，保留阴影细节，隐藏硬光。

纹理和颜色

纹理、色彩的搭配大有文章,然而最好的故事总是由黑色和白色来讲述。

纹理在照明充足的条件下会被表现出来,这是由于对比度较高。高对比度可以使色彩非常夸张。在其他情况下,色彩的缺失可以营造出更强的效果,让观众的注意力完全集中在图片的原始纹理上。

强调纹理的光线角度

做个游戏吧,用不同角度的光打在被摄平面上。角度越低,穿过平面时造成的阴影就越多。阴影越多,纹理就越明显。如果你想让纹理发出强音,就要把光调到强调它的角度。但是如果想掩盖瑕疵,就要让光像水一样柔和地漫过被摄体表面。

表面反光

光线照到平滑表面上时,会整齐划一、毫不拖泥带水地反射出去。

如果表面不平、多纹理,光线就会来来回回地碰到障碍,向四面八方反射出去。

直反射

平整光滑的表面的光线会将光线沿同一方向反射出去。如果所有入射都来自同样的方向,所有反射光线也会射向相同的方向,就像仪仗队一样步调一致。

如果表面光滑到一定程度,还会造成亮点。

镜面反射

有些表面虽然光滑,却不是平的。入射光线会沿着弧形的表面被反射出去。即使入射光线是均匀的,反射光线依然会因反射面的形状而发生改变。

了解镜面

镜面的定义是像镜子一样的表面。

来实践一下,在照明良好的空间照镜子,如果你把镜子手动调到脸部下方,就会看到一个亮斑打在你的脸上,这是因为镜子把光线反射到那里。这个亮点就是镜面反射的最好例证。

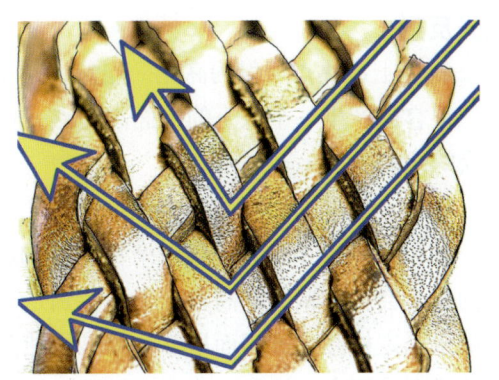

同向、均一的光线照射在有纹理的表面上,反射光线射向四面八方;而如果照射在光滑表面上,反射光线整齐划一。有纹理的反射面使光线更柔和。

漫反射

和镜面相比,有纹路的表面更常见。如果光束照在这些表面上,就会根据表面的粗糙程度向四面八方发散。表面越粗糙、小截面越多,反射光线能照到的范围就越大。

1.15　足够的高光点

成也高光，败也高光。关键在于最大限度地利用高光来增强戏剧性，而又不会越过警戒线。高光正如其名，是可以提高观众兴奋度的光。

过热？

作为摄影师，你眼中很棒的东西可能得不到他人的完全认同。好在拍照的时候，决定权在你手里。

然而，如果你在商业环境中拍照，就要遵守一些规则。

高光有可能使画面过"热"。我们说的"热"意味着细节的丢失。当然，白色被摄物的高光点是白色的，但如果肉色被摄物上的高光点呈现出白色，人们就会认为这张照片过曝了。

高光的层次

每张照片都有它的中立曝光区，可以用测光表对准被摄物测出来。把曝光度放在这个区域里，可以使曝光达到完美的预期效果。（详见第三章"测光与颜色"）

在拍摄人脸时，面部的大部分区域都在中立曝光区内，这时的高光是有层次的。捕捉到层次丰富的高光是令曝光达到满意效果的关键。

这里有一定的技术成分，但剩下都要看你的创意了。在你构想如何描绘被摄物的过程中，问问自己中立曝光区在哪里？被摄物体上的高光的层次有多丰富？

高光反射

物体上最热点反射的高光。当然，对于一些轮廓线很复杂的被摄物（例如人体）来说，很容易产生一个以上的镜面高光点。但你要牢记整体效果优先，过多的亮点会分散观众的注意力。

镜面高光非常引人注目。观众的目光会自动把它设定为注意力的中心。

想象一下，用顶光拍摄一个身着低胸连衣裙的女人。如果镜面高光出现在领口，观众的目光会自然聚集到高光点上。特别是当她没有直视镜头的时候。（即便你的模特已经被永远定格在二维画面里，一般人仍然会本能地避免四目相对，而更多地去观察没有在关注自己的人。）

反射的形状

再想想被摄物上面的高光点的形状。这会透露出图片中其他元素的很多细节。

如果你拍摄台球桌上的一组台球，球上面的高光点是不是圆形的，好像有个圆形的灯从上方照着它？摆在窗户旁边的桌子是不是反射出方形的高光点？如果光照很讲究，反射是不是可以描摹周围的环境？

有些反射的边缘比其他部分更强硬。反射边缘的软硬程度取决于高光部分和其他部分的衔接。如果高光部分和其他的衔接很柔和，高光就不会吸引太多注意力。 如果反射边缘很硬，就会强调光线的状态。

1.16　丰富的阴影

在讨论被摄物的光线效果时，阴影作为高光的反义词出现，它限制了高光的层次。

本影与半影

在每个光源的反面都会有阴影。和月食道理一样，阴影交叠形成完全不透明的区域，即最暗的阴影——本影。此外在阴影的边缘，还会出现半明半暗的区域，被称作半影。有些影子短，有些非常长。有技巧的摄影师可以找出方法，只让很少的阴影进入画面。

被摄物的背光面

现在我们着重关注被摄物的一个或多个表面上的阴影效果。这些阴影其实是高光的对立面。它们使被摄物丰满、立体。在单一光源条件下，拍摄立体被摄物时，阴影很难避免。

暗部细节

墨守光线应用的陈规可能会让我们的想象力贫乏。摄影师坚持自己的想法可能会使作品和别人的期待距离越来越远。

大量的光线对比能营造出神秘的气氛并且隐藏细节。这样图片能为观众留下想象空间。细节的缺失会让观众自己去构想故事。

但如果你非要让目标观众看清模特身上的马海毛毛衣，就必须表现出所有的阴影细节。（这样做可能让客户不满，如果惹恼很多客户，你的经济状况就要每况愈下了！）

高光和阴影的平衡

你不仅要平衡高光和阴影，还要平衡想象和器材条件。你（或客户）脑海中的理想画面可能在技术层面碰到障碍。（如果你还没有读前两页关于高光的内容，请现在就去读完它。后两页关于制造高光和控制阴影的内容也请一起看完。）为了得到好的结果，你需要妥协。

简而言之，你要在更有层次的高光区和更多暗部细节之间抉择。这就需要发挥你的聪明才智了。

阴影的边缘

阴影的边缘是一个过渡区域。如果过渡在很小的区域内完成，你会得到强硬的阴影。如果过渡区面积很大，阴影的边缘就柔和、逐渐过渡。较硬的阴影边缘吸引观众注意边

缘本身，可以在视觉效果中扮演重要角色。柔软的边缘也很重要，但是它的锋芒不会盖过被摄物本身。

阴影反射

如果一个被摄物和另一个很暗的被摄物相邻，较暗的被摄物不仅会吸收照在它表面的光，还会偷走照在临近被摄物上面的光，并投影下自己的影像。

为了理解这一现象，我们可以把白色的母球放在台球台面上，用一张黑色卡片搭在上面。观察黑色卡片在白球上的投影——球面上出现了阴影区。虽然我们通常认为只有光会被光滑的镜面反射，但其实阴影也一样。

1.17　制造高光，控制阴影

如果你在正午拍摄世界七大奇迹之一，恐怕没有多少光线条件是你可以控制的。

但在小一些的场景里，有很多照明工具可以利用。（详见第八章"人为调整"）

在摄影小组控制场面时，要开动想象力，并从技术上保证作品效果。

在立体被摄物上，有一处高光就有一处阴影。成功摄影师的职责就是要控制两者的关系。

削弱光线

在上一节我们提到白球和黑卡纸的案例，卡片削弱了被摄物一侧的光。这张卡片就是帮助我们控制光线的工具，帮我们制造出对比效果。这就是对光线的削弱。

增强光线

与削弱光线相对的是人为影响光质，对光线进行增幅。不要把白球从台桌上拿走，在旁边放上黑色的八号球，让两个球靠在一起。

白球上有黑球的倒影，拿出一张白纸，把纸的一段放在黑球下面，另一端用手掀起来。黑球上会映出白色。在这个过程中，你已经增强了光线。你用一张白纸改变了黑球的对比度。

把台球想象成人的面孔。当光线落在脸的一侧时，会在另一侧产生阴影。一块大号白色反光板可以柔化阴影。现在再想想，如果用一块银色反光板会如何？如果用一面光滑的镜子，光线会再增强多少？

主光

刚才举例提到这些反光板之所以能够发挥功效，是因为它们都可以影响主要光源射来的光。这个主要光源叫做"主光"。

环境光

在阳光直射的环境下拍摄外景,主光通常是日光。如果阳光充足,躺在草地上的人身下相当于有一个天然的绿色反光板。这样看起来非常自然,但你希望拍摄对象面有菜色吗?这时,环境光就给你带来了挑战。但话说回来,调整工作环境也在你的职责范围内。对手头的工具了解越深,拍摄中遇到的问题就越容易解决。

表面反光率

每种表面都会吸收一定比率的光,把剩下的反射出去。物体的形状、纹理、颜色及其他因素都会影响反光率。白色、平整、不透明的表面反光率在90%以上。

散射光的反射

一旦空中有云,就会令阳光散射。同样的道理,你可以用散射材料控制高光区。想象一下,夏日毒辣的阳光会让模特眯起眼睛;再想象一下在下面加上一块白色亚麻床单会如何——高光反射和阴影都会变得柔和。(顺便一提,床单并不是提供散射光的最有效利器,因为没有足够的纹路削弱光线强度,使反射光过于强烈,容易造成过曝。此外光线穿过布料使颜色发生改变,会破坏整个图片的色彩平衡)你不需要真的去做这些事,只要开动想象就可以了。

1.18　明度

有种误人子弟的疯狂想法，认为在数字成像时代，你只要尽管拍就行，不管拍成什么样，都可以用 Photoshop 修好。虽然 Photoshop 和 Adobe Camera Raw 插件确实能让你完成 50 年前不敢想象的事情，但是要想创作一幅伟大的数字图像作品，你仍然需要精确的曝光。

在拍照之后再对图片采取的处理都应该归为"后期处理"。

如果你的拍摄主角患病不能参与拍摄，没有人说"没问题，我们后期可以解决。"同样的，如果你的曝光低了六七档，也不能说"没问题，我们用 Photoshop 修。"这是巧妇难为的无米之炊。

千万不要以为后期处理可以拯救你草率拍出的糟糕作品。拿着糟糕的原片，你只能感慨浪费了时间。

生命中的每一分每一秒都是宝贵的，请善用时间。

使用 Photoshop 是为了让图片更加完美，而不只是对之前的工作修修补补。首先，要有合适的照明，理解照片的明度范围才能使曝光恰如其分。

为有层次的高光区曝光

正如 1.15 节中所述，曝光的关键在于找到层次鲜明的高光区。

中灰区就像孩子荡秋千。当秋千向前移动时，孩子向着高光移动。当秋千从最低点向后移动时，阴影增强。不管向前或是向后，荡得太用力都有可能从秋千上摔下来！

越亮越好

在大多数情况下，明亮的拍摄环境较容易拍出好作品。你的数码单反相机可以处理各种明亮的拍摄环境，但对照明不充足的拍摄环境却束手无策。因此在制订拍摄计划的时候，要意识到越亮的场景越好。

明度范围

明度可以分为色调和配色两部分。明度范围从照片最亮处起，到阴影处可见的最暗细节为止。

牢记荡秋千的比喻。通常从明到暗跨度为五挡的时候最保险。

此时你的有层次的高光区光圈为 8，高光区光圈为 4，细节的暗部光圈为 16。

把未修的原片作为你的起跑线。我们将在第四章"光线、色彩及其应用"中深入讨论明度范围的差异。图片的最后效果决定一切。在一些情况下，例如印刷展示用图时，你可用的明度范围有更大的选择余地。如果你眼下打算把图片用在网络、电视这些媒体上，就必须在明度问题上慎重。

合理使用 Photoshop

当你开始着手用 Adobe Camera Raw 修图时,可能想要先调整曝光和明度。如果之前的高光区曝光精准,你就解脱了。如果之前的高光区有缺陷,想要弥补原片的不足就会显得比较吃力。在曝光和明度的掌握方面,先下工夫总比事后弥补要好得多。(详见第六章"原始文件和扫描胶片")

1.19 色调

色调指拥有相同灰度的区域。灰度根据明暗不同有所差异。不管在黑白照片还是彩色照片里,光线和色调都息息相关。

色调理论

我们对某种色调的感受有赖于它周围的色调。如果照片上一块暗色调被亮色调的海洋所包围,亮色调就会黯然失色。画面中的暗色会跃然纸上,大声喊着"注意我"。与它相邻的亮色则坐上了冷板凳。如果在浅黄基调上有个鲜艳明亮的红点也会发生同样的事情。黄色不会被强调,而红色将占据舞台中央。

和谐的配色

理想状态下,你希望构图中出现的各种颜色团结合作。想要达成这种合作效果,需要你对图片中的配色很有眼光,并且了解光线在其中的作用。

观察自然界，来为如何和谐地配色寻找灵感。我们可以观察农场种的作物在一年四季当中的变化；关注未经开垦的林区；享受自然的海岸线；到设计精巧的花园和公园走一走。

在那里，你会发现和谐的配色。所有因素融为一体。各种颜色争奇斗艳。色调看上去很和谐。你最好能用心分辨出哪些配色和谐，哪些刺眼，这样你的色彩组合意识就会越来越强。

光和色调对作品的负面影响

有些色调会带来问题，你最好能消除它们。

如果拍出的照片看起来像一个平面，就会有损我们的专业声望。虽然照片拍出来只有长宽没有高，但我们仍然追求富有立体感的图片。通过光线，我们能使画面产生纵深感。

一些布景组合已经一张接一张地诞生了许多佳作，让我们有了很多成功的套路：这可以事半功倍。在此之上，我们仍在不断地翻新花样。

暗色背景配合发光，可以增加吸引力。（参见第1.4小节"光照的方向"）

发光正好能提供照片所缺失的纵深维度。这一招屡试不爽——除非你要拍摄一个头发毛躁的金色长发模特，发光会在她的头部四周打出黄色的光晕，照片的重心变成了关于她头发的故事。不管她多漂亮，面孔都会退居次要位置，像这样的色调就对你不利。

如何安全地耍花样？

摄影师如何才能玩出花样，又避免色调的冲突呢？在第 1.24 小节，我们会深入了解色调明亮的图片，这种潮流推崇欧洲的绘画大师。一些因色调明亮的作品而出名的摄影师，倾向于让被摄者穿白色衣服，在白色背景前摆姿势，使均匀照明和轮廓光充满整个画面。

我们鼓励每位摄影师，即使你的废片率很低，也应该认真研究被摄物和如何创造合适的拍摄环境，在拍摄每一张图片时深思熟虑。眼观六路对谁都有好处。

寻找和谐的配色。

发现对比色调。

排除一些色调，利用其他的。作为一名摄影师，每天迎接挑战，创造出独一无二的图片，让观众为你的创意喝彩。（当然，最好名利双收。）

1.20 色相

很多视觉媒体从业者都掩藏了他们对色相缺乏了解的事实。色相（Hue）、饱和度（Saturation）和明度（Brightness）这三个较深层次的概念不常被提到。它们合起来组成了"HSB 色彩模式"。

色相、饱和度、明度

色相是色彩空间里的三维度之一。在了解它之前，你首先要了解色相的兄弟，饱和度（第 1.22 小节）和明度（第 1.18 小节）。

色相是最纯粹的颜色要素：红、绿、黄、橙、蓝等等。色相没有深浅，没有阴影，是纯粹的颜色。在色环上，颜色根据色相排列，从 0°旋转到 360°，正好一圈。无论你发掘出的任何颜色，都有自己的色相。

饱和度有时也被称作色度，表示色相掺杂了多少灰色。饱和度可以用 0%（灰色）到 100%（饱和色）来表示。在色环上，饱和度从中心向四周递增。

明度也用从 0%（黑色）到 100%（白色）的百分比数字来衡量。

色相如何影响图片？

有时色相对图片的影响正是我们想要的！有时他影响构图。色相通常在后期处理时进行调整。

用 Photoshop 打开任意一张图片，点击图像－调整－色度／饱和度，你就能看到 HSB 色彩模式的选项（明度有时写作"亮度"），注意勾选预览栏。

拖动滑标或双击数值区域利用键盘的上下键增减数值。

你会注意到，−180°和 +180°看起来是一样的。这说明色环上的色相正好转了一圈。

把颜色当成黑白

可以继续挑战自己，用看黑白照片的眼光看一张彩色照片。想象一张图片只有单一的颜色，一套图片中只有一种色相。从黄、蓝、绿或者别的纯色中挑一种最合适的色相。

这些场景可以是谷堆、海浪、树和植物、跑车或者门前小院……任何你想到的东西，然后在你的想象的单色图中继续加入人。

每当好的摄影机会出现时，你要构想表现色彩的最佳范围。很多人对色调一无所知，你不要随波逐流。找到一个最佳表现方式之后，再继续构思下一个。不要停下脚步。

1.21 对比度

对比度这个词在摄影中有很多含义，我们来一一了解。

黑白图片的对比度

当我们处理单色图片时，它指的是图片中最亮和最暗区域之间的差异，与明暗关系和灰度有关。

彩色图片的对比色

在全光谱的彩色照片中，它指的就是色彩的鲜明度。有些颜色对比起来显得很突兀，好像两种颜色正鼓足了气对着喊叫。在色环上呈180°角的颜色对比在一起时看起来最像是在扯着嗓子吵架。

在色环上正好相对的颜色以代表圣诞节的红和绿最为典型。还有蓝色和橙色，比如自然界里被蓝天映衬的橙色花朵。

那就是色彩的对比。

光线对比

在谈论光线的时候，对比最简单的概念就是在同一场景内，最亮区域和最暗区域之间的照明差异。为了研究如何在人工照明环境下调整光线对比，我们需要一些时间首先了解自然界中光线对比的极限。

大气层环境中的对比度

要想彻底理解这点，你需要走到院子里去看看。看看洁白的长椅和四周清澈的池水如何形成鲜明的对比。

同样是晴天，海拔越高的地方天空越蓝，越容易与各种鲜艳的颜色形成对比。因为那里大气层更薄，大气折射少，阳光可以直接照射在物体上。

在明亮的阳光下，一望无际的平原上的作物，如果和本来体积庞大、但相比之下显得很小的亮色的农业机械相对比，就会从图片中凸现出来。

乌云压境显得既有气势又引人注目，此时的大气折射造成的光线对比不可错过。

硬光

在柔光照明环境里，光线对比通常不会很强烈。柔和的光线看起来更舒服。在日常生活中很少有硬光。

硬光会让大部分人感到不适应，但能吸引注意力，因为这和人们日常所见的景象不一样。

怎么办？

如何利用光线对比传达视觉信息？你会冒着使自己的客户心烦的危险，使用硬光来吸引他们的注意吗？知道了低对比度的图片会使人感觉更为温和之后，你会倾向于柔和宁静的光照吗？

1.22　鲜艳色、饱和色和暗哑色

颜色可以引起注意力。它能将视线吸引到图片上，不过有时也会造成喧宾夺主。

鲜艳色与饱和色都是抓人眼球的颜色，而应用方法却大多是仁者见仁，智者见智。

色彩的哲学

高饱和度的颜色会让我们措手不及。如果饱和度很强，有时会让人感觉俗气。

色彩会激发情感，但并不是一成不变的。某种颜色在一个情景下不合适，可能在另一个里面就刚刚好。尽管我们会对洗印槽里全饱和的红黄蓝感到不适，但用在孩子们的积木和粉笔上，效果却很好。

一辆鲜红的跑车和一辆黄色的出租车同样显眼。然而有人认为，开鲜艳颜色汽车的人是在吸引路人的注意。

大多数颜色都是或多或少缺少饱和的。大多数新娘走入教堂的时候，脚下踩的都不是火红色的地毯。当我们看到饱和的红黄绿三色出现在一起时，只会联想到红绿灯。所以说浓度饱和的色彩并不常见。

我们把育婴室设计成柔和的颜色。柔和色让我们安静、平静。在医疗机构，浅紫色很常见。在那里，如果饱满的颜色大面积出现在墙面上，容易对情绪不佳的病人和心急火燎的家属造成不良影响。

黄色的蛋糕、令人心情愉快的白色和巧克力冰霜都呈现出令人愉快的柔和色调。而正红色的玫瑰正好可以形成对比,将观众的目光吸引过来。

饱和色

正如第 1.20 小节讨论的,饱和色是最纯粹的色相、最鲜明的颜色。例如完全饱和的蓝色中就不含有会使它变暗的灰色。

尽管有很多人将高饱和度的颜色称作"亮色",但对于摄影师来说,"明亮度"仍然是指照明的强度。

鲜艳度

同饱和色一样，鲜艳的颜色也来自纯色相。Adobe Camera Raw 提供鲜艳度调整功能，它可以提高低饱和区域的饱和度，而几乎不改变原有的高饱和颜色。这个选项很受摄影者的欢迎。鲜艳度调整可以保留肤色的区域，避免图片因饱和度过高看起来不自然。（关于 Adobe Camera Raw 中的鲜艳度调整，详见第六章"原始文件和扫描胶片"）

暗哑的颜色

"色调"和声学中的"音调（tone）"是同一个词。除此之外，还有一个和颜色有关的词来自声学——"暗哑"源自声学中的"静音(muted)"。

在自然中，很多颜色都很明亮，例如姹紫嫣红的花瓣。斑斓的颜色可以为我们带来愉悦，但这些颜色中的大部分都已经被已经浊化了：我们穿的衣服、墙上的画、家居布艺……它们的颜色或是被灰色调调暗，或是被白色冲淡。

光的颜色

我们已经习惯了天空中变化的光线。有一部分人从未注意每天光线如何发生改变，但绝大多数人都从黎明和黄昏变化多端的灿烂阳光中得到过乐趣。

当温暖的黄色曙光冲破冷色调的晨雾时，我们感觉很好。

自然中有一些颜色和我们不希望看到的事情联系在一起。很多人都认为天空中出现发绿的阴影，是龙卷风到来的预兆，接着联想到破坏和暴力。这让我们感到渺小、恐惧和无能为力。

然而当夕阳西下，暖色的光照耀万物，天空中出现火烧云时，你就可以打消对天气的顾虑，尽情享受了。

1.23 高调

和专业摄影师交流时，高调和低调是两个必学的术语。对于婚纱和人像摄影师来说，这是最基本的术语。但这一术语并不局限在人像摄影上，还可以用于所有照片。

对色调的反应

对色调对比度的反应是你最主要的视觉反应之一。我们对光线明暗的反应比对颜色对比的反应更敏捷。尽管我们可以从彩色照片中获取更多信息，但我们还是对黑白照片反应更快。这是因为在第 1.5 小节我们提到过的视杆细胞在灵敏度方面更胜视锥细胞一筹。

高调片以亮色调为基础，低调片正好相反。

自然中的高调

记住高调片,然后想象一个金色长发女人和她的孩子穿着白衣服站在雪景里,画面里没有多少阴影,暗色调消失了,连中间色调都很少。

在干净的白沙滩上画一匹白马,从视觉效果来讲,这也是一张高调的图片。我们的眼睛很快就会明白这一点。

我们很容易理解为什么在婚纱摄影时,亮色调那么风行。白色象征着纯真和青春,也很适合用于儿童肖像照。白色甚至能给人天使般的印象。

新婚夫妇喜欢高调外景。托环境的福,它们能拍出完美的婚纱照。这个技巧对于想给新生儿照相的年轻父母来说也很好。

关键在于找到合适的拍摄场景,地点并不是哪里都可以,最好是相对私密的场所。

误解

我们有时会把高调和低调弄混。高调片可以包括全部亮度和全部对比度。只是相对明亮的色调会主宰图片。通过增强亮度、减少对比度的方法得到高调图片通常只能让照片看起来好像曝光不足。

高调照明

想在室内拍出高调片,你需要一些照明设备。

这个方法通常需要一个不会聚焦、能洒满光的浅色背景。这样观众就会完全无视背景，图片的重点在被摄物体上。光线通常散射得较严重，使图片更柔和，阴影最小化。常见的做法是用反光板把光线反到天花板上再反射回来，这样能制造出淹没屋内所有物品的光线海洋。

尽管詹尼特拍摄的米娅·亨迪（左页中图片）的右脸上有一些阴影，但环境的整体亮度还是"高调"的。

如果有一组闪光灯和光源储备，你的照明设备就无懈可击了。（若想对这些昂贵的工具了解更多，请参见第十三章"数码工作室的闪光灯"和第八章"人工调整"）

摄影世界中的高调

很多拍摄者没有全面掌握高调技巧。

高调片在互联网站零售商那里随处可见。这些商户的主页大多是白色背景，这可以简化页面、缩短刷新时间，给人开明可信的印象。

高调也适用于在影棚里拍出更完美自然的图片。例如切花在高调环境中意味着简洁。这种高调布景最适合拍摄健康的食物、干净的白盘子和玻璃盘子。

1.24　低调

在低调片中，阴暗的色调占主导地位。这不是摄影师的发明，在几个世纪前，我们就可以从绘画中看到这种效果了。

欧洲大师的作品使用低调很合理。因为在电发明之前，主光只有从窗户射进来的光。

自然中的低调

如今，从窗户射进来的光仍然是低调片的最佳照明工具。

我们用低调来表现情绪化或突出男性被摄者的神秘的睿智或力量。

低调照明在商业图片和经典作品中经常用来表现陷入麻烦或绝望的人。暗色的背景和深深的阴影给人极强的不安感。此类图片会激发观众的同情。我们希望走近被摄者，了解或分担他们的痛苦。

作为光谱表上的一个极致，低调照明适合表现灵光一闪的人。当我们需要别人的帮助时，处于阴暗的环境中微笑的牧师看起来既博学又可靠。

一些年轻人喜欢用低调自拍。这样他们会觉得自己看起来更有深度。（当然，他们父母通常更倾向于选择明亮、让人愉快的照明来拍摄自己的孩子，因为在他们眼里，孩子永远长不大）

低调照明

在户外很难拍出低调片。

技巧和高调道理一样，特别要注意柔和的阴影，这是低调片的标志。但是对于编辑用途和艺术图片来说，硬阴影可能更能表达出你想传达的信息。

如果你选择用从窗户射进来的光，就需要让室内的其余部分变暗。如果想要让光线柔和，你可能还需要用棉麻布料的反光来调整窗户射进来的光。

和高调一样，低调的照明也最好用摄影工作室的闪光灯来提供。这种布景，最好在可控的环境中完成。你只需要一个中小规模的光源，否则多余的光会照亮屋里的其他物品，破坏你需要的黑暗效果。这种光源的光线很直，微调光线角度，让光能够清晰表现出你之前看不到的被摄者的面部特征。

利用闪光灯的强闪提高快门速度，从而保证其他区域是黑色。

拍摄低调片的窍门是在阴影区保留足够的细节。否则你的照片看起来就像曝光不足。

因为低调片和一般的肖像片有所区别，所以你最好在拍摄之前与客户充分沟通。

摄影世界中的低调

正如我们在第1.10小节中讨论的，阴暗的环境可以为作品增添神秘感。就像在产品发布会上，暖场之后大家都期待主要产品的发布。这时候一小束光会转来转去，配合倒计时和主持人夸张的商业推广腔调。这已经成了大型交易展会上的必要环节。

珍妮特拍摄克里斯蒂·梅欧和杰姬·奥唐娜证明低调并不是男性模特专用的照明技巧。它也可以表现女性和孩童的美。

1.25 天气与光

当天公不作美的时候，拿起相机走出去吧！

安全

首先要声明安全第一。你不仅要小心风、闪电、极端温度、能见度，还要避免开车冲进河里的悲剧。雪地和水里也可能隐藏着轮胎等绊脚的东西。

雾

当云贴近地面就会造成雾天。雾里的液滴比雨要小很多。能见度变得很低。光的散射率很强，光线被小液滴反射，向四面八方散开。

由于能见度降低，很多物体都变得不可见。我们的注意力只好去关注剩下的能看得见的东西。背景中的很多元素都消失了。我们别无选择，只能对着单调的景色聚焦。但这种独特的景象也可以吸引我们的注意。

雪

如同雾一样，降雪也给了我们一个机会，去捕捉不同寻常的光线状态。

我们习惯了光线从天而降，到达地表，被吸收一部分。但在皑皑白雪的覆盖下，到达地面的光线有大约90%被雪地反射回去。

多云时，光线的色温较冷，散射很强。可一旦太阳露脸，就会出现独特的光线对比度。虽然万物看起来都很冷，但正如第1.2小节所言，色温已经回升到5500k。因此我们会发现一些很冷的拍摄对象也沐浴在温暖的光线中。

台风过后

一旦台风过境，天空就会放晴，有些地方还会偶尔出现漂亮的七彩天空奇观。台风可能会把你的后院变得充满异域风情。一个度假胜地的招牌跪在你的台阶上，好像为在你邻居家迫降带来的不便和损失而道歉。

拍一套趣味横生的好照片吧，雨过不仅天晴，还能让你的心情好转。

遮掩的阳光

即使雨刚刚停，大气层中仍然带有结冰并继续移动的雨滴。

不论地面温度多高，落在地表的雨起初都是天上的冰晶。冰晶进入暖空气，就化为液体。

与此同时在云层中，风带着冰晶一起上升。这就像是一支小镜子组成的大部队，反射着太阳的颜色照回地球上。如果我们有一个超级长的长镜头，就可以好好感受在天空中正在发生什么。

在特殊天气中拍摄需要一些深入的摄影光学知识。本页中的雾景是布莱恩用尼克尔AF Zoom 80-200mm f/2.8D ED拍摄的。上一页的图片则是用35mm等效焦距为900mm的相机镜头拍的。
这是尼克尔AF Zoom 300mm f/4D IF-ED和尼康AF-S接TC-20E II望远镜的对比。两个焦距都是600mm。相机都是尼康D2x。为了加深景色视角给人的印象，DX格式能额外增加50%焦距。

50　　光的语言

1.26　画室北面的光

达·芬奇说:"绘画的光线应该来自北方,这样光线变化少。如果你的画室面向南,可以用窗帘挡上,这样在画画的时候,光线变化就少了很多。窗帘的高度很讲究,你室内的物体的影子应该和物体本身等长。"

在北半球,太阳向南倾斜,东升西落。

在最北端曝光应该是摄影师最喜欢的。在那里,光照均匀,可以持续一整天。

有趣的是,达·芬奇提出的向南的窗户应该挂散射材料,这在今天仍然很常见。虽然园丁会因为喜光植物而偏爱向南的屋子,但达·芬奇认为,在有限的时间里光线变化太快,不利于素描和绘画。

幸好对于摄影师而言,按快门要比画画省时多了。

在你拍照时根据原理试用北面来光和南面来光吧。

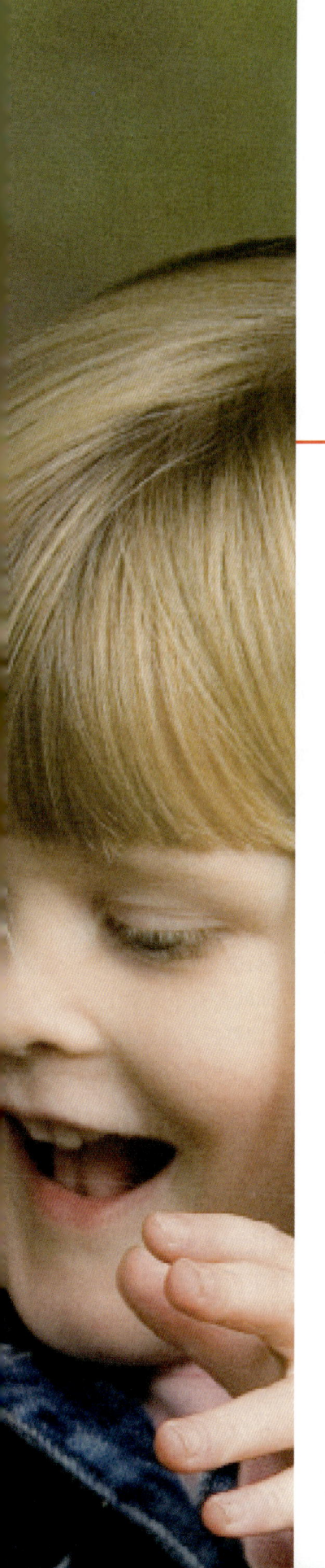

第二章
数码相机的曝光和光学原理

在了解数码图片的曝光和光学原理之前，你会有一段时间受困于创造力的极限。

接受数码相机还是让人有些心里打鼓。我永远不会忘记我和4位二十多年的老摄友一起为4台数码单反相机开封的那天。虽然需要一些时间来熟练掌握，但一旦掌握之后，你就会源源不断地创造佳作。

在你对本书介绍的知识了如指掌之前，如果要从前前后后这么多章节中挑出一章必读的，那就是这一章。

先别心急，认真发掘其他章节。

如果你完全是新手，可能首先需要几周的时间，每日练习来熟悉这门技术。

如果你已经在胶片摄影世界中硕果累累，请不要生搬硬套之前的经验。把数码摄影当做一个全新的开始，重新考量每一步。当你认为自己无所不知的时候，就可能与向全新方向迈进的机会失之交臂。

这一章在书中占了65页，是最大的章节。在这章里，我们尽全力为你提供一个新视角，来学习曝光和镜头相关的知识。请相信，我们在撰写每一个问题时，都采用了新观点。

2.1 曝光中的三位一体

拍摄照片的一个关键所在就是了解曝光。

曝光和感光的搭配由三个不可分割的元素组成：

- 曝光时间
- 感光度
- 通光量

这三项是动态相关联的，任何一项都会影响其他两项。曝光就像和谐的一家子，当其中一位变动时，另外两个就会紧紧跟上，它们三个总是密不可分。只要你不打破他们之间的和谐，它们就会保持一个完美的平衡关系。

在探寻这种和谐关系的道路上，我们需要循序渐进。遵守曝光的自然规律，积极探索并享受这个过程。

这种令人兴奋的协同关系既有技术性的一面，又有创造性的一面。其技术的一面在于成功的摄影师必须对曝光了解得炉火纯青。与此同时，了解技术、知道如何处理技术问题可以释放摄影师的创造力，把他脑海中的构想照搬到相纸上。

如果你没有了解并掌握曝光，就很难得到满意的图片效果。甚至连一些已经入行的专业摄影师也没有完全了解曝光。

一旦你控制好这三元素的组合，让它们为你服务，拍摄时就会获得极大的满足。

有时，其中的一项受到限制，你只能变动其他两项。尽管你的选择余地变小了，但是三角关系的一个点已经固定，你会更容易找到其他两个点的最佳位置。

数码更好！

数码摄影师在很多方面都占有优势，曝光就是其中之一。

用胶片拍摄时，胶片的 ISO（国际上感光速度的标准单位）是由厂商决定的，尽管胶卷可以倒来倒去，但是在暗房里，要想让每张胶片感光度有所不同，你就会束手无策。

正如第 2.10、2.11 和 2.12 小节详尽表述的，数码摄影师可以随意调整感光度。你可以随着情况变化来改变相机的设置，调节感光度。

这一功能使你获得了梦幻般的自由，可以应对各种光线、各种状况，满足你的灵感的要求。

动态的平衡

在完全相同的光照条件下，改变三角关系组合当中的一个部分就可以营造出完全不同的图片效果。开放光圈增加进光量，改变景深。对于所有物体都在焦距内的图片来说这样做可以聚焦特定对象，使我们的注意力全集中在那里。

改变快门，延长曝光时间，会使清晰的焦点呈现出美丽的光晕。

增加感光器的感光度可以增加颗粒感，使一张逼真的图片变成学院派画作的效果。

为了增加入光量，就必须延长曝光时间。

当我们延长曝光时间时，必须缩小快门，减少进入镜头的光。

如果我们需要颗粒感强的图片，就必须缩短快门时间、减少入光量。

这三项指数属于一个和谐平衡的大家族。

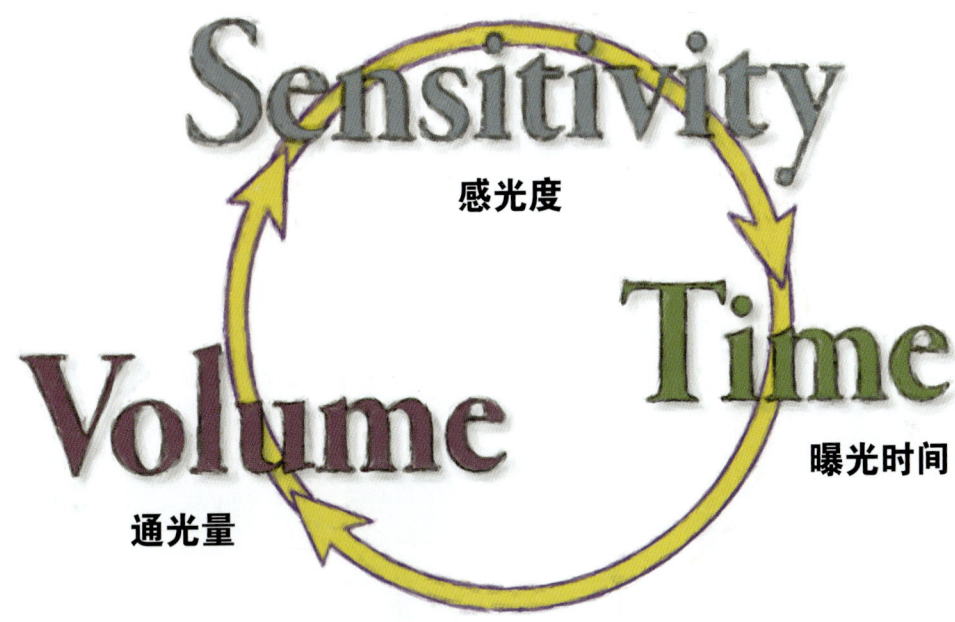

2.2 曝光时间、感光度和通光量

让我们继续深入挖掘曝光。曝光过程中曝光时间、感光度和通光量三位一体的关系揭示了它们之间的内在联系。注意在掌握曝光之后，你的选择空间何等广阔。

让我们分别来了解这环环相扣的曝光三要素吧。

曝光时间

把它想象成剧院中的主帷幕。

光线照在幕布和舞台的边缘上。幕布升起，舞台从黑暗中显露出来。刚才照在幕布上的光现在洒进了黑暗的区域。演出开始，持续 30 分钟。当演出结束时，帷幕落下。

在那 30 分钟内，幕布后方黑暗的舞台暴露在光线下。

这个过程与你单反相机中的快门的工作原理极其相似。

感光度

让我们把感光度当成 12 个一盘的还没烤好的曲奇饼。

当你把它们放进烤箱的时候，它们是黄褐色的。每隔一段时间，你就打开烤箱，拿出一个曲奇。第一个拿出来的和刚放进去颜色差不多。最后一个拿出来的变成了金棕色。在他们之间,还有10个颜色逐渐加深的曲奇,它们的颜色都比1号曲奇深,比12号曲奇浅。

通光量

我们可以把光想象成生活中的另一项必需元素:水。

把1号酒杯放在水龙头下,把龙头阀门打开一点。你需要一段时间才能灌满杯子。

把2号酒杯放在水龙头下,让阀门半开。灌满杯子的时间要快得多。

最后让阀门全开,灌满第3个酒杯,这只用一眨眼的工夫。

1号酒杯的情况相当于慢镜头下的最小光圈:f/45。它需要一段时间,才能让感光器收集到足够的光。

3号酒杯相当于f/2.8。光线瞬间就溢满了。

2号酒杯处于最大和最小光圈的中间,即f/11。

光线进入相机就像水进入酒杯。光圈就是水龙头的阀门。光圈开得越大,镜头的通光量就越大。

缓缓注入杯子的水相当于光圈为f/45的镜头的通光量。

一般大小的水流相当于光圈为f/11的镜头的通光量。

光线溢满了光圈为f/2.8的镜头。

2.3 曝光时间因素

那些使用金属板感光的早期相机是没有快门的。它需要的曝光时间太长了,摄影师只需要打开镜头盖,然后看表,过一段时间把镜头盖盖上就行。然而曝光时间仍然是成像的因素之一。

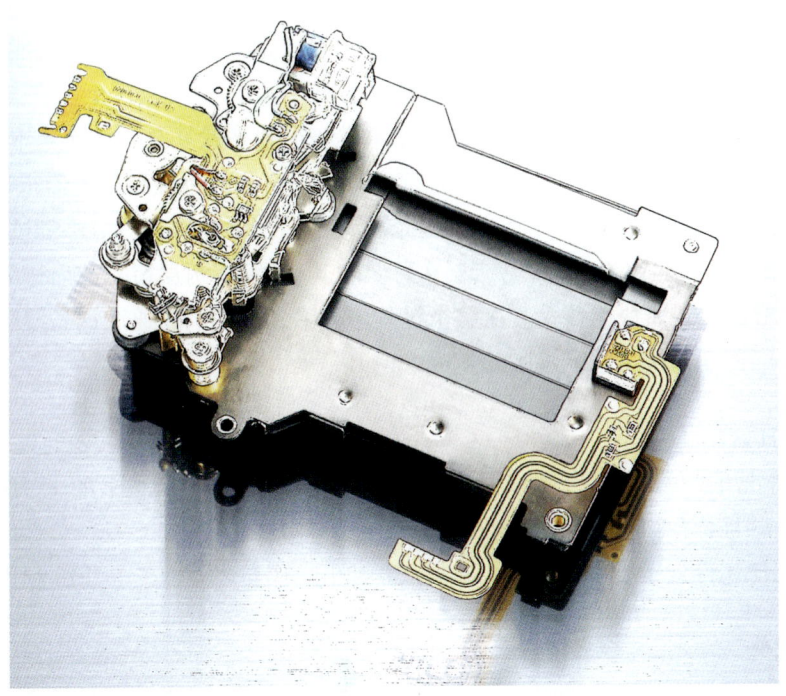

尼康D3和D700里面的快门帘幕是电子奇葩。它已经和传统单反相机中的机械快门帘幕大相径庭。

快门速度

尼康数码单反可以提供从 30 s 到 1/8000 s 的快门速度。早期的摄影师要求他的被摄对象一动不动地坚持30 s，这在今天已经难以想象。你也同样难以想象1/8000 s是多快。

这样的快门速度范围让你可以记录我们一生都看不到的瞬间经历。和实时快速逐帧闪现的电影不同，我们可以盯着面前的照片仔细端详。它能凝固运动员起跳腾空、喷气机离开跑道的瞬间，也可以捕捉几秒钟内水流蜿蜒流过岩石留下的模糊的白影，或夜晚车灯汇成的河。

很多摄影师的惯用快门速度在 1/60 s 到 1/500 s 之间。很多动作都可以凝固在 1/500 s 的时间内。然而即使使用广角镜头，没有三脚架的协助，很多摄影师也无法在 1/15 s 的快门速度下拍摄到清晰的照片。

在 1/60 s 的快门速度下，快门的入光量是 1/125 s 的两倍。

刚刚接触单反相机的人看中控盘时会发现，上面 1/30 s 标成"30'"，而 30 s 标成"30''"。

"B"代表"球"，即手动快门。这项设定可以使快门始终保持打开，直到松开此按钮为止。

快门帘幕

要想理解你的相机,最快的方法就是打开它的外壳。与一打开背板就能看到快门帘幕的胶片相机不同,数码相机把很多东西藏到了视线以外。

自从第一台单反相机诞生以来,快门帘幕就变得越来越复杂,然而基本原理始终不变。有两层快门帘幕:一层在另一层的正前方。快门帘幕的位置和感光器很近。

长曝光时,一层帘幕滑开,让感光器曝光。当曝光结束时,第二层帘幕划过,结束曝光。

短曝光时,第一层帘幕打开,第二层帘幕紧随其后经过。两层帘幕前后排列一起移动,它们之间的缝隙也随着快速移动。在整个过程中,感光器都只能通过这条缝隙进行曝光。你选择的快门速度越快,这个缝隙就越窄。

越来越多的选择

通常情况下,一个快门速度是其相邻速度的 2 倍或 1/2,比如 1/30s,1/60s,1/125s,这些被称作"全快门(full stop)"。

尼康单反还设定了 1/3 的差距,在 1/30s 和 1/60s 之间还有 1/40s 和 1/50s。

自动曝光优先

尼康单反提供了多种自动曝光模式,其中之一就是快门优先(详见第 2.18 小节),允许你选择快门速度,相机会为你寻找合适的光圈。

如果拍照时首先要保证快门在某一个特定的快门时间,快门优先模式就是你的最佳选择。光圈大小会被放在次要位置考虑。

2.4 相机动作、抖动和图像稳定

在拍摄动态图片的时候,保持相机稳定是至关重要的。各种因素都会和你作对,你最大的敌人就是你自己做出的错误决定。

对速度的需求

如果不是刻意造出模糊效果,你就需要找到符合场景的快门速度。

我们的身体并不像想象中那样稳定。高端尼康数码单反相机拍摄的照片在打印成 24×36 英尺寸时仍可保持清晰。

这是个好消息。

这样话你必须拍摄更加清晰锐利的图片。最微小的相机位移都会引发大问题。

天气和环境

通常,环境条件会在我们手持相机的时候来捣乱。

你可能会遇到大风天。在极端低温下，即使你没有打哆嗦，手也会抖。

还有时，环境里有震动或噪音。

通常的解决方法是使用三脚架。可有的时候你必须抓拍，否则就没有任何意义了。

手持

有的人比其他人的手更稳。很多因素与此有关：你当时的心律、情绪、摄影经验、身体的力量和耐力等等。

有一个定律，你可以根据镜头焦距来判断是否需要手持相机拍摄。如果把焦距转换成最高快门速度，你就明白了你的可活动范围。下表提供参考范例。

按这个表格试拍两张。在拍摄关键照片之前，看看这个标准在你身上是否适用。用100%原图大小在电脑上浏览你的图片，仔细观察细节的清晰度。如果效果不理想，就试试更高的快门速度。

```
28mm ——  1/30 s
35mm ——  1/40 s
50mm ——  1/60 s
85mm ——  1/90 s
105mm —— 1/125 s
135mm —— 1/160 s
180mm —— 1/200 s
200mm —— 1/250 s
```

让拍摄更稳定

一些尼康镜头带有防抖功能，安全快门速度可比你选的高三档。（详见第2.34小节）

2.5　让身体成为三脚架

如果身边正好没有带着三脚架，就可以把自己当成三脚架。抽出些时间，试试下面几种方法。

坐在长椅或凳子上

找个长凳或装苹果的箱子坐在上面。一只手稳稳握住相机，另一只手扶住镜头。把胳膊肘放在腿上。

让身体平衡

找个地方，把身体（或相机）放松地靠在上面。在篱笆和阳台栏杆上摆好姿势拍摄是不错的选择。

趴下

趴在地面上拍摄，你可能会找到一些新鲜的好角度。试着用胳膊肘架起相机吧！

如果必须站立拍摄

即使快门速度已经开得很高，身体的抖动仍然可能妨碍你拍出清晰的照片。收紧手肘，两脚稍稍开立。用手掌转动镜头，用手指按动快门。

2.6 定格的动作与唯美的模糊

拍摄运动的物体需要火眼金睛和把握瞬间的敏感度，这需要有备而来。

你最好积极地参与到所要拍摄的场景中，这样在按下快门之前，可以先好好考虑一下构图。

运用光线

较高的快门速度需要配合充足的光线，最好是晴天。

有时候，最好的选择是光圈优先自动曝光模式。在你确定光圈范围的时候，相机会给出最高快门速度。（详见第2.41小节）

速度和距离

快门打开的时间越短，拍出来的图片定格感越强。

运动不仅体现在体育赛事中。如果你想在有风的日子里拍摄一朵花，希望它占满镜头，就要和晃动的被摄物较量一番了。

一辆半公里以外高速经过的车，在画面中只占1/4，就不需要拍花朵时那么高的快门速度。然而，如果同样的车同样的速度从25英尺开外经过，占满了你的镜头，你就需要更高的快门速度来定格影像。

唯美的模糊

模糊并非一无是处。它也可以表现动感。

注意第二章标题页上的小女孩。她那么开心地把玩着苹果，手指都处在运动中，然而画面中其他物体都是清晰的，这只模糊的手充满了故事性。

放慢

你很难判断多快的快门速度可以定格短跑运动员的动作，你同样也很难确定多慢的快门速度可以使局部模糊。这时数码照相机的好处就显现出来了：你可以在拍照前先试拍两张。

放稳

这类照片需要三脚架，特别是在使用长焦镜头的时候。

你希望找到合适的快门速度，让图片部分定格，部分动作模糊。但如果身体晃动了，那就不可能得到你想要的效果。

过慢的快门速度会使动作过于模糊，让观众看不明白这是在拍什么。还是老话，关键在于找到平衡点。

左图是演员兼模特多梅尼克·斯科特（Domenic Scotty）钓鱼的定格画面。摄影师布莱恩本可以选择1/1000s到1/8000s的快门速度，而不是1/160s。但是在测量和试拍之后，他最终选择了较慢的快门速度，使艺人的动作清晰，鱼线模糊，来体现故事性。

2.7 长时间曝光

当自然光和闪光灯结合时,你可以用一项叫做"快门延时"的技巧来发现一些极具创造力的拍摄良机。

快闪

正如我们将在第十三章"数码影棚灯光"中将要讨论的,频闪照明工具可以营造出无数种独特的拍摄效果。它可以将瞬间照明的长缩短到 1/1000 s。

闪光灯时间结合快门时间

闪光灯的速度和快门速度不一定相一致。当我们把两者结合起来时,我们就有了第二次技术调整和创造性发挥的机会。

这一技巧被称作"延时曝光"。因为在闪光灯迅速闪光之后,快门可能仍然保持打开,这样所有环境光就可以继续进入镜头,烙下影像。

测量瞬间

拍到好照片的秘诀在于,所有光源都要曝光得当,这需要高超的测光技巧。请参照第三章"测光与颜色",按专业方法进行测量。

这一组拍摄特雷茜·李家内景的照片就极富创造性。

两张图片的主光源都是一台Chimera牌闪光灯,Novatron牌光面伞灯罩(Bare Tube Head)。在上图中,窗外的光很亮眼。在闪光灯闪过之后,被设定为1/8 s快门仍然保持打开,继续记录室内的光。

参照图的快门速度是1 s,光圈要开到11。但如何平衡室外光就成了难题。

2.8 取代胶片差异的是……

多年来摄影师们一直在讨论胶片的差异。一直有人争论爱克发、富士和柯达胶卷之间不同透光率产生的效果。这些胶片厂商也不断推出色调更自然或是更夸张的产品。拍婚纱和写真的影楼基本只用彩色负片。得到令人满意的颜色效果不仅需要选择彩色乳剂，ISO 的选择也能起到重要的作用。考虑到光的问题，一些感光好的胶片可以保留更多的高光和阴影细节。

幸好这种时代已经结束。

如今，新的争论围绕着数码单反相机的镜头和感光器拍摄的图片大小展开。

数码单反相机的胶片

数码单反相机的镜头背后只有一个想象中的胶片。

胶片在相机里起的作用就相当于视网膜在眼睛里起的作用。从前，感光的胶片藏在相机内部，等待着曝光。而现在一套高度精密的感光仪器永远替代了胶片的位置。

CMOS 传感器

很多相机厂商都效仿尼康使用 CMOS（发音类似"see moss"）传感器。CMOS 是互补金属氧化物半导体的缩写，用这种材料作为相机的传感原料非常合适。它使相机不仅可以记录图像，还可以根据收集到的信息进行测光和自动对焦。

能每秒连拍九张的尼康 D3 和 D700 就采用了 CMOS 传感器。为了拍摄高质量图片，保留重要的高光和阴影细节，摄影师希望传感器的捕捉范围越大越好。这个范围在拍摄高调图片的时候体现得尤其明显，例如拍摄身着一袭白衣、皮肤白皙的金发模特沐浴着阳光，坐在沙滩椅上。（关于高调摄影，详见第 1.23 小节）D3 就可以胜任，因为它里面的 CMOS 传感器失真率很低。

感光器的大小和图片大小

尼康 D3 的机身首次采用了 1200 万有效像素，大小和 36×24mm 的 35mm 胶片差不多的感光器。当整个感光器处在使用中时，就是尼康相机的全画幅模式（FX 模式）。

之前的尼康数码单反相机，例如 D2x 系列，感光器小一半，只有 23.7×15.7mm，总共可以记录 1284 万像素，被称作非全画幅模式（DX 模式）。

D3 这类相机可以选择 FX 模式和 DX 模式，甚至还有小厂商已经弃用的 5∶4 模式。5∶4 模式是打印 4×5 英寸、8×10 英寸、16×20 英寸等尺寸的照片的模式。此外，35mm 胶片的图片比率是 3∶2，打印出的尺寸也比 5∶4 模式大一圈，分别是 4×6 英寸、8×12 英寸、16×24 英寸。

半画幅感光和镜头

由于大部分数码相机的感光板比 35mm 胶片小，那些用惯了胶片相机的摄影师可能会对 35mm 的数码单反镜头感到不适应。

过去的 50mm 镜头在非全画幅相机上相当于 75mm 镜头,对于那些想要长焦远望镜头的人来说,这是个美好的时代,但需要广角镜头的人就要失望了。(关于等效焦距,详情请参见第 2.27 小节)

2.9　这就是传感器

在镜头和透镜背后是感光器,它就是数码单反相机的胶片。

2.10　感光度:ISO 的替代品

在光线充足的白天用 Kodachrome 25 胶片外拍得到的低颗粒度奇迹已经一去不复返了。曾经只有在发现云彩遮了半边天时,你才会希望用 Ektachrome 400。

一些人还记得,胶片速度曾经是用定数来衡量的。后来国际标准化组织取希腊语的"平均"一词"isos"命名新标准,替代了定数制,这就是 ISO 制。这也表明了该组织致力于提供全球通用的标准。

在数码摄影环境中,我们讨论感光度时仍然用 ISO 指数作为参照。只是衡量对象从感光材料变成了相机的感光器,这变化并不大。胶片摄影中的 ISO 100 与数码摄影中的 ISO 100 是相同的

传感器的过去与现在

很多数码单反相机的最低可选感光度是 200。相对应的胶片速度比 Kodachrome 25 胶片快三档，比那些感光度可以调低到 100 的相机快一倍。一些人不能接受感光速度比 100 更快的图片，因为坊间流传的说法是数码相片必须在感光度 100 的状态下拍摄。

因为胶片和数码摄影都面临着同样的问题——"颗粒"（在数码世界也被称为"噪点"）。人们相信慢感光度可以捕捉到更准确的颜色、对比度和锐度。但是在 2007 年，低噪的尼康 D3 改变了一切。它可以在 200 到 6400 的感光度范围内获得出色的图像。

感光度在曝光三元素当中的地位

感光快，你就可以选择更快的快门。同样，感光快，你也可以选择更小的光圈和更大的景深。

在需要较快快门速度时的阴天，更快的感光速度可以帮你达成目的。当你使用长焦镜头，特别需要大景深时，也可以采取同样的方法。调高感光度可以帮你走出一大步。

数码单反相机的好处在于这些调整不妨碍正式拍摄。如果光线变化，你可以根据需要改变感光度。只是这并不是听上去那样万能，总有一个上限。图片噪点过多的时候，你就不能继续上调感光度了。不过对于一些人来说，噪点也是好事。噪点使画面中出现颗粒，是一种很好的视觉效果，特别适合营造文艺气氛。对于一些人来说，这种创作手段的效果正是他们追求的。

感光度分档

很多品牌的胶卷可选择的感光度都是双倍增加的：100, 200, 400 等等。一些数码单反也是如此，稍高端的尼康数码单反机身还可以选择以单倍、1/2 倍或 1/3 倍增加。

可以单倍、1/2 倍增加感光度之后，你就不再局限于 200 和 400 的二选一了。你可以在两者之间选择 280。在 1/3 倍增加档，你可以选择 250 和 320。在相机的感光范围内，你随时可以做这种调整。

2.11 运动中的 ISO：选择合适的快门速度

在感光度和噪点方面，大多数相机没有尼康 D3 这么高端。在这时你就必须做出取舍。相机型号不同，但你可以选择下表的设置。

噪点少——100–200

噪点中等——250–800

噪点多——1000 以上

安全网——ISO 感光度自动档

有时候你只能硬着头皮接受不那么理想的感光度，否则就会失去拍摄机会。

尼康相机的ISO感光度自动档可以为你拉起安全网。它在编程和光圈优先模式下可选。（此选项详见第2.17小节）当这项被选中时，相机会相应地调整感光度，来帮你避免图片曝光过度以及曝光不足。摄影师事先可以设好所能接受的最大感光度。

这一选项只是保障措施，所以并非总在发挥作用，只在光线太强或太弱时才见效。

上图感光度使用的是尼康D2x系列常用的ISO100，可选快门1/50 s，f/4.0。火焰的抖动很细微。

为了凝固火苗瞬间的状态。我们选择了1/800 s的快门速度，光圈仍是f/4.0。为了配合更快的快门速度，我们把ISO感光度设置到800。

为了检查噪点和烛火，我们把图片放大到400%。噪点出现在黑暗的区域里。现在看不到太多，即使再放大，仍然很少。图片在可以接受的范围内。

当感光度设定为800时，再把图片放大到400%我们可以看到噪点的数量难以被高要求的商业片标准所接受。尼康D3的感光器比D2x的像素数更高，因此可以用更高的ISO感光度拍摄。

2.12 避免噪点；享受颗粒感

对于我们前两页讨论的前期拍摄中的噪点，你可以提出异议。Photoshop和Adobe Camera Raw都有手段处理噪点，我们在第六章"原始文件和扫描胶片"中再详细叙述。

长时间曝光的噪点

在长时间曝光中也有可能出现噪点。这是电子媒介造成的。噪点是数据变动或电子传输错误产生的。这取决于相机，使用1/25 s至1 s的快门就有可能出现噪点。

控制噪点从另一方面体现出数码单反如何改变了我们的拍摄工作。我们不用在早上试拍之后风风火火地冲进暗房洗样片，只要用几分钟在电脑屏上就能看到试拍的结果。可以赶在光线变化之前作出调整。

相机的降噪功能

很多尼康数码单反相机都可以在进行后期处理之前帮助你解决噪点。这个功能和自动ISO感光度类似。当状况符合你预先设定的范围时，这一系统就会自动工作。由于相机同时进行两项任务，你会感觉到处理时间有延迟。这是因为在你的相机将图片放入储存卡之前，会先存入缓存里，在进行降噪处理的时候，缓存就满了。

在数码摄影时，这方面也需要认真实验。在一些情况下，相机降噪的效果很完美，但是有时你会感觉图片结果过于柔和。

除了长时间曝光，降噪功能也可以用于处理高感光度造成的噪点。

噪点太多？

噪点不仅会类似于胶片上的卤化银颗粒，增强胶片感，还会改变画面的色彩构成。色调会变得类似于蜡笔的效果。丰富饱满的色彩从照片中消失了。

颗粒在画面中排在非常显眼的位置。它就相当于一种铺满整个画面的纹理，过于刺眼，我们无法无视它。

在黑白照片里，摄影师偏爱颗粒感，很长时间内都在抵制过于柔滑的胶片照片。因此柯达Tri-X胶卷才会经久不衰。

实验降噪按钮。调出颗粒最美、色彩饱和流失得又少的设置。

颗粒感不仅可以增强艺术气息，还有更令人兴奋的功能。颗粒可以成为一种图片风格，加上轻微的晃动感，就可以为婚纱、写真以及抓人眼球的商业照和配图增色。

为了拍摄运动效果，摄影师布莱恩利用了延时曝光技巧。他采用了Nocatron的闪光灯配合Chimera的柔光罩，在户外取景让画面更明亮，快门打开1/3 s，最后完成了这套拍摄特雷茜·里的作品。

2.13 通光量

在过去,光圈曾被人们用"隔膜"来指代,光圈就像相机的虹膜。它是个"守门员",控制照射到快门幕帘上的光的量。

我们曾把通光量比作注入酒杯的水。如果你还没有看到第 2.2 小节上的这个比喻,请现在去补习。

进入相机的通光量是曝光三要素当中的最后一个。

改变光圈会使整张照片发生改变。用长焦镜头拍摄时,把光圈调到最大,景深会戏剧性地缩小。也就是说摄影师可以限制观众能看清的范围。

明亮的光线和大光圈需要配合足够快的快门速度。

F 数系

不管你已经进入摄影界多久,都请花一些工夫来学习下面这段描述的 f 档数字的数学原理。你之前见过这个吗?知道它们代表什么吗?

$$45 \cdot 32 \cdot 22 \cdot 16 \cdot 11 \cdot 8 \cdot 5.6 \cdot 4 \cdot 2.8 \cdot 2 \cdot 1.4$$
$$1 \quad 2x \quad 4x \quad 8x \quad 16x \quad 32x \quad 64x \quad 128x \quad 256x \quad 512x \quad 1024x$$

在大多数情况下,每一个 f 档的通光量都是左边相邻档的一倍,右边相邻档的 1/2。

每当你把快门从某一档调高一档，就会让 2 倍的光线进入镜头。例如在 f/32 档，进入镜头的光是 f/45 档的两倍，f/1.4 的通光量是 f45 的 1024 倍。

当光圈中央孔的直径增大 2 倍的时候，它的面积增加 4 倍。

尽管 f/22 在数字上看起来约等于 f/45 的 1/2，但其实相机里的光之门打开后得到了 4 倍的光。

由于种种原因，即便在最成熟的摄影师当中，也有一些人忽略了这组数字的含义。了解这些技术知识可以让你的创造力勇往直前。

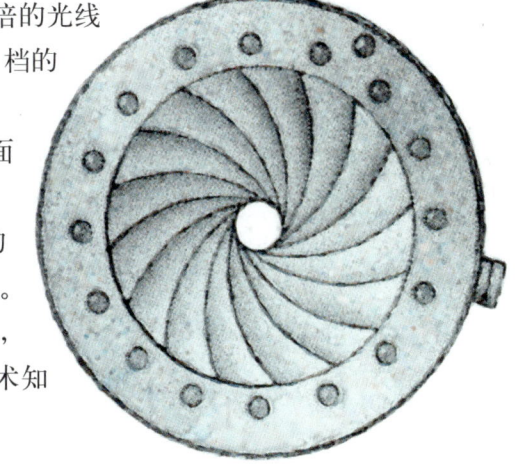

2.14 镜头上的数字

在尼康镜头上刻着一组有趣的小数字。有的镜头上有一个小窗口，可以透过它看到下面的数字。在定焦镜头上的比在变焦镜头上的更显眼。

什么是焦平面的标记？

让我们从机身开始吧。你可以看到有一个有趣的圈，旁边还有一道线。这条线指明的数字明确表明了焦平面的位置。在胶片相机上，这条线指明告诉你胶片的位置。在数码单反相机上，这条线则指明告诉你相机 CMOS 感光器的位置。

对焦距离刻度

在镜头的两圈刻度上，有很多信息需要你去发现和理解。这里距离刻度的单位有米（白色数字）和英尺（黄色数字）。可以看到，距离的左端是无限远。最右端的数字很重要。它可以让你了解到镜头的最近对焦距离。

用广受欢迎的 AF-S VR 70-200mm f/2.8G IF-ED 尼克尔镜头为例，把对焦环快速转到最右边，我们可以看到最近对焦距离是 5 英尺。如果我们想要拍摄距离焦平面 3 英尺的物体，这个数字"5"就会告诉你不要浪费时间了，这个镜头无法胜任，它无法聚焦那么近的物体。（标明最近的对焦距离 1 英尺的镜头，即 12 英寸，显然不能被拍摄一个距离焦平面 11 英寸的物品。）

景深刻度

景深刻度是一个经常被忽视，却极为重要的刻度。

对焦距离刻度正后方就是景深刻度，它位于镜头的中央。这是指明景深的刻度线。

在刻度线的左右各有一些标明光圈的 f 档刻度。这就是景深刻度；它告诉你可以被聚焦的区域。这个区域是从聚焦最精准的位置向前向后各延伸一段距离。

景深刻度告诉我们，如果焦距调得合适，神奇的尼克尔 AF 镜头（28mm f/2.8 到 f22）聚焦范围在趋向于无限远的某一被摄物的前后各 2.5 英尺内。

拍摄比例刻度

微距镜头还有另外一个重要的刻度。拍摄比例刻度告诉我们获得的图片和物体实际大小之间的关系。举个例子，如果拍摄比例是 1∶5，拍得的图像就是被摄物实际大小的 1/5。

2.15 镜头会对光做些什么

尼克尔的镜头规格标明了尼克尔镜头里面有多少"镜片"和"镜片组"。这就告诉我们镜头里面有多少光学镜片。两个以上的镜片组合到一起的时候，它们就成了镜片组。

光的高效传播

通常来说，设计中的镜片越多，光线到达感光器的途中遇到的阻碍就越多。遭遇的阻碍越多，光穿透的效率就越低。

知道这点有助于你欣赏尼克尔 AF 85mm f/1.4D IF 这样的镜头。这款镜头的透光率令人惊艳。在光圈调到 f/1.4 的时候，大部分进入镜头的光线都能抵达焦平面。

长焦镜头的光学镜片

一般情况下，光线进入长焦镜头之后，要先通过一组聚光的前透镜。然后再经过散光的后透镜。

快速的尼克尔 85mm 镜头有 9 块透镜，分为 8 组。

IF：内调焦镜头

一些镜头是这样设计的，当你对焦时，镜头筒会伸缩。然而这款 85mm 的镜头可以内对焦（标有 IF），因此镜头筒的长度固定不变。轻便快速的镜头组合不仅可以方便对焦，还能提供良好的透光率。

色差现象

当光通过玻璃时，每种颜色的波长都会发生不同程度的轻微弯曲。每种玻璃的散射状况各不相同。蓝色光发生的位置偏移比红色光更多。在正常范围下，这种颜色的对焦错位被称作"色差现象"，如果超过正常范围，图片上就会产生彩色的边纹。

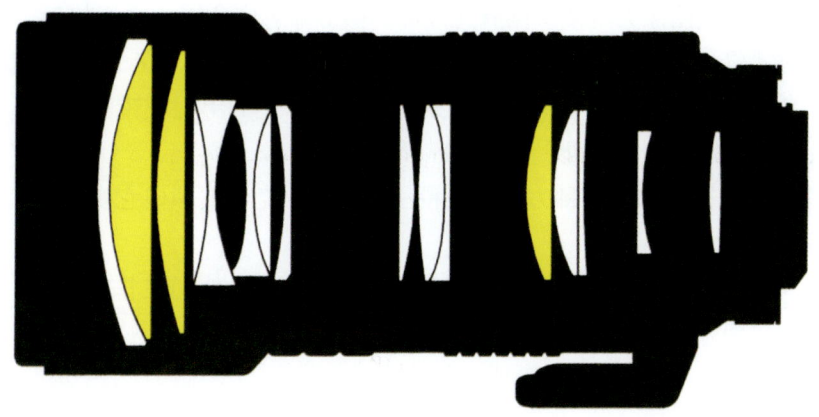

ED: 超低色散镜片

色差在用长焦镜头的时候特别明显。处理这个问题的方法之一就是在设计镜头时加入矫正色散的镜片。其中以钙萤石结晶镜片居多，但是这种镜片的缺陷是对温度变化非常敏感，容易开裂，从而产生对焦问题。为了解决这个问题，尼克尔开发出一种超低色散的玻璃（因此你会在镜头上发现"ED"字样）。这种超低色散镜片（上图中的黄色部分）可以让红、绿、蓝的波长聚焦到一起。

2.16 镜头上字母的含义

在所有高性能的长焦镜头中我们都使用了超低色散镜片。请注意尼克尔 AF f/2.8D 80-200mm 超低色散变焦镜头分解图。其中 16 块镜片都采用了超低色散镜片。

DX 格式

有些数码相机的感光器只有一半大小，尼克尔的 DX 的镜头分辨率正好与之相匹配。在家用广角镜头上，该格式被运用的最多。（关于感光器大小，参见第 2.8 和 2.9 小节；关于等效焦距，参见第 2.27 小节）

尼克尔 f/2.8 AF 20-35mm 变焦镜头。

广角镜头

一般情况下，广角镜头在设计上采用焦点后移设计。换句话说，和长焦镜头正相反。从某种程度上来说，这就是广角镜头显得短小紧凑的原因。

ASP: 非球面镜片组和彗星像差（或称: 斜球面像差）

正如长焦镜头会产生色差现象一样，广角镜头也会产生彗星像差（光晕）等其他镜头失真问题。这些图像失真使一些有此经历的摄影师对广角镜头望而却步。

尼克尔 f/2.8 AF 20-35mm 变焦镜头的分解图显示出，在 14 个透镜中，第一个多功能广角聚焦镜片（蓝色）的形状特别与众不同。它的出现使镜头更轻。打磨这种非球面镜片的工艺需要非常精准。

制作非球面镜片的另一种方式是铸模法。靠加热光学玻璃使它变软。然后再放入非球面镜片模具中定型。

此外，尼克尔使用合成树脂制作非球面镜片的模具。他们在非球面镜片和金属模具之间注入一层紫外固化树脂材料。经过紫外线照射之后，它就附在镜头表面上。

AF 和 AF-S：自动对焦

AF 镜头的设计可以自动对焦。还有独特的超音波马达静音系统（SWM）使对焦更加精准、安静、迅速。

D：焦距

机身上的信息会标明被摄物和相机的距离。然后相机会据此来计算推测如何曝光。

VR：防抖

关于相机的防抖功能，详见第 2.34 小节。

G：G 型

尼克尔镜头上的 G 标记表明了时代的变迁。G 代替了相机上的光圈控制环。现如今，就连专业摄像师也明显倾向于使用数码相机上的子菜单转盘，它直接提供了精度为每次 1/3 档的光圈调整，和有光圈环的 D 系列镜头没有区别。

2.17 EV：曝光值

曝光值（EV）系统将常用的可用光圈和快门速度的组合分成了 23 个数字档，光圈范围从 f/1.0 到 f/64，快门范围从 1/999 s 到 68 小时。（不过我们从来没有真的用这么长的时间来曝光！）

这个系统为我们提供了应对各种情况的 23 种 EV 选择。

我们提供了完整的 EV 搭配表，但这在"实用搭配表"中只是一部分。实用搭配系统适用于 ISO100 的条件，是 20 世纪 50 年代发明的。那时我们无法想象拥有一台数字单反相机进行精准的测光，只能依靠实用搭配表。在 20 世纪 50 年代，大多数相机都是机械的，那时实用搭配表当然非常实用。

EV 搭配表在今天仍可广泛使用。大多数优质测光表上都带有一个 EV 模式。只要在测光表上读到一个 EV 数，就能知道可用的光圈快门搭配是多少。

对我们来说，测光表的读数能告诉我们应该如何选择推荐的 EV 档位。

EV	f/1.0	f/1.4	f/2.0	f/2.8	f/4.0	f/5.6	f/8.0	f/11	f/16	f/22	f/32	f/45	f/64
-6	1'	2'	4'	8'	16'	32'	64'	128'	256'	512'	1,024'	2,048'	4,096'
-5	30"	1'	2'	4'	8'	16'	32'	64'	128'	256'	512'	1,024'	2,048'
-4	15"	30"	1'	2'	4'	8'	16'	32'	64'	128'	256'	512'	1,024'
-3	8"	15"	30"	1'	2'	4'	8'	16'	32'	64'	128'	256'	512'
-2	4"	8"	15"	30"	1'	2'	4'	8'	16'	32'	64'	128'	256'
-1	2"	4"	8"	15"	30"	1'	2'	4'	8'	16'	32'	64'	128'
0	1"	2"	4"	8"	15"	30"	1'	2'	4'	8'	16'	32'	64'
1	1/2	1"	2"	4"	8"	15"	30"	1'	2'	4'	8'	16'	32'
2	1/4	1/2	1"	2"	4"	8"	15"	30"	1'	2'	4'	8'	16'
3	1/8	1/4	1/2	1"	2"	4"	8"	15"	30"	1'	2'	4'	8'
4	1/15	1/8	1/4	1/2	1"	2"	4"	8"	15"	30"	1'	2'	4'
5	1/30	1/15	1/8	1/4	1/2	1"	2"	4"	8"	15"	30"	1'	2'
6	1/60	1/30	1/15	1/8	1/4	1/2	1"	2"	4"	8"	15"	30"	1'
7	1/125	1/60	1/30	1/15	1/8	1/4	1/2	1"	2"	4"	8"	15"	30"
8	1/250	1/125	1/60	1/30	1/15	1/8	1/4	1/2	1"	2"	4"	8"	15"
9	1/500	1/250	1/125	1/60	1/30	1/15	1/8	1/4	1/2	1"	2"	4"	8"
10	1/999	1/500	1/250	1/125	1/60	1/30	1/15	1/8	1/4	1/2	1"	2"	4"
11	0	1/999	1/500	1/250	1/125	1/60	1/30	1/15	1/8	1/4	1/2	1"	2"
12	0	0	1/999	1/500	1/250	1/125	1/60	1/30	1/15	1/8	1/4	1/2	1"
13	0	0	0	1/999	1/500	1/250	1/125	1/60	1/30	1/15	1/8	1/4	1/2
14		0	0	0	1/999	1/500	1/250	1/125	1/60	1/30	1/15	1/8	1/4
15			0	0	0	1/999	1/500	1/250	1/125	1/60	1/30	1/15	1/8
16				0	0	0	1/999	1/500	1/250	1/125	1/60	1/30	1/15

1秒记作"，1分记作'

2.18 自动曝光设置

通常而言，我们不推荐让相机来完成你的拍摄构想。你的数字单反相机固然很聪明，但是图像在你的脑海中，应该由你决定如何去表现它们。

然而，一旦了解了自动曝光的选项能提供什么，你不仅可以准确拍出你想要的照片，还能比自己拍的更快更精确。

你的任务是集中精力构思图片，让相机在你的指挥下去处理技术上的细节。

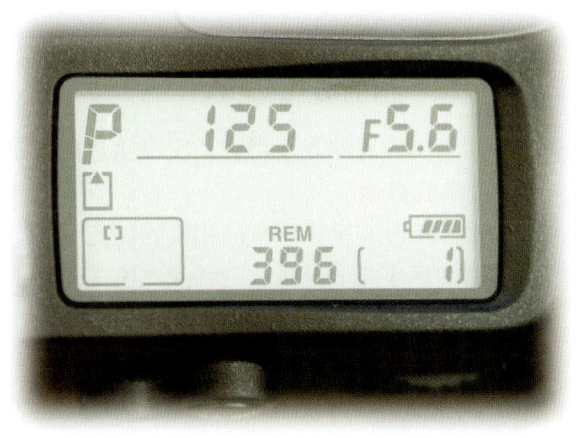

P：自动程序

尼康相机可以设置一个预定好的曝光程式，光圈和快门速度都能调整，这很方便，只要按住模式按钮，旋转主命令转盘，当取景器和控制面板上都出现"P"字样的时候就可以了。

在下一页我们将解决如何进行进一步设定的问题。

S：自动快门优先

光圈和快门优先模式（详见下文）是专业相机上最有用的功能。在程序模式下，按住模式按钮转动命令转盘，直到你看到"S"字样。

你倾心于 1/2000 s 左右的快门速度，愿意最大限度地牺牲光圈？还是用 1/4 s 的快门拍到很模糊的图像，优先表现故事性？什么最重要？主观判断的权力在于你自己。

在让相机接管之前，先看看效果。试拍几张。在现有光线下使用固定的快门速度，你觉得配合多大的光圈最好？如果把速度向两边调一调，会不会发现更称心如意的光圈效果？

A：自动光圈优先

按住模式按钮继续转动命令转盘就可以看到"A"字样，此时你必须多考虑几组不同景深的搭配。

光圈优先模式可以自动选择快门速度。当你选择机器的最大可用光圈时，就会看到相机提供给你的最高的可选快门速度。

请在拍摄前同样先试拍两张。如果你追求的只是极致的景深，最容易的方法就是把光圈调到最小，但如果这导致快门速度延缓到 1/8 s，就有可能不小心拍虚。如果你的前景和背景都模糊了，景深还有那么重要吗？

想知道自动曝光的更多功能，请查看第 2.20、2.21 和 2.22 小节。

2.19　相机的测光方式

近几年，内置测光表得到了突飞猛进的发展，而很久以前，我们很难信任相机内置测光表提供的数据。

如果你还没完全了解自己相机的测光系统如何运作，或许会吃些苦头。

高端的尼康相机机身有三种测光模式。

3D RGB 彩色矩阵测光

最常见的相机内置测光模式利用了彩色矩阵。这种方式依靠一台尼康镜头和机身自带的电脑 CPU。近年市面上绝大多数尼康镜头都可以胜任。在这里我们以 D 系列、G

系列和 AF-S 系列为例。

镜头 CPU 先将信息发送到相机，然后测光系统迅速从 1005 个红绿蓝感应器上收集信息。同时还包括被摄物与相机焦平面的距离信息。然后测光系统开始分析亮度和对比度这样的光学特征。每台相机都有一个包含了 3 万张图片的数据库，其中一些还反映了极端照明环境下的情况。相机会将你要拍摄的景色变成输入的数据，和图片数据库一一比对。

测光表还能考虑到色调、色相、饱和度元素，以及亮部和暗部。特别是你在决定曝光之前，先选择了根据某模式自动曝光的时候，测光结果对图片的影响很大。

中央重点测光

最简单的测光模式就是中央重点测光。它考虑到整幅画面，但是衡量重点落在画面正中央。有 75% 的图片都可以通过这一区域测光。

点测光

在最开始，点测光很有挑战性。你要配合选择聚焦区域。大多数尼康数码单反相机都有 11 个聚焦点。在 D3、D300 和 D700 上可以选择 51 点聚焦或 11 点聚焦。大约有 2% 的画面是这样测光的。

无论选中取景器中的哪一点，测光结果都会用于全图。如果照明区域太亮或太暗，运算结果可能会出现极值。

上图分别显示11点聚焦测光和51点聚焦测光。无论你选择哪种，标准只有一个：作为摄影师，怎么看舒服怎么来。用取景器中的点可以快速聚焦，这有助于你抓住转眼即逝的瞬间，拍出好的图片。

2.20 曝光锁定

认真衡量自己的每一张图片，分析还能不能拍得更好，如果曝光阻碍了你，是哪里出了问题？如何改进？

快门速度与光圈锁定

看看 D2x 和 D3 相机的机身，注意在快门和面板的对侧，相机的顶端。那里有一个"L"键。在手动、自动快门优先或自动光圈优先模式下，你可以用它来锁定曝光设置。

要锁定光圈，只要按住"L"，旋转（后面的）控制转盘，按一下。取景器和控制面板上面的快门速度旁边就会出现"L"字样。

你可以用同样的方法锁定光圈，只要换成转动子菜单（前面的）转盘即可。

再用同样的方式可以解除锁定。

在自动程序模式下无法锁定。

当被摄物稳定，光线不变，你围着被摄物移动的时候，这个功能很好用。如果你只关注被摄物一侧的光线，曝光设置就可以保持不动。这样被摄物另一侧的背景光线或照明不会影响你的曝光。

这会给你很大的控制感，让你准确地得到想要的效果。

自动曝光锁定

大多数尼康相机机身都有自动曝光锁定。这项功能和快门速度锁定、光圈锁定有些许不同，因为它只在中央重点测光和点测光模式下才能发挥作用。

方法很简单：用取景框框住你想要的画面。半按快门。按下 AE-L/AF-L 键，自动曝光就锁好了。

该功能无法在手动模式下使用。

灵活的程序

自动程序模式有一些非常专业的功能。

你可以一边保留自动曝光，一边改变快门速度和光圈。这非常方便了。只要你一转动主控制转盘（后面的），"P"字旁边就会出现一个星号。当你继续转动转盘时，请注意快门速度和光圈的变化。

两键还原

要想回到默认模式，转动主转盘回到原点。

在顶尖的尼康相机上，同时按下白平衡（WB）键和 ISO 键保持两秒。在其他相机上，同时按下 QUAL 键和 +/- 键保持两秒。这就是让相机完全恢复出厂设置的"两键还原"。与此类似的还有如果同时按下"垃圾桶"键和模式按钮，直到面板闪烁"For"字样，然后松开，就能格式化存储卡。

锁定你要的自动曝光，做出调整，按下快门，这非常简单。

2.21 曝光补偿

想用最快捷的方式让曝光尽在掌握吗？秘密就在离快门几英寸的地方。

曝光补偿键的位置位于手指向后移动一点就能够到的地方，在你的食指忙着转动主控制转盘的时候，可以用拇指操控。

曝光补偿键

就是那个上面标有"+"和"−"的键。当你转动（后面的）主控制转盘时，这个键可以让曝光增强1/3档。在明暗两个方向你可以各进行5档曝光补偿。转盘每向右拨一次，曝光 −0.3档。转盘每向左拨一次，曝光补偿 +0.3档。

从面板和取景器里你都可以确认曝光补偿的改变。所以你的眼睛不用离开取景器也能够知道正在发生什么。

想把最完美的曝光带回家，就要尽可能地使用曝光补偿键。

不要忘记还原

一旦做过这种改变，就要记得把相机恢复到无补偿的状态。如果在取景器里看到了"+/−"字样，你就知道曝光会受到影响。

曝光补偿键被设计在快门键下方显眼的位置，这样能最大限度地发挥效果。但是如果你习惯了经常使用曝光补偿功能，就要在匆忙抓拍之前再确认一下有没有改动过曝光补偿。

我已经补偿了多少?

如果你忘了已经把曝光补偿改到多少，只要轻按曝光补偿键就可以了。在取景器和面板里都能看到结果。

我还需要补偿多少?

不要以曝光补偿功能为借口而对曝光不上心。一些摄影师，甚至包括一些专业摄影师，都用曝光补偿来保障曝光强度，但有时候它也会让你失望。

通过曝光补偿，你可以得到适量的散射光和反射光，但是如果整幅画面的动态范围很广，高光就会出现过曝、阴影也会出现死黑，而且没有补救方法。

你可以先用最合适的曝光，然后向两个方向各补偿几次试试看。

景物补偿

曝光补偿最好的用途并不是（我们刚刚讨论过的）手动调整。在你知道景物无法准确曝光的时候，它最强大的功能才显现出来。

最好的例子是拍摄白沙滩的高调部分时，很可能遇到沙滩反射的阳光，让你无法得到预想中的效果。这时，对整体进行曝光补偿可以保证拍摄的成功。

2.22 包围曝光

为了讲下面的东西，我们需要先回顾一下。

尼康为我们提供了各种快速强力而且有效的包围曝光手段。如果回到过去的艰苦岁月里去包围曝光，拍好曝光合适的图片之后，我们还要把左手食指放在光圈环上，向右调一档拍一张，再向右调一档拍一张；然后回到最开始的状态，向左一档拍一张，再向左一档再拍一张。

包围的类型

高端尼康相机提供了三种包围模式：曝光、闪光和白平衡包围。你按下快门之后，这三种包围模式不会让你有所遗憾。

什么时候使用包围？

如果事先时间不允许试拍，包围拍摄就是一个非常有用的功能。特别是在你拿不准怎么曝光更理想的时候。在试拍的时候，包围拍摄会体现出第二个功用。它可以把曝光度和白平衡都上下各调几档，方便你之后仔细挑选。

在菜单上

选择你想要的包围模式（在这里以曝光包围为例），进入自定义菜单（"铅笔"图标的那一项）然后按下面这些步骤设置下面这几个选项（有些尼康相机顺序略有不同）：

```
e   ……………   包围／闪光
e5  ……………   自动包围设置
AE  ……………   只用 AE（选确定）
```

现在，每次你按下包围键都会启动包围曝光功能，直到再次进入菜单改变设置。

包围键

标有"BKT"的那个键。在一些尼康相机上它在的"L"键下面，在其他尼康相机上它在"L"键的对面一侧。

按住包围键，使用（后面的）主控制转盘选择你希望一次包围几张照片。继续按住包围键，用子控制转盘（前面的）选择包围增强幅度（0.3，0.7或1.0）。由于可以选择按1/3档和1/2档的倍数增减，总共有48种不同的组合包围设置。你不必重新设置如何向另一方向包围，只要选择调高或降低每一档的量就好。此外，EV 的增加也可以选择每次增加 1/3 档、1/2 档或 1 档。

现在，开始拍摄吧。每当你松开快门，曝光度都会按你的设置进行改变。在面板上，你可以看到包围指数序列在每张包围拍摄处理完毕之后依次消失，最后再一起重新出现。要取消包围模式，再次按住包围键，转动主控制转盘，直到指数显示不再按序列拍摄。

按本小节的说明进行设置，然后在拍摄重要图片的时候经常使用包围键，确保有一张的曝光刚好。

2.23 手动通过镜头测光（TTL 测光）

在某些人面前，你不能提自动曝光功能。一些人天资禀异，他们对景象有着天生的直觉，轻瞄一眼测光表，就能直接靠眼睛的感受和脑海中的创想去调整光圈和快门。

这些人当中的一部分是已经习惯成自然，另一部分则是在寻求将生活的各方面掌握在自己手中。

无论你属于那种，最好都深入地了解一下摄影的曝光原理。

和你父辈印象中的 TTL 测光不同

首先，如果还没有阅读第 2.17 小节上的测光方法，你现在需要做的就是翻回那一页。在过去很长一段时间里，TTL 测光一直让人失望。但现在，尼康的测光系统效果惊艳。其次，你需要完全掌握三个测光选项：

·3D RGB 彩色矩阵测光
·中央重点测光
·点测光

M: 手动曝光的模拟曝光显示

一旦你按住模式键、转动（后面的）主控制转盘选择手动"M"档，模拟曝光显示就会一直帮你选择合适的曝光。它既显示在面板上，又显示在取景器里。

在菜单上增强曝光值

你需要从菜单里选择曝光值每次是增加 1/3 档、1/2 档还是 1 档。进入（"铅笔"图标的）自定义设置菜单。在多层下级菜单中，按如下所示将右箭头指向这些选项：

b…………测光／曝光
b3…………EV 步骤
选择后"确定"……1/3,1/2 或 1 档

最佳曝光

当曝光显示上黑线只显示在正中间时，就说明你选择了系统判定的最佳曝光，光圈和快门搭配得正合适。

过曝

黑线越靠近左边，你拍摄的景色过曝的危险就越大，这是测光所能告诉你的。这时测光表在表明，你曝光时的曝光值会超过测光系统所推断的完美曝光值，然后就需要你来判断。

曝光不足

曝光不足也是同样。但如果你觉得把曝光调暗 1/3 档更能达到效果，你自己的选择就是真理。

超出正常范围

如果曝光显示在闪动，就说明相机在告诉你，光线条件已经超过了测光表的处理范围。如果你打算拍摄，却忘了打开镜头盖，就会看到这种提示。

多少才是太多？

请看例图，右图按程度列出了你可能遇到的过曝和曝光不足的等级，并表明了一幅高质量、可以印刷成册的图片应该是什么样子。这本书就是榜样。

+ .03   + .06

- .03   - .06

右边页的大图是按照测光结果拍摄的，本页的小图是每次调亮或调暗1/3档的结果。

2.24 景深的表现

图片影像的表现能力与曝光三要素息息相关。景深由你控制的入光量、选择的感光度和照明的条件决定。

了解环境

在拍摄之前,全面检查一下拍摄环境。思维要保持活跃,即使你曾经来过这个取景地,也要当做从没来过一样。如果是在你自己的影棚里,请把相机和灯光设备摆在一个新鲜的位置。

预想构图

现在来构思被摄物,你要对被摄物的照明有想法。

重新考虑拍摄环境,想象能看见什么,看不见什么,彻底把握景深。在第五章"前期准备中的注意事项"中有两个章节,可以让我们了解得更深入。现在集中注意力,通过选择光圈表现你自己,用景深实现你的构想。

使用上图的景深预览键来预想应该选多大的光圈。

你的摄影包里有什么?

很多摄影师拍了好几年,都是一镜走天下。因为聚焦范围广,尼克尔 AF-DX VR 18-200mm F/3.5-5.6G IF-ED 变焦镜头成了很多人的入门之选。

一个最理想的摄像包应该装有囊括最大光圈范围的镜头,里面可能包括一台尼康 D3 机身、尼克尔 17-55mm f/2.8G AF-S DX IF-ED 变焦镜头来拍广角和一般景色,尼克尔 28-70mm f/2.8G AF-S IF-ED 变焦镜头用于一般场景,需要长焦的情况下用尼克尔 70-200mm f/2.8G AF-S VR IF-ED 变焦镜头。这样仍然无法满足微距和抓拍需求,包里可能还应该有一个增距镜,这样可以以最大光圈 f/2.8,拍摄从 17mm 到 200mm 内的所有被摄物,满足你对焦距的所有需要。

挑选最佳镜头

装备齐全的摄影师必须考虑哪只镜头可以达到最好的拍摄效果。

景深和焦距有直接的关系。把光圈开到 f/2.0,用 85mm 的镜头拍摄 5 英尺外的物体,你得到的景深只有几英寸。如果把光圈开到 f/16,景深就会扩大到大约一英尺,光圈 f/5.6 时景深折中。

现在同样用中庸的 f/5.6 光圈,试试 28mm,85mm 和 200mm 的镜头。f/5.6 光圈下,长焦镜头的景深和 f/2.0 光圈下 85mm 镜头的景深相近。然而如果用 28mm 的镜头开 f/5.6 的光圈,景深会有几英尺。

靠远离被摄物来增加景深

不管用什么镜头,你离被摄物越远,景深就越大。如果你需要更大的景深,只需要后退。重复之前三个镜头的对比实验,但这次,从 10 英尺外来拍摄。

景深预览键

相机上可能有一些让你讨厌的键,景深预览键是不是其中之一?

在尼康相机的快门键前面,还有两个位于同侧的键。靠下的键很特殊,有特定的用途。靠上的键让你能够预览景深的样子。

大多数情况下,在你看取景器的时候,看到的景色是光圈全开时的效果。靠下的键可以显示最小景深下你能看到的效果。

将光圈设定为 f/16,对近处的物体聚焦。按下景深预览键查看取景窗。它变暗了一些,但现在你可以直观地确认照片拍出来之后景深看起来会是什么样子。

你听到的声音不是按下快门的声音,而是光圈关闭的声音。

如果你在用尼康 SB-600、SB-800 或 SB-900,效果光会在使用景深预览时开启。

更有创造力的决定

要常用景深预览功能。它可以让你在考察完取景条件和客观可能性之后考虑再三,精细修正头脑中的预想图。

用不同焦距来做实验。继续了解你的光圈工具。把直观查看景深和焦距纳入拍摄计划。

搭配以下九种景深组合,丰富你的图片数据库,展现你的灵活性。

2.25 超焦距＝最大景深

在曝光三要素当中，我们已经深入到了景深最核心的部分。在这两页，我们来看看大小景深的最有效应用。

手动超焦距

在这一部分的最后几页，我们来领略手动聚焦的魅力，并了解光线如何影响前述的方方面面。

选用超焦距是手动对焦功能的一种，也是最容易被摄影师忘记的强大功能。而且在靠摄影为生的摄影师当中，很少有人了解、讨论、使用它。

在第 2.14 小节我们了解了镜头的景深范围。如果你还没有读过，请先翻回去，读完之后再回来。

现在只有一个景深的镜头并不多，但尼康仍然提供这种定焦镜头。而那些变焦镜头的景深范围很广，因此没有一个准确的固定景深数字可以刻在镜头上。

计算超焦距

由于没有数字刻在上面，所以也就没有什么能够阻碍你去探索一个镜头在任意焦距下的超焦距，得出的结论可以让你的拍摄计划获得更大的成功。

用下面这个简单的公式：

$F^2/f\,0.033=H$

大写的 F 是焦距，光圈用小写的 f 表示。H 是超焦距的计算结果。

这样用：如果你在用尼克尔 28-70mm f/2.8 AF-S IF-ED 变焦镜头拍摄，焦距在 50 的位置，那么平方之后结果就是 2500。

如果你认为最佳光圈应该用 f/8，计算 8×0.033 得到 0.264。

然后计算 2500/0.264，得到超焦距是 9470mm，即 9.47 米，相当于 31.07 英尺。

别以为我们在刁难你，我们没有。打开笔记本电脑的计算器就很容易算出来。很精准，其实只要算出个大概，我们就能心满意足了。

焦点在哪里 你就把景放在哪里

有人说焦点应该在物体中央，景深从这里开始向前后各延伸相等的距离。这虽然通俗易懂，但是超焦距的景深起止却可以由你自由决定。你一旦算出了准确的超焦距，就可以把焦点不放在被摄物的正中央，而是放在你构想图可见部分的中央。

如何利用最大景深

有时前景应当被忽略，被摄物后面的背景会说话。

如果情况相反，背景很杂乱呢？用超焦距去拍照吧。

游刃有余

手动对焦的优点之一在于,超焦距让被摄物有很大的移动空间,几乎不会拍虚。

这样可以加强人为控制,让你在取景地客观条件的限制下进行构思和创作时,更容易发挥创造力。

简洁之美？视觉精炼

数码摄影师完全可以选择最大景深。但有时这个选择会把要传达的视觉信息埋没。

2.26 视觉精炼

作家明白惜墨如金,用最精简的词汇表达最多的思想。

视觉传播者也可以这样,用最简单直接的图像使视觉冲击力最大化。

假设长镜头和敞开的光圈已经把你的超焦距范围缩小到不到一英尺,你就会只挑出精髓来表达。

在这张比利·李和格兰特·哈根的照片中,景深很紧凑、构图很集中。摄影师詹尼特把观众的注意力锁定在模特上。比利的手按在格兰特胸口上,转移了注意力,让画面看上去很舒服。

2.27　等效焦距

镜头与相机的搭配牢牢受限于下面这些术语。

模糊圈

也有弥散圈、模糊圆、弥散圆等不同的叫法。在摄影行业中，指镜头投射在焦平面上变得模糊的一个点，这个点小到某个范围以内，照片就足够清晰。大多数情况下，都能达到图片所需效果。

使用 35mm 的胶片相机时，想让 36mm×24mm 大小的胶片上的边边角角都拍得非常锐利，势必要让模糊圈在焦平面上的呈像足够小。

通常来说，模糊圈的边缘是柔和的。如果这些柔和的圆在焦平面上重叠在一起，边缘就会消失。因此在拍摄颜色均匀的蓝天时，图片角落的蓝色比中央的颜色浅，我们称此现象为"暗角"。那些光圈全开的广角镜头更容易出现这种现象，虽然理论上讲，任何镜头都会出现这种现象。

数码世界的镜头

在数码单反相机里，解释模糊圈产生过程会变得更困难一些。

数码单反相机的好处之一在于，尼康把多年的镜头、闪光灯、摄影器材经验都凝聚在这种新相机上。买一台数码单反，摄影师就能如鱼得水。

半尺寸 DX 感光器的地位

从胶片到数字的过程不能一蹴而就。大部分数码单反的感光范围都不如 36mm×24mm 的胶片大。在 2007 年尼康 D3 问世之前，尼康都在使用感光区域为 23.7mm×15.7mm 的 DX 格式。

在新型的半尺寸的感光器上，模糊圈更少。而且在这一部分里，我们接下来还会提到，这一改进还会让每一个希望使用长焦镜头看得更远的摄影者心花怒放。

DX 对 FX 一半胜算

尼康将内置全尺寸感光器的相机称作 FX 格式；它的感光区域和 35mm 胶片差不多大。算起来，FX 的焦距是 DX 的 1.5 倍。因此用 200mm 的 FX 镜头可以拍出 300mm 的 DX 镜头的效果。

这种比较导致了"35mm 胶片等效焦距相机"的诞生。尽管这提供了更激动人心的长焦拍摄机会，但也会影响广角表现。28mm 镜头和 42mm 镜头在 DX 格式下都同样完美。但在 FX 格式下，24mm 镜头拍摄的夸张全景效果就成了 36mm 镜头一半的广角效果。

DX 镜头

为了适应这种情况，尼康推出了一系列美妙的 DX 镜头。很多焦距范围都是广角镜。

它们专门用于 DX 格式的相机。除了模糊圈小，DX 镜头还有小巧轻便的优点。

DX 镜头的缺点是如果把它安装 FX 格式的机身上，相机会自动转换成 DX 拍摄模式。虽然这样很方便，但是图片的像素数却由客户喜欢的 4256 像素 ×2382 像素变成了客户不愿意接受的 2784 像素 ×1848 像素。究其原因，是因为 FX 格式的感光器的分辨率比 DX 格式的大。FX 格式的图片质量更令人叫绝，但如果用 DX 镜头就打了折扣。

如果你想要找借口同时拥有一台 D3 和一台备用 D2x，现在你有了。

DX 格式相机的感光范围小（大约 23.7mm×15.7mm），和几乎能媲美 35mm 胶片的 FX 格式相比较，DX 只能拍到图片中的一部分。

2.28　超广角镜头和鱼眼镜头

16mm 的鱼眼镜头和 20mm 的超广角镜头可以提供超广范围的视角。

鱼眼

过去，鱼眼镜头会拍出独特的椭圆形图片，剩下四周全是黑色。最极端的鱼眼镜头是 7.5mm 镜头。它本来被应用于科研，有个别称叫"完整天空"镜头。

如今，16mm 的鱼眼镜头已经可以拍出全幅图片，这种神奇的镜头提供了 180°视角，就像鱼从水里向上看一样。它可以从地面一直拍到天空。

用尼克尔 10.5mm f/2.8G AF DX ED 鱼眼镜头拍到的画面，相当于焦距 16mm 的 35mm 胶片机拍出的效果，边缘处和中央的图片一样清晰，曝光一样精准。

它会使直线弯曲，不论横竖，造成我们所说的"鱼眼效果"。然而，位于中央的线几乎是直的。用创造性的眼光来看，这可以营造很强的视觉效果。前景显得特别庞大，在构图上，背景全被缩小了。

鱼眼镜头为摄影师提供了肉眼看不到的视角。尽管我们的肉眼能看到很广的视角，但鱼眼镜头会将世界压缩的更小，变成我们无法亲眼感受的样子。这时，景深可以囊括绝大多数被摄景物，超清晰的图片和超广的视角让鱼眼镜头拍出的图片有超现实的感觉。

在使用这种镜头时，你必须让自己的思维跳出常理。试着把直线，比如地平线，安排在镜头中央。把相机举高或降低，为同一场景创造出不同的视角。

超广角

超广角镜头最出名的用途是拍摄大场面全景风光照。14mm 镜头有 114°的视角。20mm 镜头有 94°的视角。这在开阔地带足够用了。

用尼克尔 12–24mm f/4G AF-S DX IF-ED 变焦镜头和尼克尔 17–55mm f/2.8 AF-S DX IF-ED 变焦镜头，我们可以有机会抓住戏剧性的瞬间。这些大视角镜头很适合拍摄小空间里的小团体（如右图丽贝卡·克鲁伯、阿莱克斯·泰瑞、凯特林·康纳和雅各布·克鲁伯的合影。）空间被放大了。对该情景中事物衡量受到主观因素的影响。看起来稀疏平常的事物瞬间变得格外显眼。这种视觉手段如此与众不同，令人禁不住回眸。

和鱼眼镜头不同的是，超广角镜头是直的，直线看起来就是直线，不会扭曲。这一特性使广角镜成了在狭小空间中近距离拍摄时的当然之选。它拍出的图片符合建筑透视，边角不会失真。

用 20mm 镜头时，我们的拍摄视角约为 50mm 镜头的两倍。这样就非常适合家具内饰拍摄。它会让空间看起来更大更深。

17–55mm 镜头的另一个好处在光圈 f/2.8 时展现出来。它很适合拍摄灯光，通常需要考虑再三的景深问题几乎不存在。

将主要被摄物放在前景。它会最大限度地引导画面的冲击力。由于背景的开放感，观众会有被吸入画中的感觉。超广角镜头能招来观众，让他们关注图片里正在发生什么。

因为画面全都被看得一清二楚，超广角镜头需要充足、均匀的光线条件，也可以只将光线集中在前景，以获得很强的故事感。

2.29 广角镜头的透视

标准广角透视和一般透视截然不同。它包括的范围从广角效果较明显的 24mm 镜头，到被一些人当做标准镜头的 35mm 镜头。考虑到第 2.27 小节提到的 DX 模式数码相机的等焦问题，FX 模式和胶片相机的广角镜头焦距范围是 36mm 到 52.5mm。

因此，对于使用 DX 格式的摄像师来说，用超广角镜头拍摄可以满足广角的需要，而广角镜头可以当做一般镜头来使用。

直觉地表现

因为广角镜头不像超广角镜头那样夸张，它的广角效果不会太超出人的日常视觉经验范围。广角镜头可以刻画出独特的效果，而又不显突兀。

24mm：微妙的景深

24mm 镜头的优点之一就是可以在保证良好景深效果的前提下快速完成拍摄。拍出的图像偏重于前景，同时兼顾中部区域和前景的视觉关系。观众有时不会觉得背景里的东西很显眼或很重要,所以背景也就无关紧要。

在24mm镜头下,照片保留了纵深感。它的取景角度是35mm焦距镜头的2倍。这个常用的角度很适合用于拍摄风光或建筑。

28mm: 不夸张的透视

摄影师们把28mm镜头作为拍摄广角照片的主力军。它看起来没有24mm镜头和超广角镜头那么夸张,虽然图像中容纳的信息量比大多数人在任何情况下用肉眼所能看到的信息量更多,但观众仍会认为图像很自然。

35mm: 最接近自然的透视

在所有广角镜中,夸张度最小的就是35mm镜头了。很多摄影师都发现,这种镜头和室内拍摄搭配得很完美。63°的视角能包含大量视觉信息。直线拍出来也是直线,画中元素不会扭曲。这种焦距的镜头适合拍摄婚礼和社交场面。不失真的图像可以完美地记录下出席人员,又能清晰捕捉到人物的动作。和前景被摄物相比较,背景中的人物不会显得矮胖。焦距35cm的镜头是最稳妥的选择。

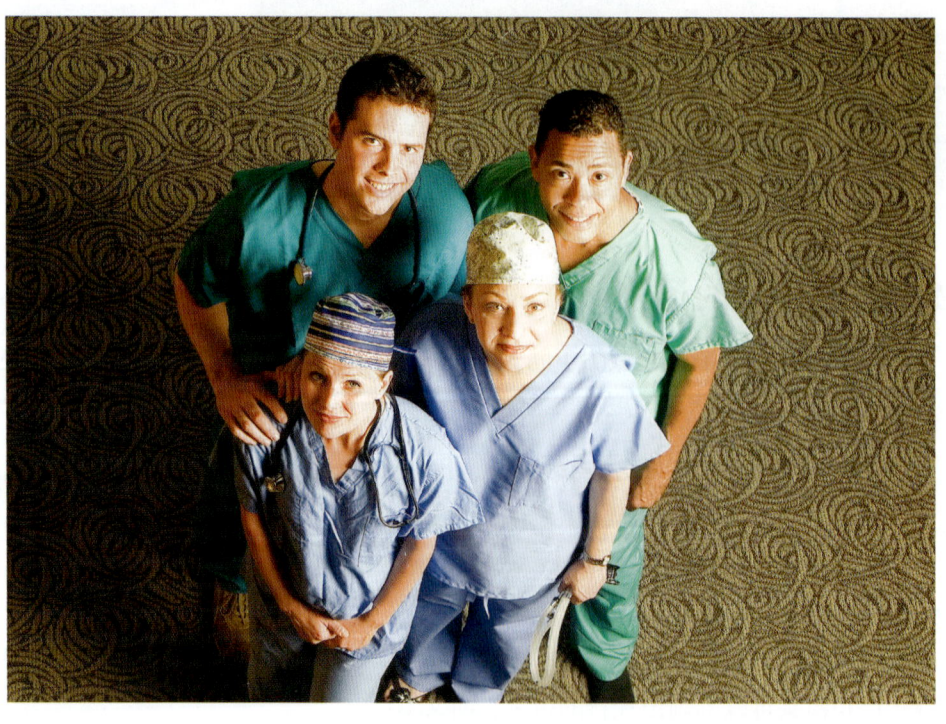

布莱恩使用尼克尔28-70mm f/2.8 AF-S IF-ED变焦镜头拍摄的詹姆斯·哈里森、乔·雷耶斯,雪莉·哈根和吉尔·威尔逊·罗宾孙,所用焦距38mm。

光照与广角拍摄

尽管有时我们喜欢轻便的尼克尔 28mm f/2.8 AF D 镜头，但大部分广角拍摄都是尼克尔 20-35mm f/2.8 AF 变焦镜头完成的。如果面前有个终生难遇的机会，手边有没有其他可替换镜头，那么应用范围更广的尼克尔 28-70mm f/2.8 AF-S IF-ED 镜头或尼克尔 24-120mm f/3.5-5.6G AF-S VR IF-ED 镜头也是很不错的选择。

广角镜头对光线的要求并不像超广角镜头那么苛刻。显然，可以看到的视角越广阔，就越需要横向的大范围照明。

为了追求效率，很多复杂的照明套件，比如尼康自动聚焦电子闪光灯，可以根据镜头的可视角度调整光线的照射范围。

当你在数码影棚中使用电子闪光灯或固定光源时，你想拍摄的图片尺幅越大，所需要的光也就越强。

2.30 怎样用光最合适？

当你用胶片单反相机拍照时，50mm 左右的定焦镜头是标准镜头。如今，即便是入门级别的数码单反相机也配有 18-55mm 可变焦镜头。这相当于，35mm 胶片相机镜头的于 27-83mm，这个范围非常适合一般的广角和长焦。

客观光线条件

很多专业摄影师在光线充足时会选用 f/4.5 或更大的光圈，在光线阴暗时 f/2.8 是很多人的选择。因此我们倾向于把尼克尔 28-70mm f/2.8 AF-S IF-ED 变焦镜头作为标准镜头。它非常适合随身携带。

恒定光圈镜头

在使用相机的内置测光系统时，多光圈镜头没有问题。随着镜头伸缩，光圈会在一定范围内，例如从 f/3.5 到 f/5.6 之间变化。摄影师不用考虑配合焦距调整光圈，相机会自动按挡调节。

然而，在你手动测光（我们在下一章详细讲解）或使用数码影棚专业闪光灯时（详见第 13 章 "数码工作室的闪光灯"），摄影师就不需要这种自动调整。在这类拍摄计划里，他们使用定焦镜头。因此 72mm 光圈定焦头被广泛使用。

英国模特兼演员凯莉·霍尔舍的肖像（下页）使用了尼克尔 28-70mm f/2.8 IF-ED AF-S 变焦相机和数码影棚闪光灯。恒定光圈镜头需要充足可靠的曝光。

人类视觉的光学特性

标准焦距镜头没有广角和长焦镜头那么具有标志性。它不会因为镜头的关系扭曲、压缩画面。

用 50mm 焦距的镜头，你拍得的图片最忠实于肉眼平时看到的景象。

正如我们在第 1.5 和 1.6 小节所讨论的，人眼的特点在于我们眼睛看见的和脑海中出现的图像是有差别的。我们的意识可以将注意力集中在视野中的某一个区域内，就像隧道的效果一样。镜头就无法营造出这种效果。同时我们的视觉思维还可以用余光观察到周围的环境。

在大多数情况下，50mm 焦距提供的 46°视角可以将你所看到的东西以最逼真的图片形式呈现给观众。

在创造过程中牢牢记住这一点，可以助你一臂之力。

相机与被摄物的距离

如果你喜欢 50mm 镜头的摄影效果，请暂时忘记变焦。试试看调整与被摄物的距离时，会发生什么。

你离一个人越近，就有越多的背景失焦，使人脸成为注意力的焦点，这类似于人脑的功能。离远一些，当焦距在 50mm 时，几乎所有东西都一清二楚。

人工照明

因为视角被限制在 46°，50mm 定焦镜头不像广角镜头那样对照明有那么多要求。

相机附带的闪光灯就很有效。你不需要那么多影棚闪光和固定光源设备。（例如第十一章中我们讨论的 HMI 系统）

2.31 "抓拍"镜头

很难界定多快的镜头叫做"抓拍"镜头。这个词是我们摄影圈内的俗语，而不是一个技术性的词汇。

通常来说，它指的是能将光圈开到足够大，能让更多光线进入照相机感光器的镜头。

光线暗、动作快

手快的摄像师都喜欢快速镜头。

我们经常会拍摄舞台上的孩子，如果你也试过，就会知道抓拍镜头不只在拍摄体育赛事时发挥作用。

在光线暗的场合，光圈至少需要开到 f/2.8。当可见光线更趋向极限的时候，你甚至会需要 f/2.0 甚至 f/1.4 的光圈档位。

定格动作

光圈越大，快门速度越快。定格飞快移动的物体可能需要 1/4000 s 的快门速度，一般照明条件下这很难达到这个速度。

短景深

最受我们欢迎的超级抓拍镜头是尼克尔 85mm f/1.4D IF AF 镜头。它不仅快，还有最大的光圈，可以将景深缩到最小。很多抓拍镜头都有这个优点。对于全面发展的摄影师来说，能一举多得的抓拍镜头很适合他们。

大光圈的长焦镜头也可以提供短景深，能将观众的注意力聚焦在被摄物的一个特定部位。其余一切都会被柔和地模糊掉。

从一方面说，这在某种程度上有悖于我们人类的日常视觉体验。但是从另一方面说，它又反映了肉眼与大脑是如何协同合作，把我们的眼力磨尖，去关注细节的世界。任何深爱另一个人的人，比如爱着孩子的父母，都会用全部注意力去关注对方那些惹人怜爱的特质。这和短景深相机只聚焦某人的眼睛时所产生的失真效果是相似的。

经济的方法

通常来说，"大炮"价格高一些。我们给所有镜头的价格开一个上限，1500 美元。用秀外慧中的尼康镜头比用其他竞争厂商的同级别镜头更划算。

对于任何专业摄影师来说，购买镜头和购买机身、电脑、打印机、照明产品或者任何办公耗材一样，应该物有所值。抓拍镜头虽贵，却能拍出更有价值的图片，那就更容易赚回成本。

慢动作

抓拍镜头非常适合那些可能需要 1 s 才能拍好的照片。光圈大的镜头在这里可以现出奇效。f/1.4的镜头需要1/60 s就能曝光完毕的照片，如果换成f/5.6的镜头，就需要1/4 s才能拍好。这么长的曝光时间很可能让你错过拍摄良机。

光线阴暗

很多抓拍镜头在使用时不需要太强的人工照明。这时候闪光灯可以快速进入状态，每秒能连拍几张。这很适合拍摄时装秀，也适合那些不愿意放过任何一个拍摄机会的摄影师。

在不需要那么快的快门速度时，小型持续照明光源和连拍可以让你抓到那些美妙绝伦、千金难买的珍贵瞬间。

除了我们所喜爱的尼克尔85mm F/1.4D IF AF镜头（下图拍摄多米尼克·斯科特所用）以外，抓拍镜头还包括尼克尔70-200mm f/2.8G IF-ED AF-S VR变焦镜头，尼克尔80-200mm f/2.8D ED AF变焦镜头，及经济的尼克尔35-70mm f/2.8 AF变焦镜头。当然，还包括尼克尔28-70mm f/2.8 IF-ED AF-S变焦镜头。

2.32　人像镜头

很多摄影师发誓说85mm定焦镜头是最好的人像镜头。我们同意这种说法。它的视角是29°，比焦距50mm的镜头视角要窄得多。

除大特写外，这种镜头适合包括静物摄影在内任何场合。

面部

广角镜头、甚至连标准镜头都有可能会扭曲面部的部分细节。不合比例的耳朵和鼻子有碍观瞻。85mm 定焦头的压缩程度刚刚好。

与被摄者的距离

一些被摄者，甚至连某些专业模特都需要渐渐进入状态。而那些很少站在镜头前的人，在影棚里没有办法像在自己家里那样放松。你要给被摄者一些空间。这正是 85mm 镜头可以提供的。你在他的视线范围外，但仍可以和被摄者交谈。

在光照充足的布景里，摄像师和所有工作人员都应该站在光源后。如果时间允许，要等到被摄者忘记镜头的存在，这样才会开始出现神奇的效果。每个人都会进入一个很舒服的状态，过得开心，对他们自己、对拍出的照片都充满自信。这种协同作用越强烈，拍出来的图片结果就越好。

与 35mm 胶片相机相当或超越 35mm 胶片相机

DX 格式下，57mm 定焦头相当于一般的 85mm 镜头。

正如前两页所述，我们最喜欢的超级抓拍镜头是尼克尔 85mm f/1.4D IF AF 镜头。在 DX 格式的相机上，它相当于焦距为 127.5mm 的胶片机镜头。

也有人认为 105mm 是最好的人像镜头，但是折合成 135mm 的镜头之后，人物就会被压缩得太厉害。因此无论是全幅感光器还是小幅感光器，85mm 是最好的。

我们的 85mm f/1.4 镜头有特别圆滑的光圈隔膜，因此失焦的部分即使有闪光，看起来也很自然。

人像用变焦镜头

在经过严格调试的影棚环境里，或者经过多次拍摄考验的照明环境里，定焦头是你的好伙伴。

但是在其他情况下，变焦头可以让你做出轻微调整，比如站在固定位置上，通过推进或拉远镜头，追踪活动的被摄者。在前两页中，我们也提到了久经考验的人像变焦头：

28-70mm f/2.8
35-70mm f/2.8
70-200mm f/2.8
80-200mm f/2.8

这些镜头的一个重要特性就是光圈大，景深短。

人像镜头的优点就是能够将视线限定在从鼻子到耳朵的范围内，但是这并非金科玉律，最佳的焦距范围是见仁见智的。

户外人像

出外景时，所有上面这些都会发生改变。即便是在一个基本可以人为控制的外景环境里，也会有一部分最好丢到焦距范围以外的环境因素，以及一部分可以与被摄者相映成趣的环境因素。也许用85mm镜头可以把一个被摄者拍得很完美，但想把另一个被摄者拍得摄人心魄则要用到600mm镜头。

这就要看你如何发挥聪明才智，能多大程度上把握镜头。在用双眼看取景器之前，先用心眼去发现可能性。

布莱恩拍摄的贝卡·比尔格，使用了尼康D2x相机和尼克尔85mm f/1.4D IF AF镜头（光圈f/13 快门速度1/125 s）。闪光灯光源来自Novatron裸管头闪光灯配Westcott的60英寸反光伞。

2.33 长焦压缩

当我们换上长焦镜头的时候，大多数人都是想拉近和被摄物之间的距离。我们习惯性地将长焦镜头与体育赛事联系在一起。在更深的层面上，这是镜头决定的。长焦镜头有它自己的视觉语言。

就传统而言，标准长焦镜头的焦距最短60mm、最长到300mm，一些人把300mm镜头当做超长焦镜头。

依靠光学系统，这些镜头像望远镜一样，可用于压缩物体的物理长和宽。

压缩

长焦镜头最明显的一个特征就是压缩图片中的物体。这和增强纵深感的广角镜头正相反。

随着你向被摄物体推进，远景的压缩率逐渐增大。当视角变窄，焦距超过135mm时，这种现象尤其明显。

与被摄者的距离

长焦镜头有时给摄影师一种在执行间谍任务的感觉。被摄者可能不会察觉有人在拍自己。如果被摄者喜欢保留自由表现的空间，使用长焦镜头就有优势。

使用长焦镜头也会带来一些麻烦。你可能会感到在压制自己的才华，而不是运用它们。拍摄可能很枯燥，但这是一个好机会，让你离开相机，试着制订和模特合作的策略。利用这种场合，让你的模特感觉到合作氛围。

一个懂得合作的天才摄影师可以先主持一个成功的动员会，在模特周围指导他如何进行拍摄，这也是获得成就感的一种途径。这是长焦镜头的另一个好处，策划者就在不远处，但在镜头中它却没有存在感。

小幅感光器相机

我们喜欢经济的尼康 D2x 机身。它的感光器不是全幅的，长焦景物看起来距离近一半。当我们推到 200mm 时，就相当于 35mm 胶卷已经推到 300mm 的状态。右图的卡米·毕薇儿是用 D2x 推到 330mm 拍摄的。

在 DX 格式的尼康相机机身上，尼克尔 80–200mm f/2.8D ED AF 变焦镜头焦距相当于 120–300mm，同样 70–200mm f/2.8G IF-ED AF-S VR 变焦镜头可以提供 105–300mm 的很好的焦距范围。

横向或纵向安装三脚架

这些长焦镜头有些分量。用长焦镜头拍摄稳定的图像，不能仅仅依靠机身，还需要三脚架来保证。

这样有好处。像尼克尔 70–200mm f/2.8G IF-ED AF-S VR 变焦镜头这样的镜头尤其适合安装在三脚架上，这样你就可以快速地 90°转动相机。你可以先水平拍摄，然后迅速垂直拍摄第二张照片。有各种焦距和镜头角度可供选择，这种 90°旋转的方法可以大大提高你的图片产量。当一天结束，你拍到的好图片越多，创造的经济效益也就越多。

长焦镜头的照明

由于标准长焦镜头的视角仅有 8°，所以不需要大量的照明设备。你需要顾及的区域是有限的。然而，在户外拍摄时，你就需要用很大功率的闪光灯来均衡日光的照射强度。

在第八章"人工调整"当中,你会看到我们如何利用反光材料来尽可能地利用现有光线。

2.34 超长焦的眼睛

用 900mm 的镜头看到的景色是令人惊奇。和超广角镜头一样,超长焦镜头也能给你的观众提供平日里凭肉眼无法享受到的视觉盛宴。

使用长镜头就像去非洲冒险,美妙的画面是无穷无尽的。作为一个成熟的摄影师,你的职责就是寻找新的方式去展现没有人看过的景色。

不管你是在拍花还是时装,超长焦镜头都能把观众的注意力集中在几英尺内。前景和背景里的一切都不重要。超长的焦距会说"看这里!"

数码相机的优势

超长焦镜头使购买 DX 格式的相机成了一门有趣的投资。在我们使用出色的尼克尔 80–400mm f/4.5–5.6D ED AF 变焦镜头拍摄时,如果换成尼康 D2x 系列机身,就相当于拥有了 120–600mm 的焦距。

同样道理,定焦定光圈的尼克尔 300mm f/4D IF–ED AF–S 镜头焦距会变成 450mm。

望远倍率镜和双倍焦距

你可以在机身和镜头之间加一个增距镜。它能提供 1.4、1.7 和 2.0 倍的长焦能力。

如果在尼克尔 300mm f/4D IF-ED AF-S 镜头上使用尼克尔 AF-S TC-20E II 增距镜,焦距就可以翻倍变成 600mm。再换成 DX 格式,就可以变成 900mm。

由于光线需要多穿过一组玻璃,焦距扩大 1.4 倍时透光率下降一档;扩大 2.0 倍时透光率下降 2 档。使用匹配的尼康机身,仍可以完成全光圈测光和自动对焦。

尼康建议使用专门的尼克尔增距镜来连接镜头。对于很多摄影师来说,这是将镜头投资有效利用的最佳方法。

布莱恩用 900mm DX 格式拍摄的图片让我们近距离地看到了米雪·谢阿。尽管米雪的聚焦非常精准,但栅栏仍被压缩变形。景深非常有限。这一切都有助于你享受这张照片,目光直接落在米雪身上。

安装三脚架

在很长一段时间内,我们都不太可能手持超长焦镜头拍摄。一个重要的原因是相机的重量。你必须首先考虑到它会给你的肌肉和骨骼系统带来负担。

即便你可以短时间手持相机进行拍摄，但要想获得清晰的图片，也需要非常快的快门速度。要想知道安全的手持速度，有一个焦距和快门速度的搭配定律。900mm 的焦距需要配合 1/1000 s 的快门速度。

这种情况下，一个结实的好三脚架是必需的。

防抖

即便有好三脚架的支持，风和震动等因素也可能会威胁你设备的稳定性。以下实惠的投资可以防止抖动。

型号名称里带有"VR"的尼康镜头都带有防抖功能。该功能可以开关，以节省电池消耗。

该功能可使拍摄快门速度调高三档。

通过图像控制面板、取景器你都可以激活这一功能。这项功能不仅能使图像清晰，还能舒缓对眼睛的压力。

2.35 微距的优势

看着爱普生打印机在 17×25.5 英寸大小的图片上展现蜜蜂围着花朵采蜜的画面，这会让人特别激动。

作为摄影师，我们可以用更大的空间为人们展现野生动物。我们可以在展览上表现人的肉眼所看不到的细节。人们平时匆匆路过、从未注意到的东西，现在却令人惊叹不已。

微距占优论认为关键在于镜头与被摄物的距离。镜头离得越近，照片打印尺寸越大，能吸引的注意力也越多。

即便是那些走马观花的匆忙过客，也为展览上尺寸硕大、色彩鲜艳的微观世界图片驻足。

最好的镜头

我们用以下三种不同的镜头拍摄微距图片。
- AF 60mm f/2.8D 尼克尔微距镜头
- AF 105mm f/2.8D 尼克尔微距镜头
- 200mm f/4 IF 尼克尔微距镜头

每一种都有其独特的外观和用途。

一旦我们了解了每种镜头的强项和它们的光学特性，就能方便地挑选出最适合的镜头。通过时间的磨炼，你会熟悉自己的工具，就像木工对自己的工具了如指掌一样。

60mm 微距镜头

拍摄小物件时，这个镜头的表现异常出色。和标准的 50mm 头一样，它拍摄广角和长焦时画面不会变形压缩。它可以提供和肉眼相似的日常视觉体验。最特别的一点是这个镜头的合焦距离可以缩小到区区 8 英寸。

更大的景深与充足的光线

焦距对得很近的时候，景深也变得单薄。自动对焦的尼克尔微距镜头光圈最大都可以开到 f/2.8，你可以充分利用它。

因为这三种微距尼克尔镜头的最小光圈都是 f/32，所以光线充足时都可以提供一定的景深。因为你的被摄物是神奇的微观世界，所以不需要又大又重的设备，低成本的照明就能满足需求，还可以省下设备的运输费用。如何设计景深来表现这些小物件则要看你的摄影风格。

105mm 微距镜头

最小合焦距离 1.5 英尺（新型号可以推进至 1 英尺）的 105mm 微距镜头可以获得更加抢眼的视觉效果。

有了这款能力极强的自动对焦镜头，摄影师可以快速完成工作。你只需要几秒钟，就能精准地抓拍到一闪而过的蝴蝶展翅的画面。

最重要的是知道将焦点对在什么位置，以及掌握景深。这决定了你回家时是带着不辱摄影师之名的大作，还是错过"极致"的遗憾。

200mm 微距镜头

即便我们已经用这款镜头拍过许多图片，仍然能从中得到乐趣。

它的视角只有 12°，最小合焦距离竟然只有 2.34 英尺，拍出的图片令人大吃一惊。

这样近的距离对手持相机拍照的人提出了挑战，而轻便耐用的捷信 Mountaineer 三脚架可以让我们在户外轻松自如。

2.36 弯曲的光线，弯曲的物体

在尼康 D2x 的分辨率出现之前，想要大幅图片的客户要求我们使用大画幅相机，那种相机仍然在使用底片，相当于 19 世纪古董相机的升级版。这种大型相机有一个支撑镜头板的前座和一个支撑底片夹以及呈影屏的后座，中间是一个皮腔。使用 4×5 英寸或 8×10 英寸的散页底片。

拍摄建筑物时，可以通过摇动和倾斜前座，让图片的透视关系看起来不是站在地面上拍出来的，而是置身建筑物正中央拍摄的。棚拍也是同样的道理。镜头可以在感光板上提供足够的"弥散圆"，拍摄者可以利用后座在图片上选择想要的部分。

神奇的透视控制与微距效果

尼克尔 PC 85mm f/2.8D 微距镜头可以神奇地改变部分透视关系，得到大画幅相机外加微距镜头的效果。它的最小合焦距离是 16 英寸。拍出的图片大小是实物的一半，保留了很棒的细节，最大再生比为 1∶2。

这个镜头很适合拍摄。它的最小光圈为 f/45，比起中长焦镜头，画面的压缩变形更少，缩小光圈时仍能得到特别大的景深。

这一特性使得它成为拍摄大幅画作时的不二之选。你可以摇动、倾斜镜头，让整幅画作正对镜头，而不用爬上梯子进行拍摄。

风景摄影师可以通过这种镜头强调前景。

对于建筑摄影师和室内摄影师来说，尼克尔另有一款广角镜头：PC-E 24mm f/3.5D ED

平移

通过上下左右平移镜头，你可以：

· 从取景框中去掉不想要的被摄物

·矫正透视

·保持画面不动就能避免多余的反光

·调整焦平面，使得与底片不平行的被摄物得到全幅对焦

·对准被摄物的某个特定部分对焦而不用调整光圈

倾斜

在拍摄与底片不平行的被摄物时，这一功能能够让你清晰地对整个被摄物对焦。与大画幅相机一样，你可以在倾斜的同时平移，调整视角和焦点。

旋转

整个镜头可以从左至右旋转 90°，垂直操纵也可以实现横向的平移和倾斜。

例如上图的彩色玻璃。可以控制透视的镜头能够轻松修正向上拍摄较高平面时所产生的梯形畸变。

2.37 调整白平衡

如第 1.1 至 1.7 小节所述,光有一系列神奇的属性。我们的眼睛和大脑接受色彩信息的方式使得光线能够大幅改变被摄物的外观。

使用胶片相机时,我们可以过滤射入镜头的光,调整阳光下和钨丝灯下的色彩偏差。这种色彩补偿通常需要改变光圈,这会毁掉作品。

在一些场合下,我们可以改变光的颜色,详见第八章"人工调整"

神奇的是,数码相机具有一部分大脑的能力,可以根据我们的需求自动调整色温。这一过程再加上手动矫正和选项预设定,统称"白平衡"。

数码滤光

白平衡相当于一系列数字滤光过程。在黄色光线下,色温低于 5500k。白色的 T 恤看起来是黄色的,但通过平衡加入一些蓝色,它就可以变回白色。

在冷光下,色温高于 5500k。在相机里,我们的白色 T 恤看起来发蓝。然而加入一点黄色,就能拍出它原本的白色。

当白色是白色时,其他的颜色也会随之还原。

当然,我们并不是每次都需要平衡的颜色。光线的颜色可以烘托照片的气氛,甚至创造出原本就不存在的气氛。白平衡选项也可以用来为我们营造气氛。(参见后两页的"白平衡与彩色氛围")

现在进行白平衡还是以后再说?

有些摄影师无视相机的白平衡功能。他们知道可以等到后期再使用 Adobe Camera Raw 处理图片的白平衡。(详情参见第六章"原始文件与扫描胶片")

但我们总是在拍摄的时候就选好色温。我们在进行创作的时候就清楚知道自己想要的效果。对我们来说,一天拍摄上千张图片是家常便饭。在拍摄时有很多细节是我们在脑海中已经酝酿了很久,但是也有一些稍纵即逝的火花。

有些摄影师,特别是婚纱摄影师,根本没有所谓的原片,他们直接使用 JPEG 格式,就像把胶片送到暗房那样把图片直接送印。他们需要精确地直接调好白平衡和曝光。

他们认为时间就是金钱,在处理原片上花费时间等于浪费金钱。

自动白平衡

在自然光条件下拍摄时,有时可以设定让相机来调整白平衡。尼康数码单反相机可以在 3500k 到 8000k 范围内调整色温。相机的图像传感器、RGB 传感器,有时还有光敏传感器,可以帮你测量数据。尼康的闪光灯设备也可以根据这些数据调整补光。但如果使用数码影棚闪光灯系统,这些就不管用了。

白平衡菜单

最新的尼康数码单反相机有下述的白平衡选项。这些选项可以快速满足很多摄影师的需要:

想调好白平衡,这些选项是很好的起点。(关于调好白平衡,详情参见下一页)

白炽灯	3000k
钠蒸气灯	2700k
白荧光灯	3700k
冷白荧光灯	4200k
白日光荧光灯	5000k
日光荧光灯	6500k
高压水银灯	7200k
直射阳光	5200k
闪光灯	5400k
阴天	6000k
阴影	8000k

手动调整色温

有了色温表,你就会想要自己来选择色温。

我们使用的是 Gossen Color-Pro 3E,用它可以更方便地将读数输入相机。举个例子,我们知道晴天和阴天也有所不同,在拍摄时就可以尽可能地多收集数据,再基于数据来进行各种决定。(详情参见下一章)

相机直测

自定义白平衡还有另一种好方法,用相机给灰度卡读数。

我们用的是 30 英寸 Lastolite Ezybalance 灰/白卡。它的大小足够用来测量读数。

很简单,按住相机的白平衡按钮,旋转相机的主控制转盘,直到在取景窗或后控制面板上出现 PRE 字样。松开白平衡按钮然后再度按下。PRE 会开始闪烁。举起灰度卡,把它放在被摄物的位置,让 30 英寸的卡片充满取景框。然后按下快门键,完成。图片没有被拍摄下来,相机也不必聚焦,白平衡已经被记录为 d-0,存储在相机的当前白平衡预设当中。控制面板上将会闪烁 Good 字样。如果照明不足或过度,就会闪烁 "noGd" 字样。

最多可以在控制菜单中复制存储四种白平衡设置。

相机的白平衡按钮有强大的功能,阅读这两页的全文,了解你所能做的。

从照片上复制白平衡设置

你也可以从四张图片上复制存储最多四种白平衡设置。这些照片来于相机的记忆卡。

2.38 白平衡的色彩氛围

有时候，我们希望拍摄到的色温和眼前的有所不同，它只存在于我们头脑中想象的空间里。

数码摄像的优点之一就是我们能够创造出本不存在的暖光。

调整白平衡

通常已有的光线氛围和我们想要的差太多。可差这么一点就是感觉"不到位"。你的尼康数码单反相机让你可以精确地校准。根据相机型号不同，操作的方法也不同。

简单的方法是按下白平衡按钮，并转动子菜单转盘。在后控制面板和取景器中可以看到数值从 0 到 1、2、3，反方向转动看到从 0 到 -1、-2、-3。这是什么？

在零点级别，直射阳光下让你的尼康相机捕捉到 5200k 的色温。向上可以上升至 5300k、5400k、5600k。相反，也可以逐级下降至 5000k、4900k、4800k。

很多时候，这可以帮助你对上一节提到的尼康相机提供的白平衡级别做出预判。（在 Auto、K 和 PRE 模式下无效。）这是小幅提高或降低场景色温的好办法。

在最新款的高端尼康数码单反相机中，色温的可调整范围是 2700k 到 9200k。

在下一页的大图中，Novatron 闪光灯组照射下的查尔希处在色温 5500k 的光线中。没有特别地调整白平衡。可是在右上的小图中，4500k 的色温让她看起来冷若冰霜，好像真的需要喝上一杯暖和的咖啡。而在右下 6500k 的图片中，查尔希看上去像是被烤熟了。

哪种更好？

你吃沙拉是喜欢清淡的，一般的、还是辛辣的？

这取决于个人的口味，也和你想通过图片传达的信息有很大关系。

调整至 4500k

从右页大图的 5500k 调整至 6500k

2.39 包围调色

正如我们讨论过的包围曝光一样（第 2.22 小节），在这里我们会介绍如何把同样的包围技术应用在白平衡的调整上。这样在拍摄之前就可以得到测试和完善的好机会。

在菜单上

如果你的尼康相机在包围曝光模式，就可以进入自定义设置菜单来切换至包围白平衡模式（铅笔图标）请利用多重选择右箭头按如下步骤操作：

```
e ················· 包围闪光
e5 ················ 自动包围
WB ········· 白平衡包围（选择是）
```

改好这些设置之后，每当你使用包围按钮，就是设定了包围白平衡。回到菜单，调整曝光、闪光灯，或两个都调整一下。

包围按钮

包围按钮写有"BKT"字样。有的在尼康相机机身的左侧，"L"按钮上面。还有的在尼康相机机身的后面，挨着垃圾箱按钮。

按下包围按钮，你就可以操控（后部的）主命令转盘来选择在包围序列中是包含 2 次、3 次还是最多 9 次拍摄的数据。

不要按下包围按钮，用子控制转盘（在机身前）选择你想要的色彩增益。每次改动大约会调整 10 迈尔德的色温（右页将会讨论到色温的微倒值）。有 24 种不同的包围组合可供选择。

每次释放快门键之后，包围白平衡增益都会变化。这样你就可以调整再次拍照的时机，而非机械地连拍。

要取消包围模式，再次按下包围按钮，旋转主控制转盘，直到序列上显示已无张数。

当你使用 NEF、NEF+JPEG 精细、正常、基本画质的时候，将无法使用包围白平衡模式。

在右侧三幅图中，马修进行了两次白平衡增益。调整虽小，但效果显著。

5,000k

5,600K

6,300K

2.40 微倒值（mired）

"迈尔德（mired）"这个单词由三个词的词头组成：微（micro）、倒数（reciprocal）和值（degree）。

物理上有个概念叫做"最小可察觉差"，比如我们人所能感受到的传感器输入数据的最小变化。因此一个微倒值的调整幅度就是人眼所能感受到的最小光源变化。更确切地说，在物理刺激和心理现象的研究中，迈尔德表示在开氏色温表范畴内我们所能察觉到的最小的光源变化。（如果你还没有阅读第1.2小节关于色温的章节，请现在阅读以理解开氏色温。）

常见的迈尔德值

光源	开氏色温	迈尔德值
烛光	1,930 K	518
泛光钨丝灯	3,200 K	312
卤钨灯	3,400 K	294
稍冷的日光	5,800 K	172

Rosco Cinegel 滤光片的光源与色彩偏移值

色纸号	色纸名称	迈尔德偏移
3420	Double CTO	+320
3407	Full CTO	+167
3411	3/4 CTO	+131
3202	3/4 Blue	+100
3401	1/2 CTO	+81
3204	1/4 CTO	+42
3410	1/8 CTO	+20
3114	UV Filter	+10
3208	1/8 Blue	-12
3208	1/4 Blue	-30
3206	1/3 Blue	-49
3204	1/2 Blue	-68
3220	Full Blue	-131
3220	Double Blue	-260

一级是多少？

在偏红的低色温光源下，100k的色温差看起来比在偏蓝的高色温光源下更明显。在偏蓝的高色温光源下，需要调整很多级色温我们才能看出差别。

在3000k到4000k之间有83个迈尔德色级，在6000k到7000k之前却只有24个迈尔德色级。

和白平衡一样，摄影师也必须了解色温表和色温补偿滤光片上的迈尔德色级。

2.41 视野的可视角度

我们刚刚研究了镜头和光线，因此了解了光线如何通过镜头改变角度，但相机和光线如何形成我们能看到的图片呢？

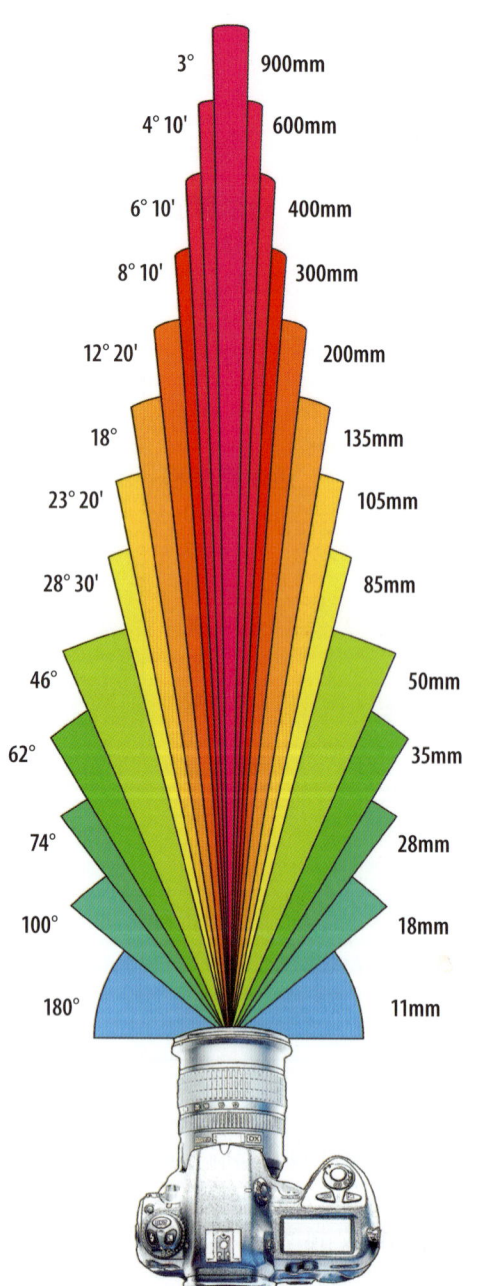

镜头的可视角度

鱼眼镜头可以提供180°的视角来观察我们的世界。而900mm的镜头只能在大约3°的角度范围内聚焦，却能比鱼眼镜头看得更远。

继续阅读之前，请看着本页上的图片，认真思考一下。

俯身拍照

在拍照中，我们有时需要站起来挺直脊背，有时候却需要俯身趴下。

在很多场合下中，我们站着拍摄。取景高度即瞳孔高度，离地面约55–70英寸，具体高度取决于拍摄者的身高和鞋跟高度。

这不是一件坏事。我们以观察事物最常见的角度展现图片，这样观众就可以以平时的视角快速适应图片。六英尺左右的高度不会动摇他们脑海中的通常体验。

有时，我们的责任是将万物平时被忽视的一面展现出来。

这些镜头不仅能让我们站在小狗的高度看这个世界，还能产生非常戏剧性的效果。使用长焦镜头拍摄很多英尺以外的被摄物，可以使很多前景中的景物消失在一片模糊中。

同样的景物，使用广角镜头可以使被摄物看起来很渺小，它面前的空间很开阔。视角越广，天空在图片中所占的角色就越重。

当你在低处拍摄时，站着的被摄者就像一尊宏伟的塑像。

光线来自下方

这正是点测光显露身手的时候。但贴近地面拍摄的时候，天空会在很大程度上影响测光。

如果你的目的是拍摄天空，这样就正和你意。但如果你想要拍摄人物，就需要闪光灯或者像我们在上一章中充分讨论的那样使用手持型测光表，当然你也可以按照 2.18 小节所讲述的，使用相机自带的测光表。

鸟瞰视角

从上方拍摄可以营造迥异的视觉氛围。

你可以从梯子、露台或者桥梁上拍摄这种照片。使用广角镜头时，每个人都十分渺小、微不足道。在这种大场面下，人们像是一只只各尽其责的工蚁。

使用长焦镜头时，你看事物的角度相当于上帝视角，看起来在现场，可没人发现。如果在现场的是观众自身而不是长焦镜头，那么观众要么毫不在意地路过，要么就会被被摄物注意到。而长焦镜头使观者有了一种掌控局面的优越感，而被摄物却显得渺小。

2.42　光线和透视关系

透视关系使得二维的图片看起来有立体感。达·芬奇曾经写道："同样大小的物体，离眼睛近的看起来比较大。"

仅仅变焦还不够

你可以推进或拉远镜头,但是这不能让被摄物在画面上看起来离得更近或是立体感更强。你推得越近,画面就放的越大。但拉远镜头,让视角更广可以产生宽阔的感觉,但同时会扭曲透视关系,但这样会让画面产生距离感不是吗?

重新摆放

为了增强透视关系,试着重新摆放相机吧。保持开阔的视野,寻找合适的拍摄地点,让你的前景看起来比后面的被摄物更大。

高光与阴影

被摄物的照明情况会增强立体感。两个照明情况相似的物体,一个在另一个后面摆成合适的位置关系,就能立刻形成透视关系。如果观众从你的二维作品中感受到触手可及的三维效果,你的目的就达到了。

2.43 亮度范围的宽窄

亮度是指物体反射光线的强度。所有物体都反光,除非它是最黑的黑色。

亮度范围

有些场景的亮度范围非常有限。不用测光工具我们也能辨认出这种场景。它们的特点是色调均匀，有足够的漫反射光线，但是很难找到高光点，阴影细节也非常清晰。亮度范围窄的图片适合在各种介质上翻印。

而亮度范围宽的图片则是一种挑战。与其他挑战类似的是，关键在于把握状况，让事情向着我们希望的方向发展。

精明的摄影师会分析所处的场景，精确地找到漫反射区域。一旦找到它，就把握了准确进行曝光的关键。

用测光表的 f 值测量并掌握阴影和高光两种区域，这点至关重要。在一些图片介质上，高光会过曝，阴影细节也难以展现。

下面的图片有很宽的亮度范围。它包含了明亮的白色，细腻的阴影细节和丰富的色彩。

2.44　光的衍射与图片的清晰度

光线沿直线传播。在使用某些光圈时，会出现一定程度的衍射。

最小光圈与衍射

将镜头光圈缩到很小时,图像锐度会下降。因为比起中等光圈,光线在穿过较小的孔洞时,更容易发生散射。

大光圈与分辨率

有些镜头在某些情况下无法把最大光圈表现到极致。光圈全开时,会丧失一些细节。

中等光圈

通常来说,将光圈环调到中间,用中等光圈拍出的图片最为清晰。多数尼康镜头有7至8档光圈。对于光圈从f/2.8到f/22的镜头来说,第四档是f/8。如果你想拍出最清晰的图片,就用这档试试吧。

在现实世界中

使用本书所列出的所有尼克尔镜头,我们都不会在图片清晰度方面碰到很大的麻烦,就好像我们在胶片发明之前就已经一直在使用尼康相机一样。我们可以用各种光圈达成脑海中的目标,技术上的局限丝毫不会影响我们发挥创意。

2.45 屏幕取景与你的眼睛

使用数码单反相机曝光，在很大程度上要依赖相机的对焦能力。

取景器对焦

你必须让眼睛适应你的相机。如果你是近视，那么你很幸运。在单反相机的取景器里，离得很远的景物看起来就在咫尺。

前后拨动屈光度旋钮，直到取景框的聚焦对你而言清晰可见。这个步骤的操作会给人带来很大的惊喜，耐心来做。调整好屈光度，近视的摄影师在拍摄时都可以不戴眼镜。

如果相机无法适应你的近视度数，你可以购买一个增强度数的配件。

要清晰地拍摄。

对焦区域

尼康为不同的特定客户设计了多款数码单反相机。某种程度上来说，每部相机各有千秋，甚至可以说是独一无二的。

他们都有对焦点。当你半按快门时，对焦点就会变成红色。

此时对焦和测光功能开始在取景框中成像。

必须知道的多重选择技巧

掌握了如何应用多重选择和对焦框的摄影师已经开始走上正轨了。如果你发现自己在使用多重选择上遇到了瓶颈，就必须反复练习，把熟练应用它变成你的后天条件反射。对于一些人来说，迅速完成眼和手的配合是有些难度的。

你可以向自己保证，一定可以掌握它。对每个摄影师来说，这项技能都是必须掌握的。

当你看取景器时，眼睛必须盯住关键对焦点，并在瞬间完成调整。你的拇指要在多重选择按钮上来回翻飞，调整对焦点，要像熟练把握方向盘一样。

反复磨炼这项技能，直到你闭着眼都能完成它。

2.46 区域模式

至此我们已经围绕对焦做了很多功课。但如果你没有很好地掌握对焦手段，仍然拍不出很好的作品。

动态区域自动对焦

这是一种需要掌握的对焦模式。

根据尼康数码单反相机的型号不同，你可以从 9、7、20 或 51 个对焦点中选取一个最佳焦点。在大多数情况下，9 点和 7 点在拍摄快速运动的物体时最实用。

你来手动选择最佳焦点，而机器会根据数据信息选择其他聚焦区域，并最终决定如何聚焦。

自动和动态区域自动对焦

在较新款的尼康相机机身上，自动区域对焦模式下可以自动锁定被摄物，不过也可以优先手动操作。这时使用动态区域对焦，对焦结果很大程度上和你在对焦区域中所取得景物有关。

群组动态自动对焦

这种模式可以在取景器中选择优先区域：顶部、底部、左侧、右侧或中央。

单区域自动对焦

最简单的自动对焦选项，适合拍摄静物。

2.47 对焦模式和强大的手动功能

有时候有强大功能的自动对焦并不是最好的选择。我们在拍摄主体大特写时就会遇到这个问题。我们必须获取图像中的一个非常特殊的焦点。D3 的 51 点对焦系统可以解决部分需求，但无法满足全部要求。

对焦模式选择器

尼康相机的对焦模式选择器在前侧，就是镜头下方的按钮。如同近期的很多胶片相机一样，你可以选择单点随机自动对焦、持续性随机自动对焦，或者手动对焦。对于高度个性化的手动设定，第三种模式非常有用。

对于我们这些多年使用尼康的人来说，当主体静止，并且你有足够时间可以仔细调整静态设定时，手动功能是非常好用的。只要你愿意，就可以做出细微增减和改变，探索不同设定下的不同效果。当我们独自拍摄自然风光时，这有时会给你留下与众不同的深刻的体验。

第三章

测量光与色温

相机内置测光系统无法直接测量被摄物上的入射光，这就使测光表成为必备的工具。

即使在最简单的摄影冒险中，我们也可以跟高森（Gossen）蓝宝石一体式测光表和高森 Color-pro 3F 色温表同行。蓝宝石能在入射或反射模式下读取外界的光线和闪光照明。它可以泛泛读数也可以在 1° 的偏差值内准确读数。Color-pro 可以读取持续性光线和闪光照明。两种表都能替我们完成一些计算。

如果在摄影棚里使用闪光灯摄影，你就必须要有一台闪光测光表。

我们知道我们想在拍摄中得到怎样的结果。测光表并不能准确地告诉我们如何去设定我们的快门速度、光圈、感光度和白平衡。

我们使用它是为了收集数据，以这些数据为依据我们可以作出相应调整。

没有光线和色温数据，摄影师将无法获知展现创造能力所需要的技术手段。

3.1 测光技巧

在复杂的光线条件中拍摄，一个好的闪光测光表是非常必要的。

许多专业摄影师拥有一个或多个便携式测光表。很多人发现如果没有独立测光表，他们甚至入不了行。

有一些廉价的测光表可以帮你估计出一个近似值。但是有很多专业摄影师都选择坚固耐用，能够精确到1/10档的测光表。

有的测光表只能测量环境照明，也有能同时测量环境和闪光灯的照明。

反射光

相机中的测光表测量的是光线照射在被摄主体上、再反射到相机中的反射光。反射光读数考虑到了被摄体色彩、对比度、亮度、色调以及纹理表面的散射效果，当然，还有它的形状。

入射光

在摄影中，入射光指的是沿直线传播的一束光。

入射测光表读取的是它的传感器接收到的光线。被摄体反射多少光线、吸收多少光线都无关紧要，不会影响入射测光表的读数。它无关被摄体的颜色或表面纹理，只读取入射光量。

多用途的闪光测光表剖析

我们的高森蓝宝石一体式闪光测光表是完全独立的设备。不需要替换的磁盘、也没有容易弄丢弄坏的细小配件。它相当有效，并且易于操作。

光敏测量头

测光表的触光点在测量头上（不然还能在哪儿？），它可以旋转270°，因此你可以一边查看它显示的内容一边让它面向其他方向继续读数。

不使用时，照度球收回到用于测量平面散射入射光的位置。如果要将它用于测量球面的散射光，可以将照度球转环旋转朝下。

Starlit 的测量头的侧面有一个光学取景器。你从右侧查看，将它指向一个主体。它的可视视角范围是 12°，因此你可以轻易地看到你要拍摄的主体。它读取某一点的反射光可精确到 5° 或 1°。你可以通过向两个方向旋转照度球转环来调整模式。

功能键和显示

测光表前面的两大功能键可以让你选择环境光（显示为"阳光"图标）或者闪光灯（"闪电"图标）。

双重 ISO 和设置轮

这里有两个 ISO 按钮。你可以读取拍摄内容然后选择其中一个，它会转换读数，一前一后匹配两种预设的感光度。

按住其中一个 ISO 按钮，同时旋转右侧的设置轮就可以设置感光度。

测量按钮

这里有两个测量光线的按钮。

它们分别位于设置轮的上面和下面。上面那个按钮开始一个新的测量并且删除之前的测量数值。下面那个按钮允许你最多纪录 8 个读数并计算出平均值。

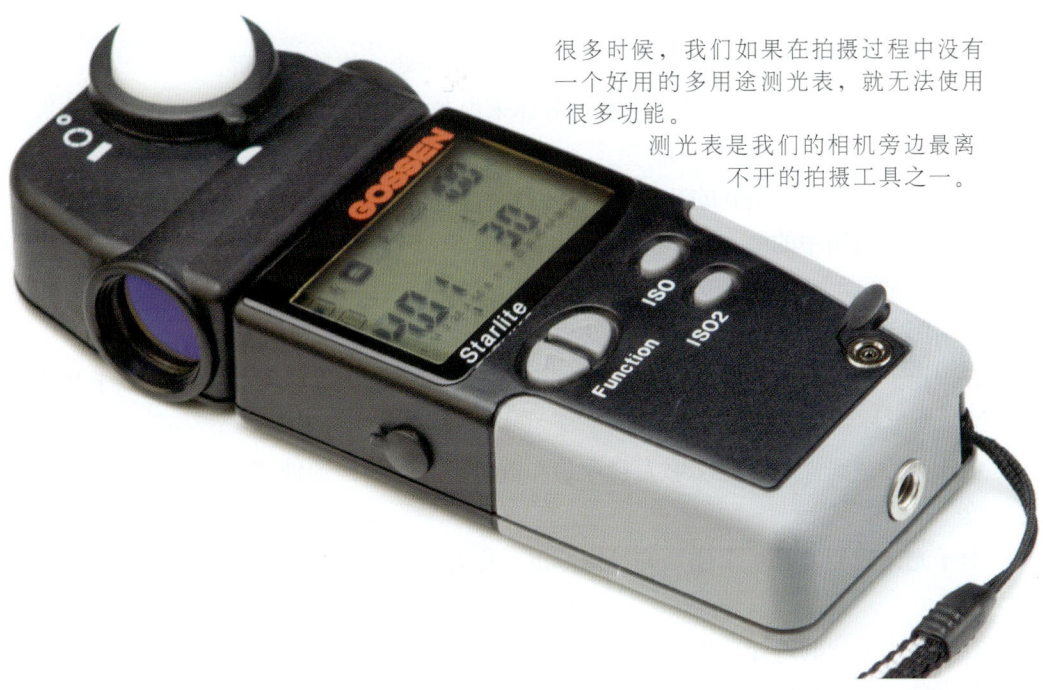

很多时候，我们如果在拍摄过程中没有一个好用的多用途测光表，就无法使用很多功能。

测光表是我们的相机旁边最离不开的拍摄工具之一。

3.2 入射读数

使用高森蓝宝石测光表来测量入射光已经简单得不能再简单了。

什么时候使用照度球转环？

当拍摄平面艺术品时，降低照度球直到转环的位置，这样就能得到如同复印一样的效果。

照度球缩回去的优点在于它可以简化多光源。一个光源不会干扰到其他方向的光线。

球面扩散

用照度球转环升起照度球。一直把它升到最底部。这样可以确保射到立体圆顶上的光和落到立体被摄体（例如人的头部）上的光完全一样。

用测光表在环境光模式中练习我们在前两页"测光技巧"中提到的几点。读数时，请在被摄主体前举起测光表，然后将圆顶指向相机。

数据收集

只读一个数不够的，因为你的主体是立体的。我们需要探索被摄主体周围的光线发生了什么。在读数之前，观察一下光线有什么变化。阴影在哪里？高光点在哪里？

· 确定需要突出的重要区域。

· 找到镜面高光，进行测量。

· 确定被拍摄主体最深的阴影区域。可能不止一处，测量阴影部。

（纹路、高光和阴影暗部这些术语对你来说是否很陌生？没关系。请翻回至1.14到1.16小节，答案就在那里。）

现在关注你已经收集到的数据，并且开始考虑光比。是3档？5档？7档？还是9档？

仔细观察右图中的测光范例，并由此展开思考。这涉及光比，我们将在第3.9小节讲到"多光源的光比"时继续深入研究。

在右图中，米歇尔特意使用多重光源。这可增加一些漂亮的光影效果。

在理论上，如果入射光只照在人物的脸颊上、镜面高光在头发上，阴影位于耳朵附近，结果会怎样？

由于光线是线性的，漫反射光会令镜面散射高光有两档延伸。阴影区域的漫反射也会导致一样的情况。

对于光比我们没有一个已知的目标范围。你必须根据通过镜头想要表达的东西来确定它。

在示例中光比的选择范围很窄。镜面高光明显被弱化了，阴影部有大量的细节。光线虽有冲突，但基本保持均匀。

理论上讲，在ISO100、1/60 s的快门速度下，测量到的散射值是f/8.0。这是我们设定的曝光值。就此，我们可以试着去了解阴影区的细节能否被保留下来，以及镜面高光是否能完全消除米歇尔头发上的光亮。

如右图，用f/16拍摄镜面高光、f/4拍摄阴影区域，这样我们就能在各种情况下设置出合适的光比。

3.3 光源和光线距离

在测光的时候,你最好了解一下测量时的技术性误差,以及它对你在摄影中的创造性应用所产生的影响。

三维物体的光比

大多数摄影师拍摄的是三维物体。光线在凹凸不平的物体上产生的效果远比在平面物体上的来得复杂。

但拍摄平面物体和凹凸表面物体的工具和原则基本是一样的。

人的面部有很多平面和非平面。就说鼻子吧，光线被覆盖在鼻梁软骨上的皮肤挡住，各方向的光线交汇，在此形成高光，在鼻孔处产生阴影。

慢慢移动一个单一光源，会使面部鼻子附近出现很多光线变化。反复上下移动光线。

推进大灯，直到被摄者感到离得太近了，令他不舒服。这时光线在脸上交汇，明暗对比度非常小，这样可以减少面部瑕疵，效果很讨人喜欢。

接着拉远光源，这会产生更多的阴影。拉远一段距离之后，对比变得相当明显。

假设我们用两束等距离的相同光束照在一张平面卡片，使均匀的光源能垂直穿过这张卡片。

将卡片换成一个不对称摆放的立方体，我们就可以看到立方体有了三种明暗层次。

一个球体形成的光与影也是同样道理。

如果我们将被照物换成一张脸，仍使用同样的照明条件，但是面部和它所有的表面及纹理形成了迷人的光影交叠。

光的质量与大小

光源的选择，取决于我们希望光线对被摄物产生怎样的影响。

光源越小，主体对比度越明显。光源越大，则有越多的光线覆盖到主体上。

"哪一种更好？"这个问题只能由摄影师和客户来回答。光源的大小会形成特别的视觉效果。

在上图的例子中，有三个光源位置。第一次光源靠近酒瓶，第二次距离增加一倍，最后再增加一倍。

这证明了我们之前提到的那个结论。

当光源移动时，照明质量也在改变，就如同光的亮度会影响曝光。摄影师在拍摄时，如果想获得理想中的效果，就必须衡量所有因果关系。

光的质量与距离

我们再次提到刚刚讨论的三维物体的光比：光源距离主体越近，光线越柔和。光源移动得越远，对比越明显。

大小和距离与强度的对比

在第 3.4 小节，我们将探讨平方反比定律。在进行科学讨论之前，让我们简单地来看一下这个定律的影响。

小型光源的效率很高。将 Novatron 的裸头配一个 24×32 英寸 Chimera 柔光箱，你就可以用小光圈拍摄。但如果在同样的地方，使用同样的闪光灯，但是前面的柔光板选用 54×72 英寸的 Chimera 超专业增强板，就只能选用更大的光圈了。

大光源可以比小光源覆盖更多空间。

无论使用哪一种灯罩，光源离主体越远，光照效率就越低。光源到被摄物的距离增加，光圈就要开得更大。

3.4 平方反比定律

除非理解平方反比定律，否则你就无法知道某台照明设备能为你提供什么。

光在传输中会衰减

平方反比定律背后的理论是光在从光源到目标主体之间的距离内按平方衰减。从光源出发的光线到达远处之后就变得没有那么明亮。当光线传输时，它会有一个越来越大的区域需要覆盖，光线传得越远，它就变得越稀薄。

如果我们以英尺为单位测量光线，假设一英尺外的光线读数是 f/22，那么与之相比，两尺外的光线强度将会得到一个相对少的读数。这是由于光线达到两英尺外所需要覆盖的面积是光线达到一英尺外所需覆盖面积的两倍。光线不仅传输两倍了距离，而且需要覆盖更大的面积。

由于从光源到目标主体的距离翻倍了，所以曝光也减半了。我们的光圈读数将会是 f/11 左右，而不是 f/22。

适用定律：#1

应用反比平方定律，光源与主体物的距离增加一倍，曝光就要加两档。光源与主体物的距离若减半，曝光也要减两档。

适用定律：#2

光源靠近时，被摄主体被光线包围，从而变得柔和。当我们将光源拉远，图像会变得生硬。

如果你喜欢在 f/11 的光线效果下，但是需要 f/16 的景深，就可以运用这个定律，将光源和主体放置于他们原本处于的位置，将光线亮度增强一倍。

光源离被摄物越近，影子越分明。

理论和应用

平方反比定律存在于理论中。在实际应用中，周围各种条件都会对其结果产生影响。使用这个定律是为了理解光源距离与光源亮度的关系。

如果光源到主体的距离翻倍，则曝光减半。想维持曝光强度，就要将光线强度翻倍。

3.5 灰板

有时，周围情况令你无法简单地获得入射光读数。可能你离目标主体比较远，同时光线在快速变化。当一位助手或者设计师比较靠近主体时，就是让别人举起灰板来测光的好机会。

也许你的相机就能完成读数，或者也许是一个使用 1° 模式点测光的好机会。

灰板?

如果我们把看到的大多数东西放在一起搅拌、混合,得到的最终色调将会是18%的灰色。这个灰度被称为"中性灰"。

当你在测量入射光线时,你的仪表会认为中性的色调正是你想要的。

如果你不能读取被摄主体的入射光线,那就把一块灰板放到被摄主体那里,然后读取灰板上的数。

灰板可以就是一块反射了18%光线的硬纸板。然而,如果这块板在2英尺或3英尺的距离外,摄影师很容易让灰板充满取景器,或者直接用点测光读数。

记住光线是有方向性的。如果你正在室外使用灰板,尝试根据太阳的方位调整角度。测量之后比较两组数值。

我们使用一个Lastolite 30英寸Ezybalance灰/白板。它可以变成很小一圈,放进一个小口袋里。它的表面是设计成18%的灰色。把它白色的一面翻倒前面来,你就可以用它作为一个反射物来调整白平衡。

在需要读数时,我们可以快速展开Lastolite 30英寸Ezybalance灰/白板。

3.6 测光表

要想充分体会到测光表的价值,你需要访问第十三章"数码工作室的闪光灯"。没有测光表的摄影师是无法正确控制曝光的。在影楼闪光灯的环境中,测光表是一个不可缺少的工具。

对于那些使用基于交流电的闪光装置的人来说，重要性日以彰显的测光表可以帮助他们实现测量光线强度之外的更多功能。因为影棚闪光灯正越来越多地应用于棚外摄影，所以一个优秀的闪光测光表还必须能测量环境光。这就是为什么我们说高森蓝宝石测光表是一个全功能的测光表。

影棚闪光灯入门

影棚闪光灯分为两大类，一种是电源箱使用交流电，灯头通过电缆插在电源箱上，电源箱上有一个控制面板来显示运行信息，这种灯靠交流电来供电。（即电源箱式影棚闪光灯）

另一种灯的电源箱与灯头是组合在一起的，也被称为Monolight、单体闪光灯、独立闪光灯。

不管是哪一种，释放快门时，闪光灯都需要接受到闪光指令，最基本的方式是在从相机的控制面板里接出一根PC电缆。

在电源箱或monolight的控制面板上有一个测试钮，按下就会令闪光灯闪光。

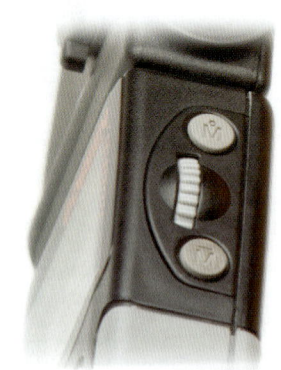

闪光同步速度和手动模式

你的相机的闪光同步速度是有上限的。这些年已经达到了1/250 s。尼康的单反相机能比1/250 s的同步速度更快，但是仅限于搭配尼康的闪光灯。

你也可以选择较慢的快门速度，详情参见第13章。

把相机设置在手动模式，选择1/250 s或更慢的快门，测光表会帮你测出光圈值。

闪光读数

当你把闪光灯放好以后，按下闪光灯控制面板上的测试按钮，你的测光表便会出现一个读数。

用高森蓝宝石测光表很容易做到，改变功能键选择到闪光设置档，用滚轮选择和相机一样的快门速度。

现在，按下上面的测量钮，然后测光表会等待测试闪光灯启动。让闪光测光表面对着闪光灯，测出亮度值确定曝光。

触发闪光灯

在闪光灯和测光表之间来回跑也许能很好地锻炼身体，但是时间长了就会很烦人。如果你的闪光灯是一个放在灯架上的Monolight，情况会更糟糕，测试按钮也许会比你能够着的最高点还高几英尺。

幸运的是，高森蓝宝石测光表有一个为闪光灯同步线准备的槽。当我们在测光的时候，我们可以把同步线连到测光表上而不是相机上。每次当我们按下测光按钮的时候，闪光灯启动。这样不仅仅给了我们实时的回应，而且测光表也指向了我们需要的位置。

闪光灯 + 外部环境

测光表给出的光圈值是对闪光灯及外部环境提供的光线的综合考量结果。这两种光源的数值在显示屏上用数字体现出来的是以 1/10 为单位的 f 值。

显示器的模拟指针部分提供了一个额外功能。一个闪动的指针是测量闪光灯的，另一个不闪的是测量外部环境的。

如果你想让闪光灯完全压过环境光，就要设法让这两个值差得很多。如果你正试着平衡这两个测量值的话，这两个指数要离得近些。在决定环境光在摄影中的角色的时候，测光表是一种特别好用的工具。

做出选择

如果测量中的某一部分不是你想要的，看看还有什么别的可行的选择。不用再测一次，只要转动选择拨轮，它会为你提供新的数据组合。

多重闪光？

如果你想拍摄一张有着极好景深的静物图片，一支闪光灯也许不够。你需要在黑暗的环境中保持快门开启，按动闪光部件的按钮让闪光灯闪烁数次。摄影师们在用完了所有可用的闪光灯电源的时候会这样做。

我们的高森测光表通过刚刚的测量可以计算出需要多少闪光。

按住功能按钮，转动设置滚轮直到显示屏出现一个带框的"f"。松开功能钮，设置你想要的 f 值。显示屏这时候会出现"f"和其后的一串数字。这就是实现你所需曝光值所需要的闪光量。

3.7 点／反射测光

使用点测光表和使用相机测光没有什么显著的区别。你所做的测量是对于反射光的测量，也就是照射到一个物体的表面并反射回来的光。大多数的尼康单反相机都装有 2°的点测光表。（请阅读第 2.23 小节的更多相关信息）

点测光表能做的事情是不一样的。你用测光表来收集信息并决定什么是最好的选择。

1° 点测光

在高森蓝宝石测光表上，我们把设置滚轮从底部旋转到顶部。当照度测光罩收回的时候测光表的取景器就可以使用了。

透过高森蓝宝石测光表的取景器观看的时候，可以看到 12° 的视野。这可以帮助你调节方向直到找到你想要的。在视野中会有两个圆圈。大些的用于 5° 测光，小些的是用于 1° 测光。

因为测量的是反射光，在明亮的地方你会得到高读数，有阴影的地方你会得到低读数。事实上这就是你通过使用这个工具所能了解到的。把你的注意力集中到漫反射的区域，那些中性区域将会与灰卡度数相匹配。

平均测光

进行多次测光时，有一个可以帮你统计结果的人是很有帮助的。让测光表来帮你吧。

通常按下高森蓝宝石测光表最上面的按钮可进行测光。如果按下位置低一些的按钮就能进行最多八次测光。每一次测光都在显示屏上显示为一个模拟条。显示屏上不仅显示了所有读数的平均值，还显示了你一共进行了几次测光。

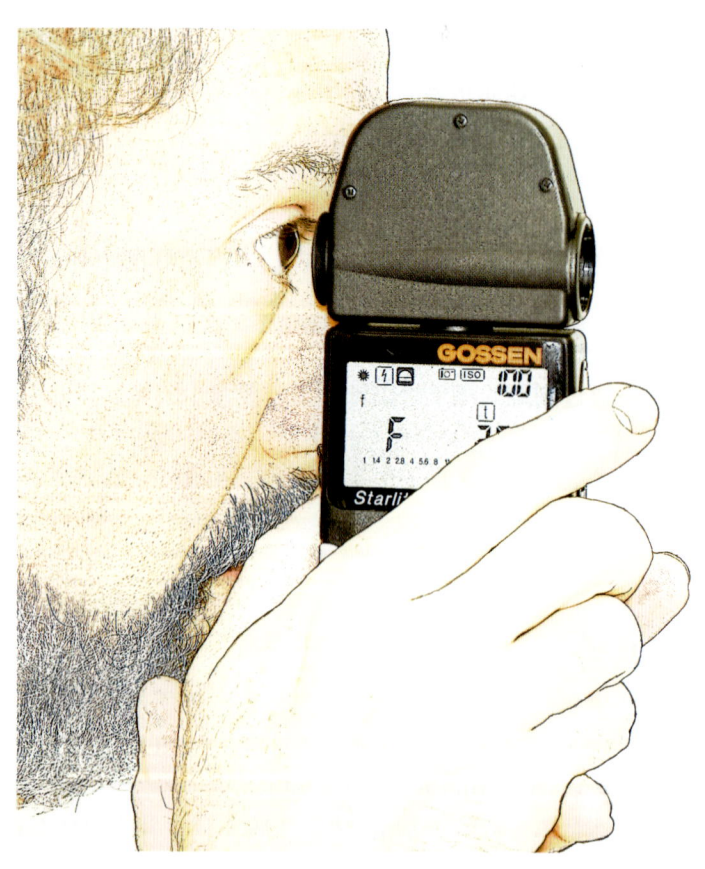

3.8 光圈／快门优先时的测光和曝光值

就像你能够将相机设置为光圈优先或快门优先一样，你同样可以设置测光表。设置测光表就和使用它一样简单。

光圈优先

拿高森蓝宝石测光表来说，你可以按下它左侧的功能键然后拨动滚轮直到选中"f"，然后用顶部的测量按钮选择你需要的读数。如果你已经优先设置了光圈，测光表将能给予你与之相应的快门速度。

拨动转轮就可以改变光圈值，没必要再采用别的读数。只需要通过拨动按钮改变光圈值，就可以改变快门的速度。

快门优先

就像你在光圈优先时做的一样，按下左侧功能键可以使显示屏上的太阳图形高亮。然后按着这个功能键不放，同时拨动滚轮直到选择框选中显示屏上的"t"。

之后，用顶部的测量按钮选择你需要的读数。这一次，你已经设置好了快门优先，所以测光表将给你相应的光圈值。另外，当你通过拨动滚轮浏览这些数据的时候，要注意选项的变化。

曝光值

在第二章"数码相机的曝光和光学原理"中，我们从不同方面讨论了曝光的问题，也就是EV。你可以回顾它（第2.16小节）以全面了解在这方面测光表是一个何等有效的工具。

你可以很容易地转换至曝光值的测量。当你拨动转轮的同时再次按下那个功能键，转动几圈之后，你的光圈数值将会改变，然后在新的数字上将会出现"EV"的字样，这就是你的曝光值。

再按动一次左侧的功能键，便可以回到之前的光圈测量。

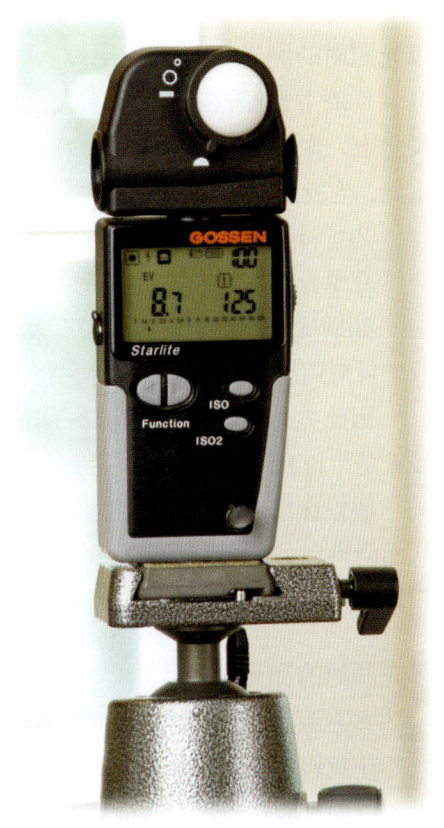

把测光表固定在三脚架上是精确进行点测光的好方法。测光表能得出精确的曝光值。

3.9 多光源的光比

当你在一个主题上采用多光源测光模式，你需要决定要采用多大的光比。鉴于图像的中每一部分的光都有所不同，你将得到不同的测量读数。如果你没有读过讲解高光和阴影部分的第 1.14 至 1.16 小节，请先阅读。

主光、辅助光、发光和背景光

长久以来，进行人像摄影时大都采用四种照明手段：

一种被称作"主光"，用以提供主要光线来源；

一种是来自"辅助光"的额外的照明；

为了提供立体感，通常还会有一种从背后打来的"发光"；

如果被摄对象被安置在一个背景中，那么还需要"背景光"提供对背景的照明。

单光源时的测光

你的主光可能来自于一个大反光伞中的闪光灯头，它可以被安置在被摄对象的几英尺之上，你也可以把它安置在相机的右侧。比方说你已经设定了一个光圈值为 f/11 的主光，它就是你的漫射主光源。这是惯例。

为了讨论光比，我们把这样的漫反射高光先设为一份光。

在单光下进行人像拍摄时，如果主光来自右侧，阴影便会出现在被摄对象左侧。

如果反光伞在摄影师右侧不太远的位置，那么阴影的细节将会得到很好的体现。当我们针对阴影细节再次读数时，将得到一个测量值为 f/8。

因此主光和阴影之间有着一档的差异。因为我们把主光设为一份，差一档的阴影区域就是半份光，那么我们将得到一个比值为 2：1。

假设在漫射主光下能够通过点测光得到光圈值 f/11。在直射主光下，人脸将会更亮，从而会得到另一个光圈值 f/16。（通常你不会在这种情况下依赖反射读数）。镜面高光相较漫射高光又高了一档，因此我们就得到一个 4：2：1 的光比。

多光源时的测光

多光源时的光比测量也和单光源时相似。让我们重新回到高森蓝宝石测光表上来，它能让我们单独对每种光进行测量。一些摄影师喜欢用手遮在测光表的顶上以屏蔽其他光源。如果能在不影响其他照明设备输出光的前提下自由切换光源开关，他们将采取一些措施以确保一次只测量一种光。

在右侧的图片中，我们使用了三种光源，都是来自安装在 Westcott 反光伞上的 Novatron 闪光灯头。这三种光源分别是主光和辅助光，以及第三种为了增加立体感的发光。

通常外景地的背景会分散观者的注意力，所以我们需要让背景光暗个几档，然后使用大光源的灯头，以强光来突出被摄对象。比起人像摄影来，这种方法更多见于商业摄影中。

在图片中，经过造型师特雷西·李有意的增强，莎拉的口红上出现了主光的反射，这平衡了在她身上 +2 档的发光，而派普更偏爱采用从后方照明的辅助光。

在第十三章"数码工作室的闪光灯"中，我们将深入了解如何更好地掌控数码工作室的闪光环境。

3.10 色温表

只有当你用了色温表，你才会知道它是个多么不可缺少的工具。

关于色彩和数字化的工作环境，一些人有着两种不实的看法。一种认为无论你在摄影时犯了怎样的错误，都可以在 Photoshop 图像处理软件中得到修复。另一种则认为你可以直接在相机中修正错误，但这两种看法都是一种误解。

如果一种光源的颜色被消除但其他颜色仍然保持不变，不仅图像效果会变得很糟糕，你也会增添许多麻烦。

了解它是如何工作的

了解你需要用色温表做什么几乎与了解如何使用它一样重要。

我们的高森专业色温表对环境光和闪光灯同样有效。虽然它功能强大，使用方法却比高森蓝宝石测光表要简单得多。

同测光表一样，色温表正面有两个功能键，侧面还有一个测量按键以及向上和向下的按钮。大概就这些了。

众所周知，适当地调试相机的白平衡非常重要。要做到这点你需要了解各种光源的色温，它们经常是混杂在一起的。

色温表是一种用于选择镜头滤光镜的设备。现今的相机的白平衡功能有点像数字滤光镜，只不过一切都是在相机内进行。

开始使用它

将色温表调至5500K。（如果你还没有阅读第1.2小节的"色温"，请立即阅读。）在显示屏上按动功能键到左侧第一项的"FILM"，然后将它与相机连接。（我们在第2.37小节探讨过了"白平衡"）

如果你的相机原始设置不是5500K，请将它调试至与色温表相同，只需要用功能键向右侧移动一项到"VARI"。这些位于侧面的数值按钮能够让你根据需要重新设置数值，范围可从2000K到9900K，以色温单位为增量。（想了解色温变化，请阅至第2.40小节）这些变化都将存储在色温表中。如果你还是个新手，或许会不想去调试它。

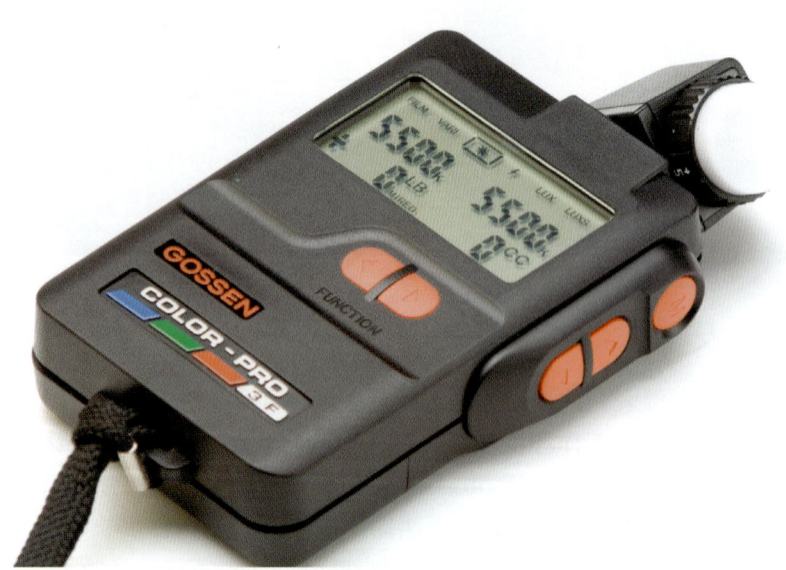

色温表从表面看来似乎是种复杂的仪器，但实际上不是。就功能而言，它的使用极其简单，并且能够提供丰富的信息以提高你的成像色彩效果。

持续性光源

就和使用测光表一样，我们可以用色温表来测量投射在被摄对象上的光。首先按动功能键到第三个有太阳图标的位置，然后将反射面指向光源，按下测试键。这个光的色温将出现在"FILM"标志的右侧。

在色温表给出经过测试的色温值与相机测试出的白平衡相比较之后，它可以计算出需要调整的滤光器数值。这些色温的数值都适用于相机的白平衡设置。

闪光和混合光源

这是比较有意思的地方。

首先按动功能键向右侧移动一个模式，到闪电图形。

就同测光表的使用一样，同步线也可以接入色温表，这样无论你何时按下测试按键，闪光灯都能够闪光。因此，同适应环境光一样，白平衡调节也要适应闪光灯。

在混合光源下，你不能在相机上进行更正。只能改变光源。

请阅读第 8.27 小节的"颜色校正"。这一页将论述如何运用几张 Rosco 滤光纸以改变这些照明设备制造出的光的色彩质量。

第四章

光线、色彩及其运用

在拍摄之前，你必须了解照片的最终用途是什么。否则，你或许能拍出极好的照片，但它们最终的运用方式却远远超出你的预想。比方说，你拍摄的那些1530×1024像素的JPEG图像文件，在网上造成了不小的轰动，为网站带来了上百万的点击量，你作为摄影师的声名在网上广为流传。可当有人付出一大笔钱让你拍摄2×3英尺的相片时，你却将它们拍摄成了160万像素的JPEG文件，这就不只是一个悲剧了，你还将蒙受经济损失。

同样的，如果你拍摄一组用于出版的照片，为了能够精确地看出它们的印刷效果，你将所有照片都处理成了CMYK模式，但是你的客户却只能接受RGB模式，你将不得不推翻重来。

在刚开始拍摄时你拥有极大灵活性和自主性，但是如何增加图像亮度、如何解读色彩仍然取决于你对图片最终用途的理解。

对于彩色图像的打印，报纸刊物的印刷设备和喷墨打印机都使用了青色、品红、黄色和黑色的油墨，但是这两种设备的色域范围是完全不同的。如果图像主要用于报纸印刷，那么你在处理图像时便需要预先考虑到这一点。

显示在高清等离子屏幕上的图片与网络图片的观众群截然不同。但是，电视新闻机构没有理由不把他们最好的内容呈现在网页上。

因此，请将你的图像大厦建立在一个坚实的基础之上。

4.1 最终用途决定一切

考虑到部分照片的最终用途，或许一张照片就能够通用于诸多媒体，如：
· 小型喷墨打印机；
· 互联网；
· 书籍／精美杂志；
· 报纸；
· 大屏幕电视；
· 画布／纸质美术展览印刷品；
· 大型购物点宣传单等。

这短短的媒介名单上的所有项目有一个唯一的共同点——你的作品可以成为其内容。

有时观众对图像效果有着具体的要求，有时只要能看清就能满足。

在你开始拍摄之前，你就要先考虑到照片的色彩模式、色域、分辨率、图片大小、光源距离和文件大小。

色调压缩

在一个晴天里，我们所见到的蓝天的色比约为1000∶1。如果将这个比值的一端比作一片白花花的明亮而蓬松的云上最明亮的一点，那么比值的另一端可比作死胡同尽头一处黑暗的阶梯下目所难及的细节。

我们将1000∶1的比值在相机里缩小到了小于100∶1。

将图像用优质的单张印刷机打印到光面低透明度的相纸上时，这个比值最多还将缩小到大约20∶1。

这种比值的压缩被称为"色调压缩"。这是一个在印刷中普遍存在的问题。

动态范围和印刷过程

一个良好的印刷过程能够取悦摄影师、客户以及所有相关人员。在一个较大的、干净明亮而校准度高的显示屏上用100%的比例观赏这些图像，那些耀眼的亮部区域、精细的阴影细节以及令人瞠目的色彩运用往往能带来"哇……"、"啊……"等惊叹的反应。

然而，一旦这些图像被印刷制成了样张，看到它的人都会失望。

究竟发生了什么？

用我们上一章中论及的仪表测量技术，你可以在至少六档光圈值的范围内调整这些光影的细节，甚至可以更多。

而印刷过程将把你显示屏上那些连续的RGB色调转换成CMYK模式的印刷品上微小的网点。

这两种色彩模式是不同的，这意味着图片的复制方法也是不同的。这些不同意味着单张印刷机只能将复制的照片控制在仅仅四档光圈值内。对一个印刷从业者来说，这被认为是控制在 1.9 个密度范围内。

网页上的图片

你是否曾经为一位客户做过一个非常华丽而且大受好评的网页，但是却经常听到浏览者说颜色太暗或者甚至没有颜色？

你也许是在一台校准度高的 LCD 显示屏上完成你的作品，但是其他人只能从一台已使用五至十年的老旧的 CTR 显示器上观看你的作品——这样的显示器没有办法校正颜色、亮度或者对比度。

广播数字电视 VS 互联网

电视广播在当今媒介日益丰富的环境中，已经不仅止于播报 06:00 的新闻。公众无时无刻不在需求着信息，而且这种需求必须得到持续的满足。

今天的信息可通过 DV、互联网、QuickTime 软件、Flash、PDF 甚至 iPod 传送。传播形式多种多样，无所不在。一种形式显然不能满足所有的信息传递要求。

所以，为了满足这样的需求，你需要一个有效的工作方法，使一种图像能够被加工成多个尺寸、多种格式，而所有这些都不用花费太多时间。

对于摄影师而言，这是一个激动人心的时代。请拥抱技术，释放你的创意，学习如何最好地平衡运用光线与色彩。

这张高倍率放大的报纸照片为我们提供了一个清晰的例证来说明印刷中对图片中的光线和色彩限制的原因。

4.2 色彩模式

色彩模式的命名与字母表的首字母有关。

每种色彩模式都有其独有的特性和不足,而正是这些模式决定了你最终的成像效果。

色彩模式实际上是一种抽象的数学模型。每种色彩模式都包含三至四个基本的构成色彩,每种构成色彩都被进行了编号。当每个数值都被校准好后,一个单独的色彩就被创造出来。

色彩模式有许多种,我们只集中讨论那些会在大部分摄影工作环境中所运用到的模式。

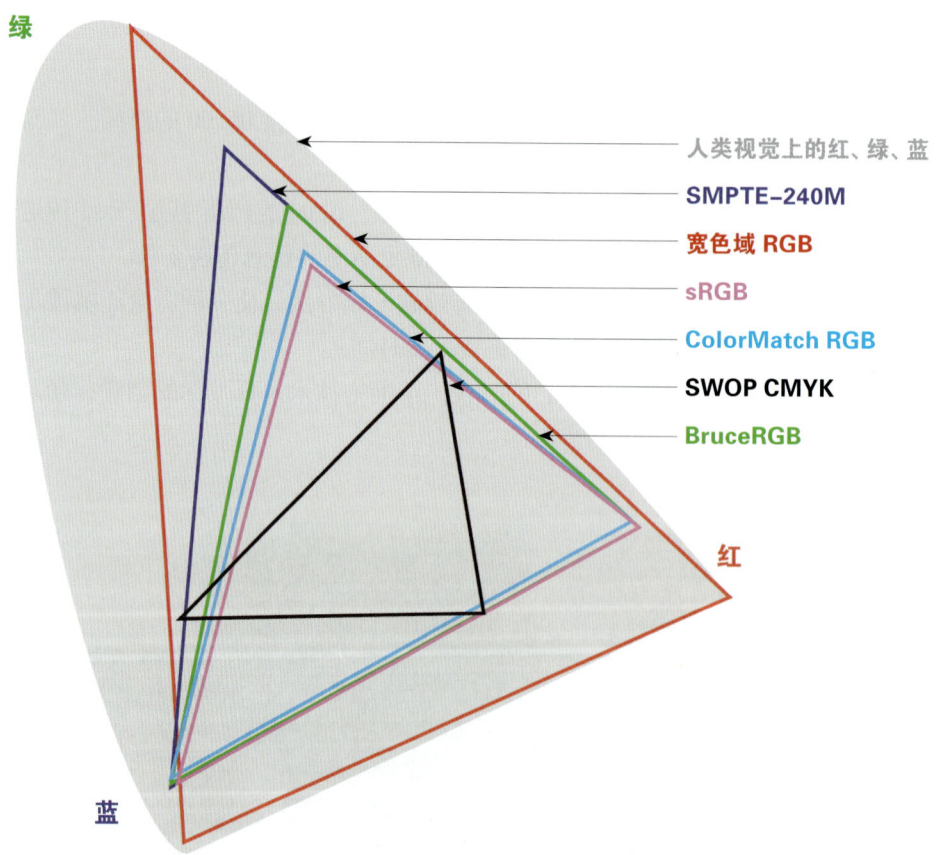

我们从所有色彩模式中体会到的最重要的一点是:人眼看到的事物和SWOP CMYK模式下胶印机印制出的效果有着巨大的差异。这两者之间的色彩范围才是相机和电脑显示屏所能展现的。作为摄影师,我们应该了解从拍摄到最终印刷,图片发生的变化。

RGB

这种包含红、绿、蓝三原色的色彩模式通用于显示器、相机、扫描仪以及电视机中。

需要注意的是我们需要了解那些色彩信息资源是如何处理光的。RGB 模式是一种加色模式，光其实是加色的基础。将红色的光与绿色的混合，你将得到黄色，然后将绿色光滤片转换成蓝色，又将组合出品红色。如果将蓝色和绿色混合，会得到青色。若是将所有三原色以最大的强度加在一起，结果会是白色；反之，若都以最低强度混合，将得到黑色。

这种加色原理同我们眼睛末梢受到刺激产生颜色辨别的原理是一样的。它同人类的视觉体验非常贴近。

RGB 有一个广阔的色彩范围，甚至比位居第二的较流行的色彩模式 CMYK 的颜色变化范围更大。这就是为什么对于原始图像来说，RGB 是最好的色彩模式。

此外，还有一套 RGB 的网页色彩模式，它有一个值域为 256 或者更少的索引设置，专为网页图片的浏览而设置，主要以 GIF 格式运行。由于以前网络带宽的限制以及早期彩色显示器的能力有限，这个模式曾经发挥过关键作用。

CMYK

印刷过程中所使用的原色是青色、品红、黄色和黑色，它们同时也是家用喷墨打印机的基色。

CMYK 是一种减色模式。它始于表面，比如纸张的表面，然后在上面添加油墨或染料以使得这部分区域显示出图像。

青色光是绿色和蓝色均衡混合的结果，所以青色的油墨能够反射除红色以外所有的光线；

同样的，黄色是红色和绿色的均衡混合结果，于是黄色油墨也可以反射除蓝色以外的所有光线；

绿色光是唯一不能被品红色油墨反射的光线。你或许已经猜到了，它是由红色和蓝色均衡混合而成的；

色加深剂都用黑色，它同时也能使图像更加清晰。

HSB

色调、饱和度以及亮度（Hue Saturation Brightness）即 HSB，也被称作 HSV 和 HSL。有些人又将亮度命名为"明暗值"（Value）或"明度"（Lightness），因此，色彩明度、饱和度和色调又被称作 LCH。它们所指的意思都是一样的，只是名字不同，因此要注意别将它们混淆了。

这种 HSB 模式主要用于应用软件如 Photoshop 中，而且与 RGB 模式的表现形式不同，但它也对颜色进行了选择。

Lab Color

在 Lab 色彩模式中，"L"代表着明度，旨在能够匹配人类视觉对明度的处理。"a"和"b"是色调和饱和度构成中的两条通道。它旨在让色彩有一个感性的统一，而且能够用于精确的色彩平衡调整。这与 RGB 或者 CMYK 不同。就某种意义而言，比起人类的视觉感知，Lab 模式更多的是为适应输出设备而设计的，诸如相机和打印机等。

Lab 模式也适用于 Photoshop，所以我们对这种模式也进行了介绍，但是大多数时候，你会发现在日复一日的摄影工作中，你用到 Lab 模式的机会很少。

4.3 色彩空间和工作区

无论何时，当大多数 Photoshop 的专业人士听到"色彩空间"这个词时，比起自己能用色彩空间做什么，他们更多地会联想到色彩空间的限制。Photoshop 图像处理软件可以向你展示哪些颜色不在色彩空间中。

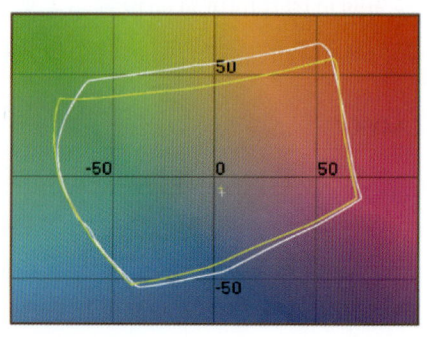

上图是使用丽色达（Lyson）墨水和 Ink2image 纸张的一种典型色彩空间。较宽的白色线条代表的是一款爱普生打印机，黄色线条则代表另一个牌子。下图中的红色工作区是 Adobe RGB，白色的是 sRGB，黄色的则是爱普生打印区域。

什么是色域

通常我们将色彩空间认为是一种色彩模式中的颜色范围。色彩空间代表的是那些能够被成功显示或打印出的色彩范围。RGB 模式在电脑显示器上显示出颜色范围远超过 CMYK 打印机的色彩空间。若是无法显示，会有一个颜色警报，提示你"这种色彩无法显示。"

Adobe 软件中的 RGB 工作区

现在运行软件时处处都会弹出关于颜色工作区的选择提示框。当你在显示器和相机上存储文件时，你需要注意这点。举几个例子，比如是否做一些校准以及对是否打印进行选择。

基本上，一个工作区是一种色彩模式的一部分。它是被预留出来以协助用户处理某些工作的限制。

Adobe RGB（1998 版）包含了 RGB 模式，它能够使项目被打印出来。Adobe RGB 模式包

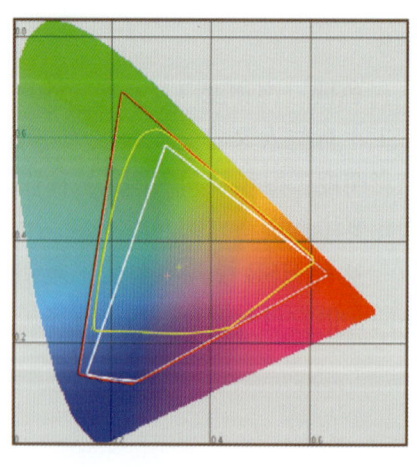

含了流行工作区 sRGB 所不具有的品红色和蓝色。尽管也有例外，但它仍然是许多专业摄影师和商务客户的选择。

sRGB

这是一种较有限的工作区，优先为网络用图服务。sRGB 主要面向标准的显示器，也多用于入门级的数码相机。

一些婚纱影楼和人像摄影工作室也比较偏爱 sRGB 模式。

4.4 色彩深度

更大就一定更好吗？当提到色阶（也作位深 bit-depth）时，这是一个非常有价值的问题。

这个术语阐释的是一个单独的像素显示的色彩所需要的位数，这也被称作是每像素色彩位数（bpp）。

色阶的数字越大，色彩的清晰度也会相应更高。

一个简化位深的好办法便是考虑到位像素的问题，它既可以是黑色也可以是白色。

16 位通道

那些对于色彩效果有更多需求的人乐于接受 16 位通道（bpc）。比起 8 位通道的每通道 256 种变化，以原色为基础的 16 位通道则提供了一个范围在 65000 种以内的色彩变化。这意味着在 8 位通道里的每一个色调梯级在 16 位通道中将变成 256 个色调梯级。也就是说，在同一个图像上修正问题区域时，这两种通道有着极大的差异。

那么既然 16 位通道有着这么大的优势，为什么许多作品仍然选择使用 8 位通道呢？文件大小是其中一个因素。一个 16 位通道的图像比 8 位通道的图像要大出两倍左右。对一些人来说，这将造成一些存储上的问题；而对另一些人来说，这将减慢他们的工作速度：他们的电脑不得不花费更多的时间来运行这些较大的图像。支持 8 位通道的最主要意见在于，在实际使用中，观者并不能通过屏幕和打印机分辨出这两者的效果有多大的不同。

32 位通道——高动态范围

具有高动态范围（HDR）的图像在专业摄影师中引发了许多争论。因为这是现今许多相机还无法拍摄、打印机无法打印甚至显示器无法显示的一种图像效果。

让我们对 HDR 的优点做一个简略的总结：它能包含的亮度远远超过 8 位或者 16 位通道。Photoshop 的专业人士常常用 HDR 对图片进行修正，然后才转换为他们需要的色调范围。

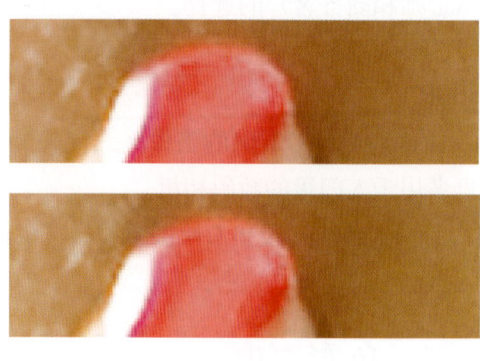

用500%的比例放大右侧的图片，16位通道的图像在上，8位通道的图像在下。你看出它们打印后的不同了吗？我们看不出。这就是为什么8位通道仍然作为现今的一种工业标准在沿用。

4.5 文件格式及最终效果

如今已经有很多文件格式，每时每刻都有新的格式诞生、旧的格式更新。在这次讨论中，我们只会涉及你的数码单反相机在后期制作中能记录和操作的格式。

Raw

我们已经在第六章"原始文件和扫描胶片"的大部分内容中论及了这个主题。"Camera Raw"只是一个总括，它不是个具体的文件格式。每个相机制造商都有自己的raw格式，所以文件扩展名也不尽相同。你或许也曾听人们谈论过他们自己的原始文件格式的扩展名。举个例子来说，一台尼康相机的原始数据文件格式的扩展名是".NEF"，但对另一个牌子的相机来说，扩展名又会不同。

但就像"Camera Raw"（raw直译自然状态的）所暗示的一样，它是一个图像文件最纯净的格式。就像是开采后的原始的宝石需要进行切割和抛光，图像的微调在后期制作中也占有一定地位。如但这并不意味着你在拍摄时可以随心所欲地拍出糟糕的照片，然后寄望于通过后期得到完美的效果。

我们在第六章已经带你深入了解了Adobe Camera Raw软件能够在后期协助你对图像做什么，Adobe还会定期更新这个插件。

JPEG

联合图像专家组在1990年研发了这种格式，它的读法应该是"jay peg"。之后它成为了图像压缩最常用的方法。

对聪明人来说，"压缩"（Compressing）才是关键词。JPEG 其实是一种"有损的"格式。它的目的之一是能够通过一种方式使人们尽可能快地从互联网上得到图像，特别是那些通过较为原始的电话拨号连接上网的人们。JPEG（通常也看作"jpg"）保留了 RGB 的色彩信息，只是通过选择性地抛弃一些冗余的数据达到压缩文件大小的目的。

一张 JPEG 照片的创造者可以选择他们想要的压缩等级。他们压缩得越多，图像的质量就越差。当"最高质量"选项被选中时，压缩出的照片实际上非常接近原始的照片。大部分相机都能将照片以 JPEG 的格式存储。它们中的一些还允许你同时存储 JPEG 格式文件和 raw 数据文件。这既可以让你在之后有一个较好的图像以供调整，又能保证让你将这些图片较快地传送给别人。

一些影楼，特别是做婚纱照和写真集的影楼，鼓励摄影师们直接从相机中导出并向他们发送质量最好的 JPEG 格式照片，就像用胶片拍摄时一样。然后摄影师们将展示出最合意的摄影成果以取悦顾客，这就没有了再对照片进行后期制作的必要。但是也有一些摄影师完全不赞同这一做法。

TIFF

标签图像文件格式（TIFF）是由 Adobe 公司控股的 Aldus 公司研发的。它作为一种出版业标准少有异议。TIFF（也用作"tif"）可以追溯到 1992 年。

当你需要拍摄一个高质量的、随时可用的图像时，这是一个可以解决的办法。同 JPEG 一样，TIFF 也能够被压缩，但是并不常用。

TIFF 唯一的缺点是它的文件要比另两个常用的格式要大。TIFF 格式会占用你相机的储存卡上更多的空间，每张卡的存储的照片量会更少，而且从相机的缓冲区里读取照片将花费更多的时间。

照片大小

如果一个相机原始数据文件有 16.3MB，那么一个 TIFF 文件将占用 35.9MB，但与此同时一个高质量的 JPEG 文件仅仅只有 5.7MB 大小。

一张 4GB 的存储卡只能存储大约 106 张 TIFF 图片或者 154 张尼康 raw 格式照片，但却能存下 558 张 JPEG 格式图片。

（三人合照）上面的 tif 格式图片已被调整过，下页面分别是低质量、较高质量和最高质量的 jpg 格式图片，略过了中等和极高质量。它们被放大到了 200% 的比例。

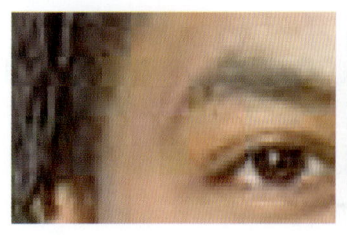 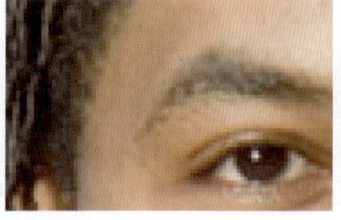 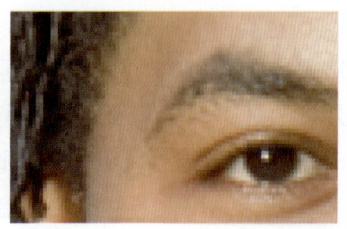

低质量　　　　　　　　　高质量　　　　　　　　　最高质量

4.6　理解图片大小

以操作 Adobe Photoshop、Corel Painter 等软件为业的人经常被人提问，因为他们能够精妙地处理这些大像素文件。其实数码摄影的核心内容都是关于像素的。

真实世界的兆像素

无论我们的器材有多么高级，我们依旧无法完全计算处理兆像素。"像素"（pixel）这个术语来源于"图像"（picture）和"元素"（element）两个词。显然，兆像素又可以理解为百万像素，但是百万像素与图像的生成有怎样的联系呢？

在商业应用程序中，每一幅图像至少要有 10MP（megapixels）的大小。这一点，高质量的专业相机甚至消费性级的数码单反都可以做到。

一幅 10MP 大小的图像有 3872×2592 像素，精确地算，总共有 10036224 像素。

请使用英语

在英寸之间的是什么呢？

当你在 Adobe Camera Raw 中打开图片，呈现出来的只是原始图像。你可以利用这个软件，将这个原始图像生成大小不同的几个版本。但是如果你想做的只是在 Photoshop 中打开原图片文件，也仍然需要决定图片的大小问题，即使你并不想重新尝试调整图片的大小，你想做的只是保证图片的原始性。

从兆像素到兆字节

基于图片中的内容，有些图片像素略高于 1000 万，所有图片的文件大小会不同。有些图像生成的文件会大于其他的图像，但是用另一个方式衡量，我们可以说它的文件大小大约为 15.2MB。

每英寸像素数（ppi）的运用

根据不同的运用目的，一些不同的行业标准规定了图片每英尺该有多少像素，并由于客户终端或者其他要求，根本不允许修改。

| 高质出版所用图片 ....300ppi |
| 喷墨印刷图片 ....50ppi |
| 网络所用图片 ....72ppi |

出版所用图片

  印刷业中，图片要被更改为半色调网点。图片中的每一个小点都会以每英寸行数(lpi)的形式进行衡量。这些行数越紧密，那么图片的精确度就越高、细节捕捉能力就越强。一本高质印刷的书本或杂志中，所用半色调网点图片要求为150lpi，并且要印在高质量的纸张上。一般，在印刷前大家会要求图片ppi为印刷后lpi的两倍。所以，如果人们需要印刷后为150lpi的图片，那么提供的图像要达到300ppi。

  因此，如果不做任何调整，一张10MP的图片所能达到的标准是：

    12.907" × 8.64" 在 300 ppi 时

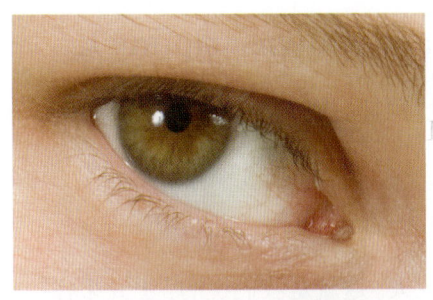

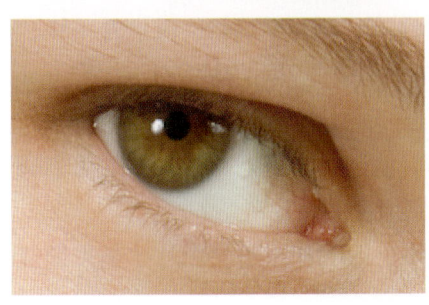

上面的图片来源于一幅12.4MP大小的图片文件，依照原样，并没有经过画质的提高。而下面的图片则来源于1.6MP大小的图片文件。上面的那张图片按照300%的比例进行放大，而下面的那张图片则是按照832.5%的比例进行放大。显然，比较来说，图像大小比较小的图片经不起放大。

喷墨印刷图片

对于喷墨印刷达到哪种分辨率最好，人们有不同的看法。有些人认为分辨率需要达到 200ppi，而有些人认为 150ppi 就够了。暂且不论谁对谁错，我们只要将这样的争论所带来的益处运用到喷墨印刷图片中去，我们先以 150ppi 这一看法为例。如果以此来看，我们需要适当按比例缩小一些图片，以适应现在流行的 17" 孔喉尺寸的高质量打印机。

25.813" × 17.28" 在 150ppi 时

网络所用图片

网络所用图片的分辨率为多少？这一点无可置疑，显然是 72ppi。

53.778" × 36" 在 72ppi 时

显然，能拍出 10MP 图片的照相机能够满足网络用图的任何需要。（如果网络用图能达到 10MP，那么那台显示器一定非常大！）

4.7　上升和下降采样（Upsampling and Downsampling）

在 Adobe Camera Raw 程序对图片进行后期处理和以各种形式存储图片的之前，你需要给图片选定分辨率。

上升采样：达到多少为好？

现在我们告诉你，如何让你的 10MP 大小的图片变大。这就是我们说的"上升采样"。

如果你的大小为 10MP 的源图片每英寸像素（ppi）为 4096×2742，通过升采样，它将变为 6144×4113 ppi 的大小为 25.3MP 的图片。

上升采样真的有效吗？

一些比较传统的人认为绝对不应该这样改动图片。他们认为当把一张图片的像素调高，使之大小大于 72MB 的时候，这张图片就将失去它原有的图片质感。

商业应用程序中并不容许这些质疑存在。文件大小在 50MB 左右的图片才是被期望出现的。

请仔细看一看右边的图片。我们将图片进行了比较大比例的放大，所以在印刷出来的版本中，本想尽力呈现的一些细节已经无法体现。

下降采样

如果你想把经过精心后期处理的图片，改为便于快速查看的 JPEG 格式，相比于下降采样率，创建一个文件大小较小的图片是一个极佳的方法。Adobe Camera Raw 能做的不仅仅是打开 RAW 图片。你可以用它打开各种格式的图片，并且可以转变图片的格式，比如从 TIFF 转化成 JPEG。

对于这些便于快速查看的图片，我们一般选用最小的分辨率，1530×1024 ppi（每英寸像素数），这样的图片质量，相当于一台只能拍出 1.6MP 大小的照相机的照片。

可能性和建议

我们的建议总是针对图片最大会有多大，以及对 25.1MP 图片的后期处理。一开始你对图片下降采样率，而后你又需要对其上升采样率，那样操作所得结果是不会令人满意的。对许多人来说，对图片进行画质提高的修改，这样的处理略显粗糙。

这幅Leah的相片是原图，既没有经过上升采样，也没有下降采样，在100%的比例下，它的大小为12.2MP。

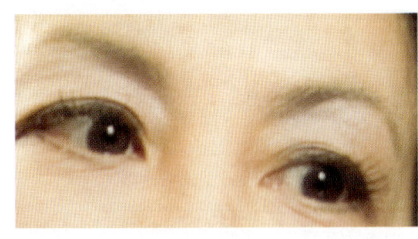 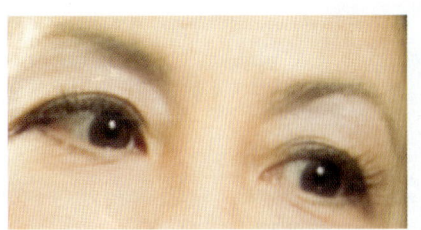

左边的图片经过了Adobe Camera Raw的上升采样处理，使之变为25.1MP。右边的图片在最初拍摄完成时大小为12.2MP。我们对它进行了350%的放大，以便我们对这两幅图进行对比。上面的图片的放大比例为246%。

尽管在经过上升采样的图片中看到了图片色调变暖，而图的精确度却没有什么改变。

第五章

前期准备中的注意事项

　　如果你想进行一次前期准备十分完美的拍摄，那么你可以去幼儿园教室里看一看，然后去学习如何进行前期准备。

　　幼儿园是一个事无巨细，井井有条的地方。

　　这是唯一的方法，只有通过这样的办法，你才能稳妥地面对一屋子四五岁的小少爷、小千金们。无论你在去之前做了多么充分的准备，到时候一切的事情都有可能出错。唯一能使你掌控局面的办法就是把每一件事都计划好。

　　其他的办法都不见得有用。

　　我们想把拍摄工作变成一段每个人都很享受的欢乐时光，就像一群年轻人聚在一起玩一样。我们尽力让他们把工作做好，这样对整个团队的工作结果有利，对他们自己有利，对他们的事业也有利。在摄影工作结束以后，团队中的人就会变得亲密无间。

　　现实中，这就是被精心规划好的繁杂事务。

　　从专业角度来看，拍照时间具有高投资收益率。很多的事需要在拍摄前期和后期完成，而真正的拍照时间在整个工作过程中只占了一小部分。没有充分的前期准备，摄影过程就不会完满，所得摄影素材也会不足，在后期，也就没有什么好去加工处理的了。

　　在一整天的摄影过程中，我们会拍上千张图片。这个过程的花费并不低。所以，任何可能耽搁拍摄过程的事情都会造成经济损失，包括我们未曾关注的天气状况，或者是某个工作人员的效率低下，等等。

　　这一切都在我们的职责范围之内。

5.1 草图和素材图

拍摄应该始于前期准备，前期准备时间长短不一，有时候甚至从我们前往摄影地点前几个月就要开始。

因为一些背景原因，我们一开始接触的摄影工作，是为那些用在书中、研讨会中，或者一些教育性的材料图片进行拍摄。

这种素材类的图片需要时常更新。它是全球各地的人们对图片需求的一种即时的反映。尽管客户可以对你的整个拍摄的视觉方向进行比较大的干预，但是许多摄影师还是在这样的工作过程中培养了自己的创造力，又为自己谋得了财富，他们仍然很乐于谈论自己的摄影事业。拍摄图片素材是相当有意义的事情。

我们从事这样的盈利性摄影工作很多年了，并且十分享受这样的工作。我们与客户之间是一种合作关系。

素材图

对于摄影师来说，很重要的一点就是你必须能够掌握最活跃的视觉效果趋势。你需要捕捉当下摄影的流行趋势，以及有创造力的摄影师们现在是如何表现自己的。

这并不是说你就应该复制当下的摄影流行趋势，而是你必须要有自己的风格。

今天我们在杂志中看到的一些图片，也许它们的创作开始于半年或者一年以前。所以，当你看到这些印刷出来的图片时，它已经不能代表当下最新潮前卫的摄影趋势了。

我们收集素材是为了获得灵感。素材图也被称为"撕样"指的是从杂志或者其他印刷品中撕下来的一页。有时候它们来自于主流期刊，有时候它们的来源就不会这么大众化。通常，我们会在电视屏幕上、网页上或者店铺的广告牌上看到一些吸引人眼球的视觉效果。

不管它来自于哪里，把它存留下来，以帮助我们设计一次拍摄。

我们会在素材图中观察色、光以及整个作品。我们培养自己欣赏图片的能力，对于如何使摄影流光溢彩的感触力，以及学习怎样能够使整个摄影焕发魅力。

草图

有一些人认为现在所有的事务都涉及电子。

我们不同意这句话里的"所有"一词。

首先，我们会在纸上先写下简短的构想，画上原始的综合草图。在前期准备阶段，我们就这样快速记录表达自己的构想，传达内心的想法。

我们把综合草图和放在一起，这样各自所传达的构思就会交融在一起。

如果你在独自工作，那么不妨试试和其他有创新力的人们一起工作、分享创意。

模特明星卡

下一步就是让模特融入到摄影作品中去。

我们在摄影过程中能够感受到很多快乐。我们喜欢和一些模特一再携手合作。优秀的模特会给工作团队带来一些特别的东西。他们也会变成整个团队的一部分。

大部分模特表现都很好,就像是一幅静态图像。他们都有自己的模特明星卡,上面印着自己头像照以及一些自己曾经出镜的摄影作品。我们也喜欢在摄影中加入一些新鲜面孔。这些人是我们意外地在某处发现的。有一句话常常能使他们的生活发生不同,这句话就是:"你可以做我们的模特。"

我们的摄影风格是拍摄那些有生活气息的模特。他们的模样可以使人们联想到自己。这并不是说我们反对时尚模特,只是那不是我们的视角。

我们主要是和模特中介进行联系。这本书里的许多模特就是来自弗吉尼亚州朴茨次茅斯的"休斯顿天才中介"。

5.2 考察外景地和机器的准备

下一步就是寻找外景地。就像我们有自己很喜欢的模特一样，我们也有自己十分喜欢去拍摄的外景地，在一年之中会去不止一次。其中有一个窍门就是让这个地方在不同的摄影作品中看起来不一样。

考察外景地

如果外景地相当远，而我们的工作行程又很紧，这时候我们就需要派出一名助理制作人。这项工作其实是出于一种信任。这名助理需要了解我们的眼光、拍摄风格及如何打光。

考察选择一个新的外景地就是放飞创意的开始。在你的思维里，需要涌现出所有的可能性。在实际制作过程中那些来自于素材图和综合草图的构思需要和现实环境有契合点。

此时，设想就变得尤其重要，不光要设想布景的排定，也要包括技术层面以及后勤的种种考虑。机器电力是否充足？模特在哪里换装？布景离车有多远？

对户外摄影来说，一个很重要的顾虑就是自然光。为了了解一天不同时间的光，工作人员需要不止一次的去外景，以便于安排拍摄时的布光。

你需要有一个概念，何时何地将要发生何事。在你去外景地之前，你应该在笔记板上列全所有的行程事项。早上这个地方的光应该是怎样的？下午之前，在这个景致周围的摄影要如何进展？这些考虑是必要的，不光是为了外景地拍摄，同时也是为了光和色彩与从窗里透进来的光线的融合。

试拍镜头

考察外景地时，最好带上会用于拍摄的镜头，寻找拍摄角度以及相机设置。有时候还需要自己出镜，寻找安排模特的感觉。按照这样的做法，到了拍摄的那一天，每一项事都会更好地按照事前安排进行，发生意外的可能性会降到最低。

用 Bridge 软件进行图片筛选和重命名

回到工作室中，我们要利用 Adobe Bridge 和它的 Photo Downloader 应用程序把试拍镜头下载下来。Downloader 可以帮助我们在丢弃那些无用的图片之前，进行一次粗略的筛选。

然后，再利用 Bridge 进行一次正式的筛选。我们可以通过这个程序对选中的图像进行分批重命名。

之后就可以打开相机里 raw 格式图片，迅速地进行一些修正，然后生成 tif 格式的图片文件。这些就成为我们用 Corel Painter 软件进行更加精确的综合草图绘制的基础。

用 Corel Painter 软件进行综合草图的进一步绘制

对试拍阶段获得的图片，快速地生成一些线条描画的草图，这正是 Corel Painter 软件所擅长的。

在 Painter 中打开 tif 格式的图片文件后，你就可以打开"绘图纸"，然后从照片的顶端开始描画，这个过程你可以在图纸下面的一个图层内看到。我们借助和冠（Wacom）的图形输入数位板工具。（如果还想了解更多关于这些神奇的数码输入设备，可以看书中的第十四章"重要的桌面工具"，我们用了整整一章节介绍它们）

尽管 Painter 软件是为数码画家设计的，但是任何一个有一些绘画技巧的人都可以使用它。

这样呈现出来的将是一个具体的摄影计划，比之前的综合草图要更加明晰。把这个新的综合草图打印出来并或者通过邮件发给团队里的其他队员，让每一个人都处于对项目了解的同一进度，这样就可以开启通往成功拍照环节的那扇门。

通过Painter软件，我们将外景地试拍得到的图片进行相应操作，得到了具体精确的综合草图。

5.3 为外景拍摄准备好存储设备

在使用胶片的年代里,那个(装有胶卷的)35毫米的小盒需要人们极其细心的妥善保管,从照相器材店,到相片冲印店里。

相机的存储卡就更加需要细心保管,尽管它比胶片要结实得多——胶片对温度敏感,并且表面上包裹着感光乳剂。

从前每次拍摄都需要装取胶卷,现在则不必了,一张存储量为16GB的存储卡可以保存960张由1000万像素的相机拍摄的原始图像。这个存储量比26卷胶卷还要多。

存储卡也有不同

CF存储卡各自性能和价格都不同,但是在当时,这一点并没有很快被人们注意到。

闪存已经不是什么新事物了,它产生于20世纪80年代。而CF格式的存储卡则大概出现于1994年。

CF存储卡可以在32℉(0℃)到140℉(60℃)的温度范围内工作,这一点和专业胶片很是不同,胶片保存需要在冷藏室里。

CF存储卡一个重要的性能指标就是传输速度。在这方面,有一些CF存储卡要更快些。这个传输速度是以X的倍数多少来衡量的。一个X就表示一秒可以完成1.5KB大小的文件传输。X的倍数越高,CF存储卡的传输速度越快。一个266X的CF存储卡一秒钟大概可以传输40MB大小的文件。就12.4MP的相机而言,这张存储卡大概可以在一秒钟内处理两张图片。在同样的相机上,一个133X的存储卡可以在一秒内写入一张图片。

有一些CF存储卡上并没有表明传输速度。这些低价的存储卡却会给拍摄过程带来高昂的损失。用这种质量的存储卡,从相机缓存中把一幅图片导到卡里都需要几秒钟。对于连续的摄影动作以及高速运动的拍摄对象而言,这样的存储卡是不能接受的。

收好装闪存记忆卡的"钱包"

存放CF存储卡的小包被人们形象地称为"钱包",这是因为小袋里装着昂贵的存储卡。

每一次拍摄,你都要有一个适当的系统去使用和保存存储卡。每一次都用这种方式对待存储卡,久而久之,便会成为一种惯性。每一个摄影师的拍摄原片都应该存留在存储卡里,这样才不会混淆。

我们给这些原始图像进行文件命名,然后把它们编码安放好。

进行拍摄时,每一个摄影师都要有两个装闪存记忆卡的"钱包"。一个用来装经过格式化的空存储卡,而另一个就用来装已经存储了图片的存储卡。我们把这两个小包都别在腰带上。

闪存卡只能出现在以下三个地方，"钱包"、相机以及读卡器里。闪存不能到处乱放，决不允许在其他地方超过几秒的时间。

在一次有许多模特和工作人员参与的大型拍摄中，我们没有将存储卡按照规定放好。有一张存储卡被重新格式化，而里面存储的内容尚未导出。那一次，我们丢失了400张图片。

查看图片

在你继续拍摄之前，一定要检查图像效果。随着拍摄的进行，需要有人去回放这些图片，以确保拍摄顺利。这就是说，要时常地把图片导出来。趁模特换装时，应该试拍一些图片。模特就位后，我们要把试拍的存储卡交给别人去查看。

更多具体内容详见第5.10小节"带着设备去外景地"。

在摄影中，装CF存储卡的"钱包"对于图片的保管是很重要的。

5.4 数据储存和备份补充

既然你已经拥有了这些宝贵的摄影资料，那你打算怎么处理它们呢？答案并不像看起来那么简单。比较显而易见的答案就是刻制一套两张DVD，然后把一张存放在电脑里，一张外置。万一发生什么意外，外置的那张 DVD 就是你的备份。

不经常使用的图片，刻成 DVD 是一个不错的方法。但是，我们会长时间使用 Adobe Bridge 软件来寻找图片素材。我们图片库里的一些图片会成为资料插图的基础，在 Corel Painter 或 Adobe Illustrate 中，利用这些图进行绘制。

出版环节中，在印刷时，需要 Adobe InDesign 的帮助。Adobe Dreamweaver 和 Flash 可用在网络用图和展示用图的制作中。

相比于其他摄影师，我们对应用软件的依赖程度较高。这对多媒体摄影工作室而言确实是必需的。

服务器

苹果电脑的网络使我们对服务器产生了依赖。我们在外景地时会使用它们，回到工作室以后也会一直用它们来工作。

2007 年，苹果公司将 Time Machine 引入到他们的操作系统中，赋予了系统自动备份的卓越功能。你所要做的只是准备好外部存储空间，把苹果电脑中的文件导入到外置硬盘驱动器中。很多人都需要这种功能，而买一个 FireWire 的外置硬盘驱动器并不贵，这样的投资绝对值得。

由于工作需要，照片会比较大，照片处理起来比较复杂。许多图片需要用到几 TB 的存储空间。这就类似于用 2×2 英寸的图片填满许多页纸（20 张该尺寸的图片填满一页纸）。你拍摄的胶片卷数越多，所需要的胶片储存空间就越大。

计算关于储存的一些数据

我们将存储所需的花费算入到摄影的花费中来。每当我们拍出一张可用图片，我们最少需要制作四五张图片。

我们以 12.4MP 的相机原始图像为例（图片文件为 NEF 格式）。在 Adobe Camera Raw 中打开，想另存为 25.1MP 的 tif 图片。因为我们已经在 Adobe Camera Raw 中已经保存了相应的设置，一个 X MP 大小的图片文件就可以产生了。然后对这张图进行修改，将它另存为 1.6MP 的 jpg 文件。这样我们就有了四个文件，它们都是 RGB 模式。

如果这张图用于印刷，我们需要在 Photoshop 中将其调整为 CMYK 模式的图片文件。我们在图片文件扩展名中多加入一个"f"，来标示四色道的图片。这样做可以帮助我们快速识别出哪些图片文件是 RGB 模式，哪些是 CMYK 模式。多加入一个色道使得 CMYK 模式的图片比 RGB 模式的要更加饱满。

下面我们将展示图片的不同格式各需要多大的存储空间（保留到小数点后三位数）

```
nef.....................19.200MB
xmp....................0.008MB
tif....................71.800MB
jpg....................0.250MB
tiff...................96.300MB
总计 ..................187.558MB
```

两个摄影师四个小时的拍摄，初步筛选后，能得到总共 1250 张可以用的图片，这是很正常的。

KB、MB、GB、TB 或者更大？

半天拍摄的图片文件就需要占 234447.5MB 的存储空间。换算一下，就是 234.4GB，或者 0.234TB。

如果你还不能完全理解信息存储单位，下面我们将列出它们的大小：

```
千字节 (KB).....................1000 字节
兆字节 (MB)................1,000,000 字节
千兆字节 (GB)...........1,000,000,000 字节
兆兆字节 (TB).........1,000,000,000,000 字节
```

单位还可以扩展到更大层级，比如 PB、EB、ZB、YB。

但是我们目前还没有购买 PB 级服务器的计划。

TB 级服务器

一台服务器就相当于一台电脑。在整个工作流程中，它就相当于一个 FireWire 连接系统或者 USB 接口的存储设备。它的好处在于工作局域网中的所有电脑都可以连接到这台服务器上，都可以分享传输服务器上得文件。

在我们的工作室，我们使用 2TB 级服务器（如下图），它有 3 个增加的 USB 接口，这使得我们可以把更多的驱动设备连接到它，这样它的性能就得到了提升扩展。

在外景地，我们会带一台 1TB 级的 Fire Wire 驱动器，它具有以太网的功能。

第五章 前期准备中的注意事项　　159

5.5 校准色彩

判定光和色对摄影是至关重要的。在下面两页中,我们将对此进行深入的讲解。

ColorSync

如何在苹果电脑上处理图片的颜色呢?最简单的方法之一就是用 ColorSync。这个程序有所有的处理图片的设备(包括显示屏、印相机、扫描仪以及数码相机),所以在屏幕上看到的图片颜色和印刷出来的成品基本一样。这个系统为苹果电脑提供了快速且协调一致的颜色校准,ColorSync 从 1993 年起就被纳入到了 Mac 操作系统中。

同年,苹果公司和国际色彩协会(International Color Consortium)共同研发了一种交互平台的配置文件格式,即 CMM,色彩管理中心。2000 年,微软的 Windows 系统也应用了它。在 Windows 系统里,它被称作图片色彩管理,即 ICM。

通常,有了苹果系统的 ColorSync 程序,色彩的调配都在电脑后台完成。这个系统利用从印刷机或其他设备的生产商那里获得的配置文件格式来保证整个数码工作流程中色彩一致。

色彩系统属于电脑自带的程序。工作人员需要时常去生产商的网页看一看,以获得最新信息进行数据更新。

显示器的校准

校准显示器是必不可少的。

苹果显示器校准依赖于每位用户自己的设置,这种依赖也有其利弊。

所有的判定力都来自于他们自己的视角,但如何看待色和光每个人是不一样的。

个性化设置的程序对显示器进行校准的结果就是极端个人化。这样显示屏的判定都根据你的眼光。

你可以用在苹果的 Display Calibrator 中选择专家模式选择显示器原来的光频率曲线。这样也可以目标优化显示装置的 gamma 和 white point 值。操作结束后,会生成一个显示器的 ICC。

在 Windowus 系统里,Adobe Photoshop 和 Adobe Gamma 配套使用可以完成类似判定。

有一些显示器用的时间较长,所以需要进行重新校准。但是在这方面,平板液晶显示器(LCD)受到的非议要少于大型 CRT 显示屏。CRT 显示

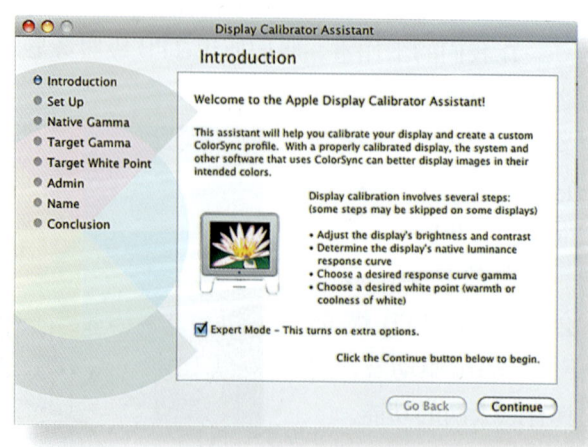

屏有红、绿、蓝三色显像管，这使得它经常发生故障。

还有一种校准显示器以及自动生成相应配置的方法，这种方法少了一些个人色彩。这部分请看第 5.7 小节。

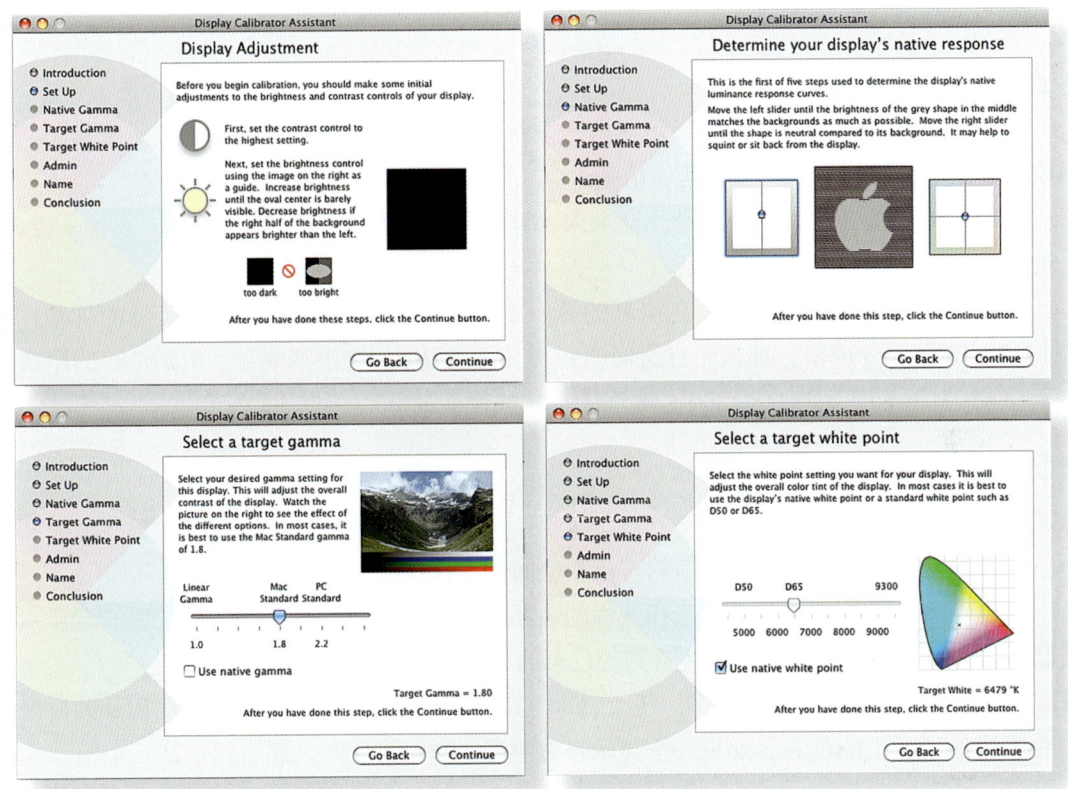

5.6 显示所有的色彩

你永远不会知道自己是否拍了一张好照片，除非你有了一个好的液晶显示器。

使用好的显示器前，需要好好准备软件应用程序来充分利用它，否则就不能看到应该看到的所有色彩。

亮度 (Luminance)

首先，你需要了解一些关于显示器的技术上的专业术语。

"亮度"是对发光的强烈程度的密度的测量。它是从特殊角度测量的光的数量。测光的单位是坎德拉每平方米 (cd/m^2)。

什么才是好的亮度？除非在很亮的摄影环境中，120–150cd/m^2 是一个很好的"摄影亮度"。在高亮度的环境中盯着显示器太久，眼睛可能会受到伤害。

显示器分辨率

这是一个误导性的术语。它听起来像是要告诉你一些关于图像清晰度的知识。其实它是对显示器纵向和横向像素的测量。

点距 (Dot Pitch)

这是真实的分辨率：你的显示器只有一系列的红绿蓝的光点，被称为"子像素"。你也许会想要知道屏幕的成像是否清晰。

两个红色光点之间的距离是用毫米来计算的。数值越小，空间距离越近。通常来说，紧密的空间距离会使图像更清晰。

怎样才是好的？有些关系到屏幕的分辨率和屏幕的尺寸。一个 25.5 英寸的屏幕，1920×1200 的分辨率，那么光点之间的距离为 0.287mm 就很清晰了。0.27mm 的距离可以使 21.3 英寸，1600×1200 分辨率的屏幕成像清晰。

色彩空间 (Gamut)

色彩空间直接影响成像。

如果你没有看过第 4.3 小节的"色彩空间和工作区"，请立即阅读。

为了理解色彩空间和色彩工作流程的关系，你需要费力地读完那些很重要的专业术语。显示器的说明书会告诉你能看到的色彩的比例。

ISO 是色彩的数据图表。与一般的 CMYK 不同的是，ISO 是与 CMYK 相关的显现在光滑的纸面上的色彩。如果一个显示器能显示 100% 的色彩，那当然这是一个很好的选择。

Adobe RGB 是一个很大的协议，有着很大的色域。它能够显示色域的 95%，这令人印象深刻。

NTSC 是指类似 EBU 的影像。是美国电视标准委员会和欧洲广播联盟的播放标准。它们的标准涉及了色度、色彩的质量等领域，这些都是基于 RGB 的。你的显示器应该可以提供 EBU 色域的 100%。NTSC 的标准很严格。如果能显示出 NTSC 的 90% 的色彩，这个显示器就很不错了。

颜色管理装置

当使用者没能得到想要的颜色时,他们就急着投向另一个新的应用程序。请不要这样做。

个人的 Adobe 应用程序有颜色管理系统在编辑菜单下的颜色设置。如果你有更高级的,可以把所有的 Adobe 应用软件同步起来。

颜色管理窗口的快捷键在画布按钮的下面。

5.7 校准显示器

色彩方面的行家要求的比 ColorSync 和 Adobe Gamma 提供的更多。虽然这些应用程序很昂贵,但仍有一些缺陷,就是你。他们依靠你对颜色的察觉力。

显示器校准器这种硬件设备把主观性变为客观性。你能很快地直接从显示器屏幕得到精确的测量,还能把它们输入专用的软件来制成电脑需要的数据图表。对整个工作流程进行校准。

校准器一度是很贵的奢侈品。现在,有些校准器的价格已经低于 200 美元。凡是想要对图像质量做出慎重决定的人都需要一个校准器。

我们的顾客都使用校准器。因为他们的显示器被校准过,所以我们也必须这样做。这样我们看图像的方式都相同了。

校准过程很快。你让它开始然后就可以离开了。

校准器是干什么的

有的校准器可以检测所有种类的显示器。如果你有不同牌子的监视器,这也许是一个很好的选择。它们能制成 LCDs 和 CRTs 的数据图表。

一些显示器制造商为他们自己的产品制造专门的校准器。

这有什么不同吗?是的。它们都能生成 ICC 配置文件。跟硬件又有什么关系呢?

来自显示器制造商的校准器经常会为了适应显示器达到想要的 white point 和 gamma 值,对监视器做出调整。这些外来信息会输入电脑的显卡。

它们怎么工作的?

这很简单。校准器通过小吸盘装在屏幕上,刚好位于屏幕中央并与电脑的 USB 接口相连。当校准器识别出显示器上的图像时,配套的软件便能通过浏览屏幕上显示的精准的色调和色彩的图像来检验

LaCie Blue Eye底部。(编者注:莱西旗下的液晶显示器校准器。)

显示器。

视觉上符合人体工程学的条件

调校好显示器后，还有一个因素会阻止你看到最好的图像：看图像时的位置。

有时光会洒到屏幕上。这时不仅有屏幕光，还会有使颜色变得相冲突的光。你的显示器需要一个防护罩。它们适用于摄影棚的显示器和笔记本电脑。

5.8 控制印刷色彩

打印机会有一个标准的驱动程序。与电脑的操作系统相联系，电脑能自动识别打印机。在电脑中命令打印东西，驱动程序会让打印纸从打印机里出来。

但你需要的不仅是这些，使用专门的打印机时，你还需要一个与所有印刷媒介相关的配置文件。

印刷媒体配置文件

翻到这本书的最后一章，会看到一些很棒的印刷媒体，它们能让你的成果很生动地展现出来。

如果你还没有发现印刷媒体比起办公用品店里卖的喷墨纸有更多注意事项，那你的照片质量就容易被忽略。

如果在画布上打印出来还不足够让你满意，可以用好的美术纸、丝绒、缎子、纤维影像板或者其他的。它们光滑而充满光泽，很自然。甚至比那些很多年前冲洗胶片的暗室里的纸张还要好。

每一种质地和色彩都需要打印机转换成特殊的指令，以便于打印机理解应该怎样合适地处理这些信息。

配置文件大多都由纸张供应商提供。还有一些配置由打印机制造商预装在打印机里。这是一件令人兴奋的事情。收集这些文件就像收集打印字体库一样，你永远都不会觉得多。它们会激发你的创造动力，想知道你能用它们做什么。

打印效果

在下载和安装好了配置文件之后，打开 Photoshop 的打印窗口时，要确定颜色管理器已被选中，并把它拖到右上方。

确保单选按钮被选中，而不是仍在校样。

关于颜色的处理，让程序来决定颜色。在比如 Photoshop 之类的应用程序中，程序可以最好地转换图像，而不是让打印机来处理。

接下来是打印机的配置文件。确保你所有的新的印刷媒体选项都出现了。

你选择的纸张能打印出不止一种分辨率。好的纸张应配上好的打印效果，分辨率 2880 就是最好的选择了。

按照这个来选择可能让你有点困惑。以下是给你提供的建议：

· 感知：这是一个很好的选择，如果你的颜色在范围之外，它会改变一些颜色，但是它会使颜色接近人类的色彩感知。

· 饱和度：这也许不是再现自然颜色的最好选择。它会改变颜色的准确性，毁灭你对图片质量的期望。

· 相对色度再现：很多图片工作者会倾向于这个选择。它可以忠实地呈现颜色。它可以转换图片色彩空间的 white point 到配置文件中。

· 绝对色度再现：这会先保存图片的颜色，然后调整它们到输出端。颜色的效果并不是经常是平衡的，但是可以很好地进行试验。

在图像上点击一下，你会看到另一个窗口。在窗口里面，要确保你选择了合适的打印机。

考虑到版面布局，要修改打印设置。找到你的媒体类型，在样式下点击高级单选按键，一些额外的选项会出现。为了你的打印质量，要选择最好的纸张。

现在返回到你选择打印设定的地方，然后选择颜色管理。

选择单选按键关闭（没有颜色调整）来阻止打印机干扰你的图像。软件应用程序能最好的处理它。

学习使照片变得明亮

评估打印。看自己是否能控制动态范围。高光部位怎样？阴影部分是否还有？颜色怎么样？

每一张纸都会不同。比较这张照片和其他的差别，拍摄的时候把这些条件记住。如果最终结果是一个打印项目，用光和构图由最终效果来决定。

CMYK？

不要很傻地认为你需要从 CMYK 文件里打印。

是的，你的打印机是一个 CMYK 输出的装置。但这不意味着你应该把图像转化为 CMYK 模式。打印的时候软件会把 RGB 转换为 CMYK。如果你从 CMYK 文件里打印，它会做两次这样的转换。

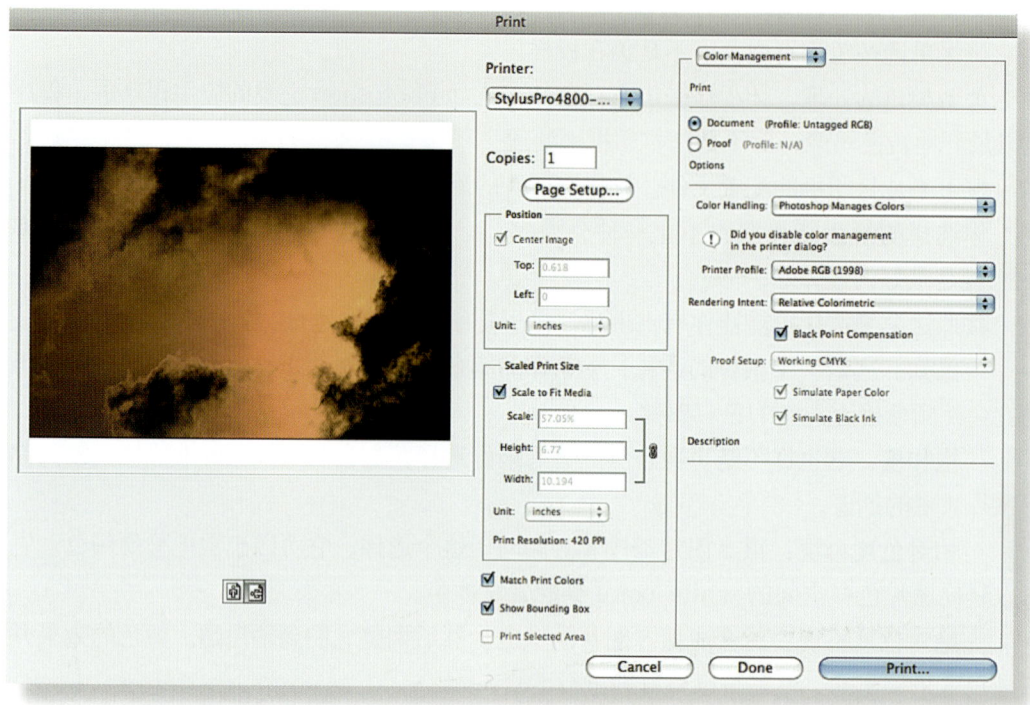

5.9 相机的外景拍摄

不可否认的是,外拍时相机会令人不安。价值1500美元的镜头,可以轻易装进小提包或背包里。

拍摄时会出现很多情况。有时工作组中的人我们都认识,但是有时也会与一些不认识的人合作。

有些拍摄地点是在公共场所。我们通常会在两个以上的地点拍摄。

我们有4个数码单反相机和22个镜头。

为了出色地完成拍摄工作,需要经常换镜头。我们投入在一个被摄物的视觉效果越多,就越能获得适于销售的图片。这就意味着我们要考虑在什么环境在使用什么镜头。在这一章的前面曾提到,我们要弄清楚整个拍摄过程。然后,把需要的镜头带在身边。

在摄影棚里,相机镜头离得都很近。滚动的手推车成为搁镜头的台子。

如果有助手来递给我们下一个镜头就会很

方便。在与同一个助手多次合作后，他们会习惯我们的工作并知道我们的拍摄方式。这会帮助我们进入一种节奏。当一个镜头需要换的时候，这也许是一个很好的与助手聊上几句的时机。当我们拿回相机的时候，下一个镜头已经准备好了，我们也要准备开始。

调试

我们会用一两种不同的方式来拍摄一个对象，这取决于工作人员的多少。

有时候会用两倍的光亮来照明。有时候用两种完全不同的照明方式。摄影师与助手开始从不同的角度用不同的镜头开始拍摄。如果我们中有一个是用 AF-S Zoom-Nikkor 28-70mm f/2.8 IF-ED 镜头，那么另一个应该会用 AF Zoom-Nikkor 80-400mm f/4.5-5.6D ED。用广角拍摄的摄影师可以更好地发挥才能，用长焦镜头拍摄可以拉近距离。如果都准备好了，使用广角镜头的摄影师站在长焦镜头拍摄的角度之外。广角拍摄的摄影师可以成为导演，站在后面的长焦摄影师可以安静的拍一会。

换镜头时，最好把装镜头的盒子放在脚边。

我们的另一个工作就是要让每一个摄影师在完全不同的计划下工作，而且我们让两边的轮流换着来。这要看工作人员、助手和地点了。

Lightware的包有一个很结实的结构。它能很大程度地防止撞击和挤压。

数码单反相机系统的护理和保养

灰尘是数码单反相机和摄影师最讨厌的东西。传感器上有灰尘时，它会出现在图片上。没有镜头和机身罩保护的机身很容易进入灰尘。

在摄影棚中要随时注意，每次拍摄之后都要把相机拿出来清洁一遍。不要等到下次拍摄的时候才来准备你的设备。

清洁镜头，立即给电池充电。在拍摄前要再次给电池充电。

在拍摄现场时，午餐时间也可以再次给电池充电。

永远也不要让相机的电池耗尽。不使用相机时，电池本身仍然会消耗一部分电能。

长时间的曝光会消耗更多的电量。你使用相机显示屏的次数越多，你的电池的耗电量就会越多。

回到摄影棚里，建立一个小的充电站吧，那样你就能在电池电量充足的情况下使用显示屏。

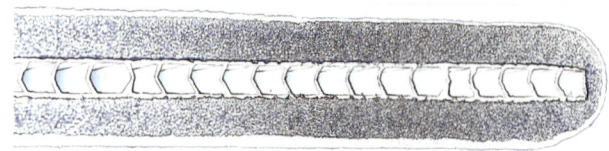

一个包的保护层并不只是外部的边缘。Lightware的包可以保护包内不受碰撞。包里的一些东西都很容易碰坏旁边的东西，特别是当被挤和撞的时候。坚固的槽型结构使一切都变得不同。

如果你的相机不需要使用，把电池取出来。

如果你用喷雾式的除尘用具来清洁传感器和反光镜反光板，要确保喷雾瓶是垂直的，这样不会对材料有损害，如果是在水平方向的话，瓶中的除尘液就有可能会流出来。

相机包

我们会选择柔软质地的箱包。硬质的包很好看，但是它们占的空间太大。

要找到软的和坚固的包并不容易。保罗·百富勤（Paul Peregrine），一个很有才能的摄影师以及Lightware的董事长，告诉我们他们已经测试过了他们的产品的耐久性，测试方法是包里装上酒瓶，然后扔向天花板，让它自由下落。我们从没有试过，但是Lightware的产品的耐久性确实很好。

包里面是用船体的塑料做的，它是一种很软的材料。除了相机和电脑装备，Lightware还用于医疗、雷达和监控装置。

Lightware MF2012 可以适用于随车携带和带上

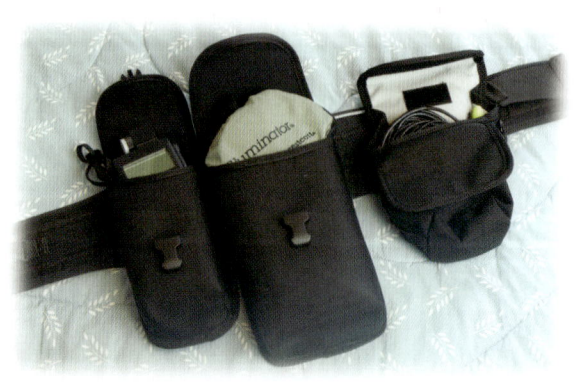
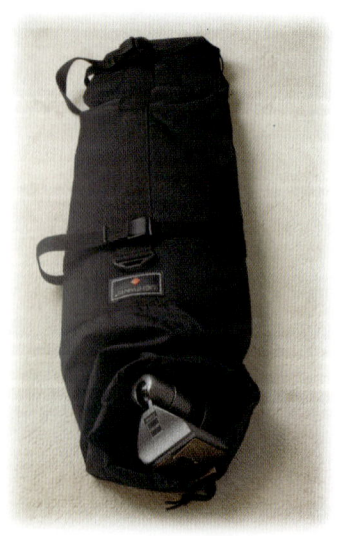

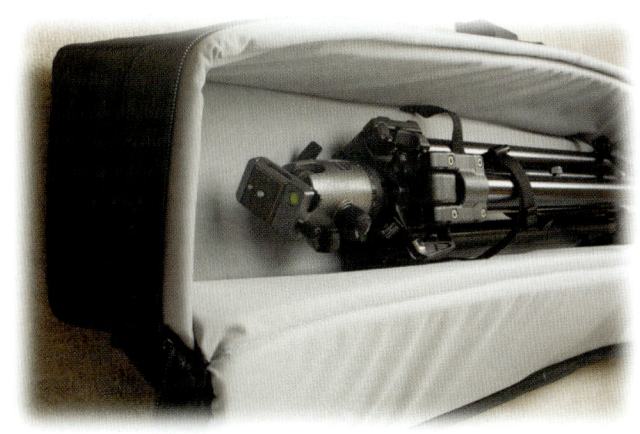

飞机的大小。尽管我们会选择用船运输，但当我们要长距离旅行时，我们不能与相机和电脑分开。

因为适应性很重要，我们喜欢改动分隔物来满足我们的要求。对于那些喜欢有固定隔断包的人来说，这或许听起来有点不寻常。一些摄影师在镜头后或电脑屏幕前很有创造力，但是他们有时也需要停下来去思考设备的灵活性，而不是告诉你只能怎么做。上个星期装着第二台电脑的包在这个星期也许便可以装入额外的照明设备。

打开思路，让自己变得灵活。

5.10 带着设备去外景地

在外景地时，电脑设备如何设置是摄影最紧要的部分。因为出外景的地方总是龙蛇混杂。

拍摄过程中，CF 卡会被卸下来以回顾相片，模特们需要大致了解下自己表现得怎么样。更不用提那些未成年模特的监护人了，他们早就自豪地等在聚光灯旁呢。

如果有顾客在场，他所在的地方更是所有人的焦点，因而大家容易忽略设备的安全。

做好在场的安全措施

因为在场有很多设备，而且数码产品都属于贵重物品，我们得好好看一下周围是否有安全的地方可以放东西，不会让人偷走。

我们要找一些好的柜台。

所有的东西都要被整理得很好。

一个阳光能直射到的地方是视野最好的地方。

需要带什么

因为工作区域很远，经常需要至少两台电脑。我们会选择一个 Mac 笔记本和一个带显示屏的 Mac mini。这意味着我们在运输一个 LaCie 321（编者注：日系普屏专业机）以及它的防护罩。笔记本当然要好好地保管。LaCie 需要更好地爱护。

但是，当涉及要处理图像的时候，LaCie 似的大小很合适。

一些摄影师会带一个 iMac 到拍摄点。它是将显示器和电脑合二为一的。

笔记本会存在什么问题？

首先，屏幕的大小就是个问题。其次就是它是否能有效地处理图像的问题。我们觉得它很接近，但是还不够提供高水平的需求。

比 19 英寸小一点的 LaCie 321 很容易装进包里。小的 Mac mini 可以带到任何地方。

拍摄点有交流电源吗？

摄影师在拍摄点怎样处理使用交流电的电脑？

电池供电的装置确实很好，但不是之处是：进行半天的拍摄，我们 09:00 到，17:00 就要收工。一天的拍摄，我们 08:00 点到，18:00 就要收工。

拍摄超过 10 小时就得鼓励大家忍耐各种条件的限制了。

包括笔记本电脑。如果连续不断地使用，电脑的电池不能承受 10 小时的拍摄。

LaCie 有一些很好的驱动程序可以为电脑提供能量。这是一个很好的短期拍摄的解决方法，但是如果要长时间拍摄，这还是不奏效。

另外一个我们必须有的就是文件存储器。半天的拍摄，我们两个大概一共拍摄 2500 张照片，平均差不多只有 1250 张有用。全天的拍摄，把电耗完可以拍摄大概 4500 张。

每张照片 19.2MB 大小，4500 张照片可以有 86.4GB。

在拍摄点待上几天，我们可以很容易累积到 200 到 300GB。用两个外部的驱动程序来备份。

每一个工作站都有 CF 记忆卡读卡器来保证下载的进度。

为了安全，多种多样的硬盘驱动器都会分开装在包里。为了防止装主要硬盘驱动器的包发生意外，备用的硬盘驱动器不会和它放在一起。

去拍摄地点一天以上的话，就需要一个和冠数位绘图板。新帝（Cintiq）是很理想的，因为它有很好的显示器。一个6×11英寸的影拓3（Intuos 3）很容易装进包里。它可以满足紧急返回酒店开始工作、处理图片的情况。那儿不可能有好的显示器。此外，为了平衡我们的设备，LaCie以太网大型磁盘是我们必须带的。有时候去拍摄点工作的时间并不是连续的。

5.11 外景灯光

外景的灯光是一个非常宽泛而又多变的话题。

这一边是尼康电子闪光R1C1套装的小组件，另一边是巨大的马修斯Boom Junior还有其配重物。

它们都是为满足特殊需要而完美设计的产物。

很多这样的照明组件适应了长期疲劳的人们的需要。不管你是自己一个人还是和团队一起工作，我们用的东西所需要的人力没有要求多于一人的。

搬运物品

在大型拍摄的时候，把所有的照明设备从A点（通常是用运输载工具）搬到B点，然后再返回A点是一个不小的工程。仅仅是把东西从工作室搬到运输工具上都要费不小的工夫。

但是在进行小型拍摄的时候，东西都是可以拿了就走的。

当我们接到拍摄任务的时候我们必须做好准备，知道什么工具是最合适的，把握好机会。

使设备井井有条

我们中的一些人，并不总是进行外景拍摄。有的时候，我们需要在摄影棚中进行拍摄。对于我们公司来说，东北部和中大西洋岸边的美国地区的寒冷冬天意味着几个星期的摄影基本上都只能在摄影棚内进行。

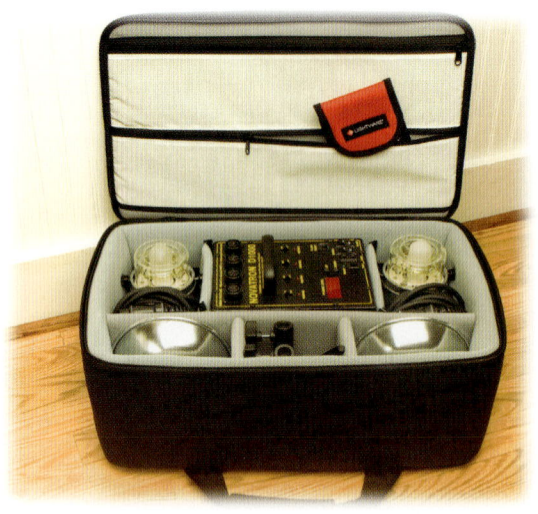

在安排照明设备箱的时候要有一些创意，独有的分离系统可以在一定的布局下装下你的工具。每一个多功能包（左图）都有很多的分格，上面带有一个钩子和泡沫混纺的东西覆盖，后面还含有一个顺手黏合的钩子，使你可以把每样东西都稳固地放进去。

虽然我们极力避免使用昂贵的设备，我们工作室的物品价值仍然已超过了6位数，需要很好地保管。

就算不考虑开支，所有的东西在拿出来使用的时候也都必须发挥最佳状态。我们对设备的选择从来没有使我们失望过，在我们尽最大限度挖掘并使用的情况下。大部分我们摄影使用的设备的品牌至少可以追溯到1981年——我们坚持使用我们了解和信赖的设备。

设备的保管并不只在于其位置。而是我们是如何对我们的设备负责。我们保持它们的安全、清洁和条理，不管是在散落在外面还是在家中的炉火旁。

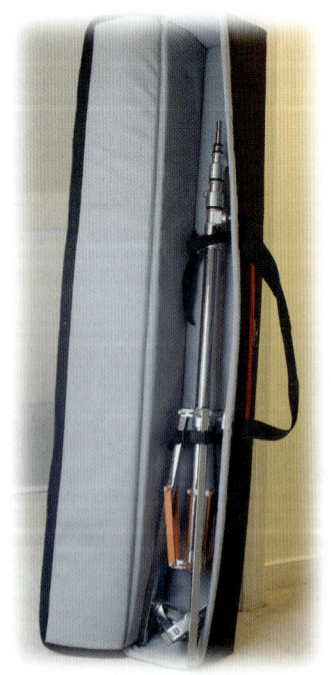

右侧的照明装备箱可以很好地装下长支架、脚架或是背景布。在你装卸设备的时候，活动的盖子要保持敞开以便不会妨碍到你。我们同样可以在这个里面放下一些用于分隔的东西，以便可以很完美地放下9个诺瓦松裸管灯头外带连着它们的反光灯罩。

轻便一体

即使是比较大的工具,我们也尽最大努力把照明装备减到最小最轻。

有的时候,朋友家的孩子或者是一些很有天分的人想要加入我们或帮帮忙。因此我们使用的所有的闪光灯头、HMI(编者注:一种摄影与电影通用的人造光源,色温接近 5500K,使用频闪模式发光。)还有反光伞和大部分的装备都轻到 8 岁孩子也可以搬动。

当你外出并布好景的时候,你的设备就会摆放得到处都是。

当一个拍摄持续到很晚,你在享受着夕阳西下时的柔美的阳光时,还需要清点所有的贵重设备。按照一定顺序把它们放好是很重要的。

当我们看着箱子,我们要确认是否所有的东西都在原本的位置上。我们有一个设备清单上面写着什么东西放在哪里。只要箱子里面的东西不变,东西就还是原样放着。如果为了某个特殊的需要而打包的时候,就需要更加注意了。

我们更偏爱小一些的箱子,而不是把所有东西都塞在一个大的里面。虽然这样的确需要往返很多次,但是我们可以把更多的箱子往车里装,而且这对锻炼我们的背部也有好处。

照明器具的安全防范

不管你是在外面还是在摄影棚内拍摄,对于照明设备的操作都需要很小心。

在寒冷的天气里,把闪光灯头的模拟造型灯开一小会儿。这样能把整个闪光灯都弄暖些。

不要让你的肌肤碰到 HMI 灯或者是闪光灯的模拟造型灯。你皮肤上的油脂和酸会缩短它们的使用寿命。

别让水和电相接触。但是,在水池或者池塘边也能拍出很好的相片。所有的电线都要远离有水的地方。关于户外安全和照明负荷的重要性,我们在第九和第十三章进行了更深入的探讨。在水边你需要有高度的警惕意识,要事先考虑到所有的可能性。

不管你之前的计划有多么的充分,总是会有意外发生。保持冷静的头脑,不要让自己变得慌张。一旦你变得慌乱,事情才真正糟糕。因为如果你很紧张,所有的人都会察觉到。而若是你想要抓拍到很好的图片,你需要被摄者保持良好的精神状态。保持镇定并且使团队保持积极是你的责任。

照明装备的吊索接口（上图）可以很好的固定三脚架或者别的架子。更合适紧急临时安装。

5.12 外出拍摄的责任

在外出拍摄时，会有很多和摄影完全无关的事。照顾好每个人和每件事也很重要。

如果知道了在我们选择好的拍摄场地里早先已经有过一次拍摄，这将伤害我们的积极性，整个团队都将带着消极的情绪。

服务摄影组

保证每个人吃好喝好是很有必要的。电影工业有联合规定，每人每隔 6 六小时便需要 30 到 60 分钟来吃一顿热腾腾的饭菜。这被外界错误地认为是"给摄制组的服务"。

当然，我们并不是一个联合商店，但是我们也喜欢有充足的矿泉水和有机食品使每个人保持体力。

如果人们都精疲力竭了，摄制就不会那么高效率了。

缺点

有的孩子在拍摄的时候非常有活力。但是到了电视节目播放的时候，他们就会把电视打开。我们需要平衡这两点，因为他们的注意力不会集中很久。

我们鼓励他们的监护人把他们带离拍摄现场去休息一会儿，和家人待在一起，这样对谁都好。过一会儿，这些孩子中的一些就会乐于向你敞开心胸，从而皆大欢喜。团队的努力比拍出的照片更让人感动。

孩子们是我们最喜欢的拍摄对象。一年又一年，我们记录下他们的成长。我们拍下的他们的一些照片对于他们的家庭来说已经是非常珍贵的了。我们知道，再过几十年，这些照片会成为无价的财富。

肖像权和财产权的授权让渡

尽管我们非常周到和体贴，但是令人遗憾的是，时不时地在拍摄时有的人会变得越来越贪婪。

毫无疑问，过不了多久，就会有人这么想：你是在媒体工作，你的钱来得很容易。这经常能从文章中看到。请注意一定要预先以书面形式签订合同。

如果他们不签肖像权让渡授权书的话，我们是不会洗一张照片的。我们会起草一份这样的文件。在拍摄前会用正式的模板打印出来，所以被拍摄者的负责人就可以方便地签下了。

一定不要在没有签下财产让渡授权书的情况下计划拍摄。拍照时间不能够钻空子。如果那样的话，你就会发现，在装满设备的汽车等待开工的同时，有很多人在闲逛，而且没有地方可以进行拍摄。

撤离

当我们发现我们使拍摄场地比我们去之前变得更好，我们会觉得拍摄是值得的。我们试着比预定时间提前一个小时撤离现场。很多人都会陶醉在一场有趣的拍摄中，他们喜欢成为其中的一份子。在一个我们知道以后也会受到欢迎的地方进行拍摄是很好的事。

保持物品井井有条是不至于落下东西的关键。如果每个箱子都有自己的隔间来放，那么在走之前检查的时候就会便捷很多。

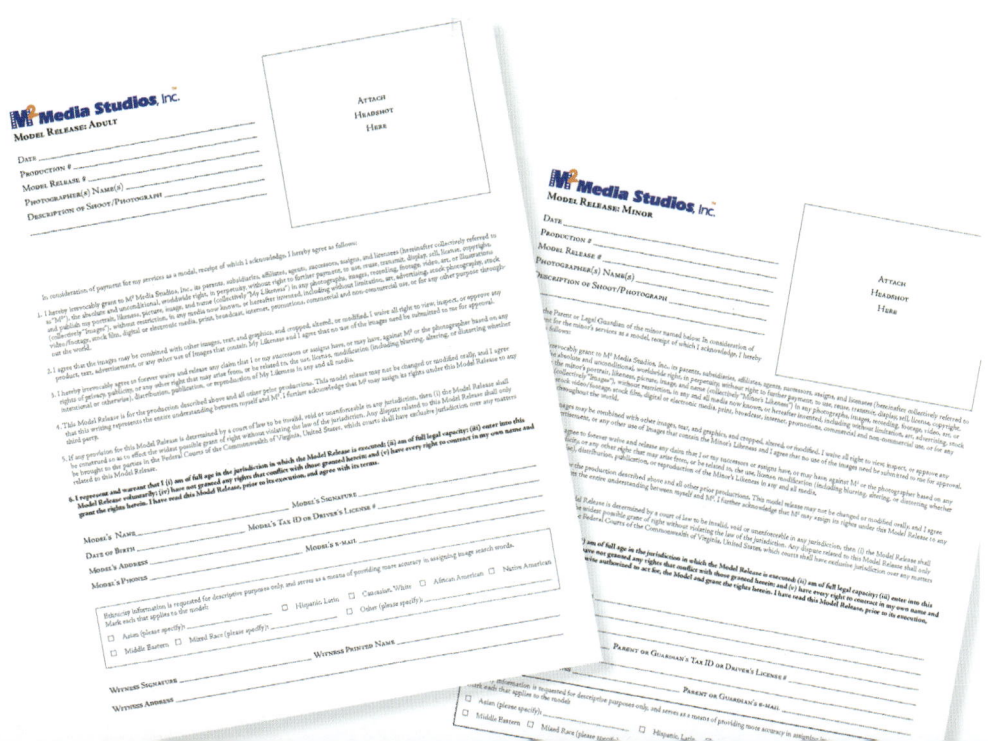

第六章
原始文件和扫描胶片

如果你在拍摄前的准备工作中灵活机敏，就有可能拍出好照片。你会在后期时体会出它的魔力。

拥有好的原始文件和胶片，就如同时光倒流。回到过去，换一种方法重新进行拍摄。这样的成果需要你的额外工作但它们能使你从图片中挖掘更多，满足客户的需要，或者是修改一些不够完美的地方。

在新兴的数码环境中，我们必须能发现一些新奇的东西，比如拍摄刚刚由花苞绽放而来的鲜花，但去年这样的技术就已经不再新鲜了。

处理此类照片的技术曾经只属于经验丰富的扫描仪操作师。印前在操作室里，他们在非常昂贵的机器上准备即将出版的图片。这是他们唯一的工作。

现在这些任务都交给你了，你需要和他们一样有能力。

要把照片中的东西尽最大限度地挖掘出来，你需要学习和实践，日复一日，持之以恒。如果把原始文件比作你脑中跳跃的旋律，后期出品的成果就是最终版的交响曲。

和Photoshop相比，Adobe Camera Raw能够大幅减少你处理图片所需的时间。

带着脑子工作。这些工具让你事半功倍。

6.1　Bridge：元数据

后期工作始于检验拍摄。

在 Bridge 里，有很多可用的元数据说明你对每张图片做了什么，做到了什么程度。

在机械相机的世界里，拍照时需要手动测光和对焦，很多摄影师会认真地把 f 值、快门速度以及其他的技术数据记在他们随身携带的小本子上。就把照片给你带来的元数据当做是你的私人抄写员吧。

把你得到的各种数据拿到手，和你拍摄的照片一一比对，这是个一生的学问。

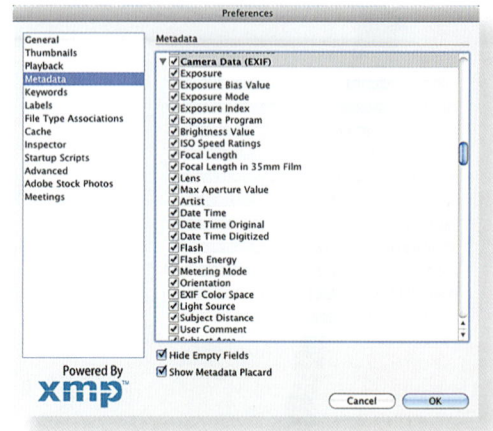

EXIF 数据

可交换图像文件（EXIF）可以追溯到 20 世纪 90 年代末期的日本电子工业发展协会。这些元数据标签几乎被所有的相机制造商使用。这些数据包括日期、时间、所用镜头、焦距、35mm 等效焦距、光圈、快门速度、ISO、测光模式，以及与被摄物的距离，甚至相机的型号和号码。EXIF 包括 41 种可以在 Adobe Bridge 上看到的数据。

在 Bridge Preference 窗口中你可以选择看你想要看的这些。

XMP 数据

XMP 在 2001 年由 Adobe 公司推出。三年后，由 Adobe、法新社（Agence France-Presse）、美联社（Associated Press）、国际报业电信理事会（International Press Telecommunications Council）、日本的《每日新闻》（*Mainichi Shimbun*）、路透社（Reuters）和其他成员一起努力发展出今天的丰富元数据。

只要你处理过你的照片，你会希望每个人都来看一下你努力的成果。XMP 文件使元数据嵌入了图片文件，让分享和传递这些图片更加简单，不管别人是用的什么电脑系统和软件来浏览这些图片，没加工的文件和你做的调整都可在 Bridge 中被一起看到。

即使你用 Adobe Camera Raw 做了调

从Bridge中的首选框开始（左上），查看你想看的数据。
然后仔细想想这些数据告诉了你什么。在这些样品中，我们从一个标签图像文件格式（tif）中看到数据。显示出来的既有图片的拍摄数据，也有曾经在Adobe Camera Raw中做过的改动。

整，XMP 文件和原始文件保持分离，图片的原始文件一直完好无损。但是，如果你给某人传输了原始文件和XMP文件的话,当他在Bridge中浏览时,就会看见处理后的图片。这种情况下，Bridge 名副其实在你和这个世界上某处观看你照片的人之间架起了桥梁。

评论

在 Adobe Bridge 中回顾一下你的拍摄。用 Bridge 的放大镜功能在 100% 的比例下查看图片，看看在 Bridge 的控制面板上所选的曝光类型。检查一组图片，想想你选择的焦距、景深是否按你的意思进行表达？照片中的光线是不是和你计划中的一样？你是怎样处理暗部和亮部的细节的？

在 Adobe Camera Raw 中打开它们，看看你可以做些什么。在下面的 26 页内容中，让我们来帮你找到在后期处理中最有效的方法。

6.2 原始文件的优势

关于处理原始文件我们需要修正一些观念。在诸如 Photoshop 的 psd 格式、tiff 格式或者 Corel Painter 的 riff 格式中，我们对原始文件做出一些改动。

对于原始文件，问题不在于我们改动什么，而在于我们如何利用和处理。

无损图片加工

对于 psd、riff 或者 tif 文件，我们习惯于进行一些修改，然后改成什么样就是什么样。除非事先复制图片，否则这些改动无法还原。

除非损坏 raw 文件，否则你是无法直接修改它的，而损坏了的 raw 文件就再也无法复原。

这些原始文件没有最终用于打印或者上传至网络的价值。这些格式的文件是相机制造商的专用格式，它们需要改成其他的格式才能被广泛接纳使用。

对于图片来说无损是好事，它们就好像是数码版胶片电影一样，你可以扫描胶片，进行光学拷贝，你可以直接用胶片打印。但是照片只要进行冲印，就完全定型了，一切都结束了。

Adobe Camera Raw 文件的众多好处之一就是保持实际的照片效果。失手酿成大错的糟糕情况不复存在了。过些年，你可以把它翻出来，使用些新的技术来为其添色，就像你可以用几十年前的胶片打印一样。

会变好的

就像之前提到的，如果你拍了一张很差的照片，曝光糟糕、对焦不准，那么 Adobe Camera Raw 也爱莫能助，对于过于糟糕的照片，它束手无策。

要想让 Adobe Camera Raw 有好的表现，照片也需要有一定水平。

改变你的色调

Adobe Camera Raw 可以作为 Adobe's After Effects、Bridge、Lightroom 和 Photoshop 的插件，一张照片不仅可以接受一种软件的处理，还可以进行多方位的完善。好像按下一次快门得到不同的图片一样。

上图保持了原始图片的色温，在 Adobe Camera Raw (ACR) 的默认 (Default) 设置下有这一选项。

通过 ACR 的后期制作使上图变为右图只需要60秒。其转变是巨大的，为了凯蒂和她爸爸帕特里克，每一秒的付出都是值得的。

在同一地点不同时间，阳光的效果会有所不同，Adobe Camera Raw 可以在后期帮你改变照片的颜色。

由 Photoshop 的创始人托马斯·诺尔（Thomas Knoll）研发并不断更新的 Adobe Camera Raw 可以通过调整白平衡、自然饱和度、色相、亮度和饱和度等不同选项来帮你创造出新的照片颜色。

好过 jpg 和 tif？

像之前讨论到的，一些摄影师直接拍摄 jpg 和 tif 格式的图片。jpg 是不能再更改的。tif 的修改空间稍多一些，但是如果需要从根本上改进，则会很费力。raw 格式文件给你进行更多修改的机会。

6.3 Adobe Camera Raw 环境

如果你还没有接触或是刚刚接触 Adobe Camera Raw，不要害怕。它非常简单，你可以用它完成很多事情。

在过去，出片则要从胶卷里拉出胶片，放到一个被称作"鼓"的玻璃缸里，图像被扫描记录下来（在第 6.18 小节我们还会讨论更多），然后分为 4 张全对比胶片，每一层是色调减半的青、品、黄和黑色。胶片和印页等大，再分成小的图层，在烧制到金属平面上之前，四种颜色要分四个步骤印刷。

用滚筒扫描法，工人要时刻关注着印刷过程中的色彩平衡，这凸显了人的价值。他们观察印好的图片，就能知道还需要什么，然后进行扫描操作得到最佳结果。这样的好工人屈指可数。

使用 Adobe Camera Raw 的成本比滚筒扫描低得多，能做的事情却多得多。无需天才的扫描工人，你就能掌控一切。但是要想做到最好，你需要学很多东西。

和传统扫描不同，你的作品不仅用于出版，还可以在更多媒介上呈现，因此有很多需要知道的知识。

通过练习，你会对数码技术以及艺术创造有独特的见解。

犹豫什么？只要你使用原始格式文件，就必须成为 Adobe Camera Raw 的行家！

开始起步：全屏切换

不管使用哪一种相关联的 Adobe 应用软件，当你试图打开一张原始格式文件的时候，Adobe Camera Raw 都会自动开启。

如果对话框太小，你可以用全屏显示。点击"f"或者使用直方图左边的按钮就能完成。

图像调整选项卡上的按钮

图像调整选项卡的外观大致如此，位于 Adobe Camera Raw 对话框中。出现在右上角直方图的正下方。

基本：在这里你可以完成 Adobe Camera Raw 中的大部分工作。你可以调整总体颜色、曝光、亮度和锐度。先了解这个选项卡。在第 6.5 至 6.11 小节我们会深入讨论。

色调曲线：这部分很专业的，但你肯定不想错过它。用它可以精确调整各项色调指数。

细节：这个键用来保存图片，并调出焦距微调界面。没有降噪功能，就做不出让人满意的作品。

HSL/灰度：这个键提供对色彩、饱和度和亮度细调功能，它很有意思，我们可以把照片区块中单色过强的部分选出来，将其转为灰度模式，单独调整。我们会在 6.14、6.15 小节详细讲述这个过程。

色调分离：这个键可以让你调整亮部和暗部的色调以及饱和度。更多信息请参考 6.17 小节。

镜头校正：在 2.14 和 2.27 小节，我们讨论过色差和模糊圈。这个键可以修正镜头造成的色差和模糊圈。更多信息详见 6.18 小节。

镜头校准：你的 Adobe Camera Raw 文件和镜头中所见可能有差异，用这个键调整。更多信息详见 6.18 小节。

6.4　直方图

现在我们来谈谈 Adobe Camera Raw 在图像的后期制作中直方图的地位至关重要，你必须掌握它。

对直方图有所了解后，你对曝光的认识会更深刻。

制图业的一大发明就是直方图。过去，直方图只是普通的柱状统计图表，它用多列图形将数值形象、直观地表达出来。比如统计投票男女比例的时候，各用一列代表男女。

照片的直方图原理也是一样。它用图形化来表达灰度值，从 0 到最高 255，0 代表黑，255 代表白。

图中，横轴是灰度，每种灰度的数值用纵轴表示。

直方图在哪看？

以我们熟悉的尼康数码单反相机为例，有时候按环状键会把直方图意外地按出来。（如果用的是另一个牌子，请参照你的说明书。）

试拍一张照片，按下回放键（有一个框框罩着一个箭头那个），向右按环状键，图像上会出现混合直方图。如果照片不止一张，上下按环状键切换照片，直方图也

尼康相机的灰阶直方图。

会跟着切换。

向左按环状键，取消直方图显示。

合适的曝光

理想状态下，直方图里不包含过度曝光或失去的高光，也不存在曝光不足导致阴影细节缺失。如果在数码相机上，后者是产生噪点的原因。

一般情况下直方状图总是右边高于左边，这表明不必过分担心过度曝光。

过度曝光的直方图右边稍高于左边，曝光不足的直方图左边高于右边，这两种情况都要避免，直方图不应该向两边集中。

直方图的整体外形不重要，它只和总色调有关。

全死白

除了灰度水平，还可以检查其他颜色问题，比如全死白和细节缺失。

以尼康相机为例，向右按环形键即可调出灰度的直方图；再按两下可以调出三原色直方图，分别显示红绿蓝的数值，这时灰度直方图退到一边，用黄色表示。

原始档案柱状图的精度

有传言说，原始档案的直方图精度不够。我们用尼康 dslr 相机测试了一遍，发现无论是原始格式 raw、jpg 还是 tif，效果都是一致的。

高光过曝

回放键的另一好处是，可以显示高光哪里过曝。调整时，把灰度直方图和 RGB 直方图叠加，就能得到一个很有用的高光指示器。

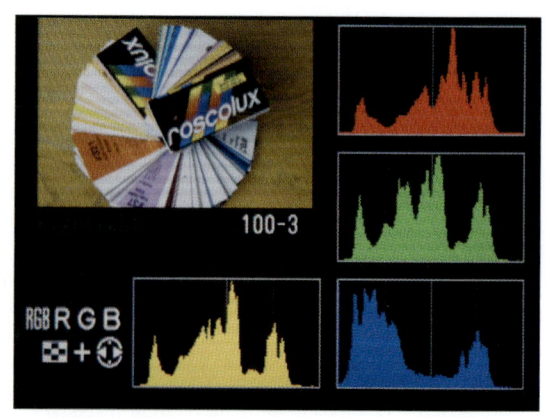

尼康相机的 RGB 直方图。

做个实验，用分阶段曝光法五张连拍，每张相差一个光圈，第三张恰好在中间。

现在连续翻页，观察那些过度曝光的照片的焦点，那些过度曝光的区域提醒你以后类似情况可能产生的问题。

6.5 原始文件的直方图

Adobe 公司提供的 Adobe Camera Raw 软件对应 raw 格式，它的直方图和我们前两页讨论过的没有任何不同。它用对应的条形高度形象地表达每一亮度级包含的像素数目。

通常，如果每一级光亮度的值都有对应的柱条，照片就算是合格了。因为这表示照片充分利用了所有的色调。如果直方图显示色调没有被充分利用，那么很有可能是照片存在反差不足的问题。

ACR 直方图与众不同的地方在于，它是可变的，只要你修改了照片，直方图就会忠实地把差异图形化地表达出来。另外一点不同就是，Adobe Camera Raw 的 RGB 直方图是合并显示的。

如果你看见白色，就说明三原色混在一起了。如果是黄色，品红色，或蓝绿色，代表两色混合。具体来说，黄色等于红加绿，品红色等于红加蓝，蓝绿色就是蓝加绿。

曝光和剪裁

如果想实际观察一下过程，只要把曝光滑块向任一方向滑动，直方图就会向相应的方向升高或降低。

关掉高光区剪裁界面，它在直方图的右上方用小三角形表示，按一下它就行，或按键盘的 O 键切换。然后调整焦点显示为红色，表示高光区剪裁已经被关掉。

使用快捷键 U 或左上角的三角形打开阴影区剪裁，阴影调整显示为蓝色。

要迅速找准蓝色或红色并不容易，有一个小诀窍是：如果你只想看看过程，可以在手动调准时按住 ALT 键不放。

记得最后要点取消键，否则你的照片就完了。

上图是正常效果，下图是+1档　　上图是−1档，下图是剪裁打开后的效果

RGB 和元数据

选中上一幅照片，随意移动指针，注意柱状图下面的 RGB 数据有何变化。数据变化代表你的指针所指位置的色值。

在你评估曝光值和选择焦距时，照片的元数据可以作参考。元数据在三原色信息的右边。如果快门速度或光圈不合你意，仔细检查一下照明哪里有问题。

6.6 白平衡

在 Adobe Camera Raw 中打开一张照片，可以查到拍摄时相机的白平衡设置数值。理论上，预设的白平衡就可以，结果让人满意。如果你对它不是完全满意，想调整，没关系，Adobe Camera Raw 就是用来做这个的。你只需要微调或只是想了解如何用 ACR 为同一张照片加上不同的效果，你都可以从下文找到答案。

工作流选项

Adobe Camera Raw 对话框的底部中间部分有一条线，记录了照片的色彩空间、色阶、分辨率和占用存储空间大小。现有的工作流选项就是这些，如果想改变浏览方式，单击这条线。

在相机原始文件选项的底部，可以对工作流程选项进行设置。

Adobe Camera Raw 的色彩空间和 Photoshop 的 RGB 工作空间理论上是一样的。显示中的照片的工作空间和相机监视屏上的应该是同一张。如果找不到工作空间，请用 ProPhoto RGB，之后用 Photoshop 打开时要先转换一下文件格式。

首先，Adobe Camera Raw 显示的照片大小等于相机拍摄时的尺寸。如 4.7 小节所述，你可以上升或下降采样。推荐使用目录里用星号标示的尺寸。

分辨率选高或选低并不会改变照片文件的大小，它只会改变尺寸。如果分辨率仅有 72ppi（每英寸 72 像素），照片会变得很大，而 ppi 高达 2400 的时候又会变得很小，但无论怎么变，占用空间和总像素是不会变的。这跟 Photoshop 的图像尺寸选项很类似：你可以设置分辨率和尺寸，但无法选择其他选项。

手动工具

预览的时候，我们建议用户建立新工作空间，这样的好处是如果用实际大小预览，每一个改变细节都可以看得很清楚。在用 Adobe Camera Raw 时，用手动工具检视图片效果最好。

点击最上方工具栏的手动选项，或使用快捷键 h。

日光	5500 K/+10
多云	6500 K/+10
阴影	7500 K/+10
钨丝灯	2850 K/+10
荧光灯	3800 K/+21
闪光灯	5500 K/+0

探索色温和 tint

可选的色温如右：

增加 tint 偏品红色，减少 tint 偏绿色

白平衡工具

选择色温另有蹊径。使用快捷键 i，或点击白平衡工具栏，它的图案长得像装着灰色液体的眼药水滴管。

颜色取样工具

它在白平衡工具栏的右边，功能是帮助用户选取照片特定区域的颜色，最多可选 9 种。用颜色取样工具栏下面的读数来量化所选色的 RGB。可以拖动读数。颜色取样的快捷键是 s。

在下两页中，观察各种色温和 tint 的效果。

6.7 色温和 tint

请用这些例子进一步探索色温和着色功能的潜力。将设置好的数值应用到你自己的照片上。继续尝试，看看一张照片能发掘出多少种新的视觉效果来。

记住，人眼对色温并不敏感，体现在照片效果上就是，如果调整幅度太小，前后的差别可以忽略不计。（更多信息在前面的 2.40 小节）

上图与前一页上的图是一致的，但这只是我们的选择。你可能会更喜欢下一页相邻几张的效果。

上图为：拍摄时的设定，下图为自动。

上图为+10色温，下图为−10色温。

6.8 色调

迄今为止我们已经讨论了曝光、亮度和对比度,他们都可以归于一个更抽象的概念:色调。如果你不记得它们是如何被统一到色调概念之下的,请翻回1.19。

色调还包括修复、辅助光和暗光,具体内容在下两页。

曝光和亮度

关于对比度和亮度,每一个职业图像制作人都可以说出它们的区别。因为自童年起,我们就已经在电视机上见过它们的效果了。而且,只要有过哪怕一点点摄影经历,都知道曝光和快门速度还有光圈数有关系(其实还和光敏度有关)。

但是关于曝光和亮度的差别,即使是经验丰富的职业摄影人也很难说全。

曝光主要和明度有关,明度又和光圈有很大关系。所以它们之间的关系是联动的,曝光加1档等于光圈数从8调到5.6,而曝光减1档类似于光圈数从4调到5.6。

用调整光圈来弥补曝光的想法并不现实。如果一张照片曝光过度,那么无论怎么调整,出来的效果都惨不忍睹。

曝光度会对高光和阴影有所影响;降低曝光时会压缩高光、扩大阴影。

在学习亮度前,最好先接触曝光、修复和暗部。想要获得最佳效果,就要慎调亮度。

校正曝光后佩吉的面部色调更为饱满

校正曝亮部后产生了高光

第六章 原始文件和扫描胶片

默认和自动模式

色调可以随便调,不必担心调不回来,只要你愿意,点击默认按钮,一切就会回到最初的默认状态。

自动模式作为学习工具非常好用。Adobe Camera Raw 的新手应该多用它。仔细观察自动模式下的效果,尝试进一步调整直至获得更满意的效果。把自动模式当做你进步的起点。

对比度

对比度的默认设定位置在可调范围的中间。调整它不影响阴影以及高光。有经验的 Photoshop 高手会先处理曝光、暗部和亮度,再来关心对比度的问题。

6.9 修复、辅助光和暗部

Adobe 公司于 2007 年 3 月公开了第三代 creative 套装的三个新功能,这意味着数字图片界获得了光线运用的新法宝。

修复

在以前,如果你把高光区搞砸了,想补救,那么除非你有一些幸存的影像,否则基本上是不可能了。

修复功能是抢救高亮区细节的最后一根稻草。使用 Adobe Camera Raw,可以修复部分细节,或最多修正最高两种过度曝光成白色的原色。

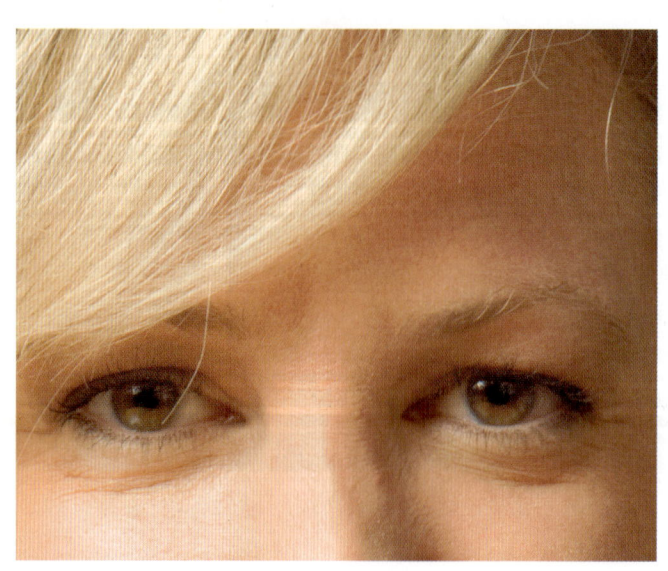

提高辅助光,从 0 调到 35,移除模特眼睛周围的部分阴影,新图片效果和右图会非常不同。

辅助光

我们都爱 Adobe Camera Raw 神奇的新功能，但它也不是万能的。

由辅助光造成的噪点可能超出你的忍受限度。

其次，它复杂的补救功能会把照片变得过于锐利。

辅助光可以修复阴影区域的细节，而且靠的不是把暗部亮度提高，而是重新构造了这些细节。

暗部

以下讲讲如何艳丽度，令照片更丰富。

用暗部制造对比反差效果。保持中色调和高光不动，调节阴影，最终效果会大幅提升，非常惊人，实地拍摄时基本不可能做得到这一点。

把暗部从4增加到15，消除背景，给模特增加一点神秘感，但代价是牺牲了部分阴影细节。

6.10 清晰度

Adobe Camera Raw 的清晰度概念和 Photoshop 的模糊掩盖锐化（编辑注：USM 锐化）差不多，这项技术可用来修复老照片。

好照片总是让人爱不释手，但经常把玩观摩会在照片上产生微粒，微粒一旦产生就不可能消除。

清晰度可以调高，也可以调低以消除噪点。但在这方面它不是最好的办法。

我们认为，最佳组合是用 Adobe Camera Raw 生成 tif 文件，再用 Photoshop 完成处理。一切准备就绪后，最后一步就是使用 USM 锐化。

把清晰度调到最高100，照片的锐利感确实增加了。颜色特质被改变，颗粒感也出来了。

6.11 自然饱和度、饱和度

Adobe Camera Raw 提供的两种非常强大的工具。

色纯度

自然饱和度以及饱和度体现了色彩的纯净程度，最高可接近百分之百。这在调整饱和度方面提供了很大的发挥空间，动手实践，看看能把八种颜色的亮度、灰度还有明度调制出什么效果。

自然饱和度

处理色纯度的时候，照片内容是个关键因素。自然饱和度正是摄影师梦寐以求的工具。它可以防止肤色过饱和。颜色的饱和度达到最大时，图像被选择的区域被最小化。自然饱和度能处理饱和不足的颜色，其他的颜色则不受影响。

饱和度

和自然饱和度有所区别的是，它不是对局部起作用，调整饱和度造成影响是整体的、均衡的。在最低值 –100，照片变成单色，在最高值 100，饱和度加倍。

饱和度调高到46，上图的秋叶和下图保持一致。

6.12 色调曲线

色调曲线被认为是 Adobe Camera Raw 最难掌握的功能。然而，如果你真的精通了其中的技巧，就能大幅提升色调和对比度的处理速度，其他任何工具都难以企及。所以，如果你想让自己越来越专业，请勇敢地尝试使用这一功能。

曲线面板在基本面板的右侧，在使用它以前，先把基本面板的工作收尾。

Adobe Camera Raw 的色调曲线和 Photoshop 的并不完全是一回事，它没有 Photoshop 的白平衡功能。

请注意，色调曲线面板包括两个工具，一个是参量面板，一个是指针面板。Adobe Camera Raw 使它们更容易操作。

功能

你看到的图片的底部代表了原始色调值，这一点和直方图是类似的。暗色分布左边，右边是较为明亮的颜色。色调值可输入也可输出。从顶部连到底部的是改变后的色调值，黑色分布在底部而白色在顶部。

参数面板

使用参数面板是控制色调的第一步。首先把图片放大到实际尺寸，用手动工具选定一个高光区域。把高光滑块推到最右端。可见屏幕上图片已经发生改变，高光被增亮，上方的彩色直方图反映了这一变化，而从左下角连到右上角的对角线则会产生出一条向顶部拱起的新曲线。

现在尝试把高光滑块滑向左端，看看相反的效果是怎样的。图中可见只有线的上半部受影响。

再来，用同样的步骤处理阴影滑块。效果是只有线的下半部分会向两边运动。高光和阴影曲线固定在中间不动。

用同样的方法调整明暗，会使中心点离开原先的位置。

高光、亮部、暗部和阴影部分构成了该区域的属性。

分离控制

现在你已经比较熟悉这套软件了。然后用图像底部的分离控制进一步深入学习。分离控制的功能是缩小或增大区域属性调整，影响曲线的范围。暗部和亮部首先影响曲线的中间部分。从之前所掌握的内容可知，高光和阴影的影响范围大部分在色调范围的两端。移动指针，试试看会发生什么。

指针面板

首先，把显示模式调回到适合窗口大小，选中指针面板，探索对比度的用法。

对比度功能提供了一组选项，默认是中等对比。接下来看看循序渐进变化的效果，选择强对比时，线上的指针和图像的对比度都发生了改变。

尝试把指针拖到曲线上。留意输入和输出色调值是如何随着拖放变化的。

点击线就可以增加一个指针。如果要取消它，只需拖出界面即可。

指针向上移,则输出变亮,往下移则变暗。指针45°角沿着线走时不会造成任何影响。

6.13 锐化和消除噪点

在谈到 Adobe Camera Raw 时，我们略过了关于锐化的内容，如果最后确实需要进行锐化，把它交给 Photoshop 来处理更好。

在照片的后期处理中，锐化应该是最后一步。如果用 Adobe Camera Raw 处理完以后不打算再作修饰，随即进行锐化也没关系。但实际上，Adobe Camera Raw 并不代表完成了所有调整，摄影者往往还要作一些再修饰，这个时候锐化过的照片就很不合适了，因为它让你很难均匀地修饰照片。

噪点的类型

亮度可以制造噪点，这也就是常说的"灰阶噪点"。它会在你的数字照片上产生颗粒感。连续的单色区域较易发生这种情况。

色度噪点常见于彩色照片。它们悄悄地以彩色颗粒的形式分布在照片的阴影部分。

锐化程度越深，这两种噪点就越明显。

削减噪点

削减噪点的最佳办法是把它们消灭在产生前。更多内容请见第 2.11 小节。

现在，请用 Adobe Camera Raw 打开一幅有噪点的照片，并放大到原始尺寸或其两倍，寻找有颗粒的区域。

在细节面板下（细节面板是第 3 个），调低亮度和颜色，直到零。

如果你已经调高过饱和度和自然饱和度，噪点随时可能闯入你的视线。

这些工具都很好用，但用得越多，照片越柔和，所以要慎用。诀窍是留意工具的当前读数，然后用键盘的上下键慢慢地、逐步地调整读数并观察照片。

噪点会出现在阴影部分，这属于应该修正的纰漏。Adobe Camera Raw 的降噪功能有助于改善噪点问题，但并非万能，可改善范围和照片具体情况有关。

6.14 彩色转黑白

Adobe Camera Raw 提供了非常强大的彩色转黑白工具.

在 HSL 下的灰阶选项里（第 4 个，长得像锯齿的那个）选择 grayscal box。

有了它,你的照片会神奇地从彩色变成黑白。准备好,看看这个神奇的转变如何发生。

用黑白胶卷拍照时，可以在镜头前放一个滤镜影响色调平衡。比如，红滤镜可以把红色、黄色和橘色反射掉，并模糊化蓝绿色。这样拍出来的蓝天白云非常好看。

Adobe Camera Raw 的后期处理提供了滤镜工具包，使得颜色的组合效果不同于黑白胶卷。

用滑块增减红色、橘色、黄色、绿色、浅绿色、蓝色、紫色和品红色。不管在黑白胶卷上动什么手脚，获得的效果都比不上这种方法明显。

如果对调整结果仍然不满意，可以点击自动或默认，重新来过。

在下边的例图中，我们把蓝色的天空变成了阴天。

彩色原图。

自动模式下得到的黑白照片。

6.15 色相、饱和度以及亮度

Adobe Camera Raw 有三个同等重要的图像加强工具。它们非常强大，用户使用时应选择原图大小显示图片，以获得最佳效果并避免出现问题。HSL（色相、饱和度和亮度）有时候也被称作 LCH（亮度、浓度和色度）。它们都是一样的颜色模式（更多有关颜色模式的内容详见 4.2 小节）。

色相

用滑块任意调整红色、橘色、黄色、绿色、浅绿色、蓝色、紫色和品红色。它们改变则选中物体的颜色也跟着发生戏剧性的变化。只要你把红色的滑块调到最右边，红色的西红柿可以变成白色夹杂橘色。如果调到最左边，它就会变成品红。这个工具非常适合用来修正色彩。

饱和度

3 个工具选项共用一套滑块组合。只不过色调模式下的范围值和饱和度模式下不同。饱和度的滑块越是往右，颜色就越纯，反之，颜色就越杂。

如果要把白蓝色的天空变得比之前更鲜亮，这个工具最合适不过了。

增加饱和度时，要仔细观察是否产生了噪点。

亮度

当亮度增加时，所有东西看起来都会变得更鲜明。如果本该鲜明的色彩在照片上没有达到原先设计的效果，用这个工具调整一下就行。

记住，和 Photoshop 里只影响选定区域不同的是，它的作用是全局的。所以假设有辆绿色的车停在建筑门口，如果你增加了绿色的亮度，那么绿车也会变得更绿。

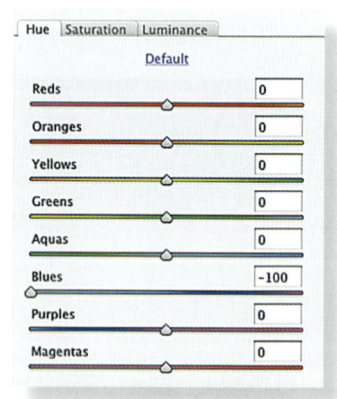

要把埃莉的衬衫变成浅绿色，只要移动蓝色调滑块就行，如下图所示。

只要简单地把蓝色调控制条移到最左段（如上面所示），就可以把埃莉的蓝色衬衫改成浅绿。然后，把紫色调控制条移到相反的顶端，衬衫又变成了紫色。也就是说，我们可以制造出一系列色彩。

6.16　色调分离：高光与阴影

这个工具非常棒！有了它，你可以把特定区域挑出来单独调整颜色的饱和度。

这个工具同样需要在原始大小模式下运行，以便及时发现任何噪点的生成或其他不必要的变化。

首先，选中图案为两个方框的那个面板。

下一步，在预览窗口里手动选择一块区域（快捷键 h），这块区域或是颜色过亮，或是阴影处饱和度不够。

无论是哪一种，点击它，移动色相滑块，它会改变选中区域的饱和度，使其接近你想要的效果。

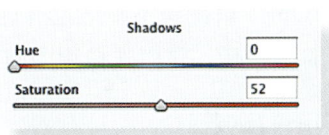

现在左右移动饱和度滑块，直至获得你想要的效果。

同时，你也可以使用色相滑块，以极小的幅度来慢慢调整照片。留意框里的改变数值，使用键盘的上下键调整也是一种好办法。

左图是原图，经过分离色调滑块调整饱和度以后，获得了右图效果。

第六章 原始文件和扫描胶片　　199

6.17 镜头修正和相机校准

我们在 2.14 和 2.27 小节曾讨论过如何设计镜头,来克服自然光的影响。然而,镜头的干扰是不可避免的,只能具体问题具体分析解决。

色差

使用长焦镜头时可能发生色差,实质是一种彩色边纹现象。如果你仔细检查照片,可能会发现在某个物体的边缘发现本不应该存在的彩色条纹。这种现象很少见。在色差影响下,红色被转化为草绿色,蓝色转化为黄色。

找到镜头下角圆形的那个面板,它可以选择并消除所有高亮边缘,观察效果时务必选择合适的放大模式。

晕映

我们在 2.27 小节谈过这种光学现象。不过,本书作者从未亲身实践过制造晕映,所以有点好笑的是,我们居然拿不出一张例图来说明它。

假设有一张存在晕映的照片,Adobe Camera Raw 可以修正上面的黑色边缘。如果你的广角镜头不幸地也有这个毛病,而且数值确定以后,可以选择用中间状态批量修正。

相机校准

Adobe Camera Raw 支持的相机多得惊人。市场上只要有新款相机问世,Adobe Camera Raw 的版本就会随之升级。

Adobe Camera Raw 的渲染功能通吃各种相机的文件格式,我们在这方面从来没遇过麻烦。

如果你对 Adobe Camera Raw 的渲染效果还不满意,点击最后一个面板上的第二个选项,印有相机图标的那个。你可以创建自己的校准模式并保存备用。

所有的 Adobe Camera Raw 工具都有保存和导入设定的功能,菜单的最右端是一个箭头,上面有该功能的名字。点击按住不放,会

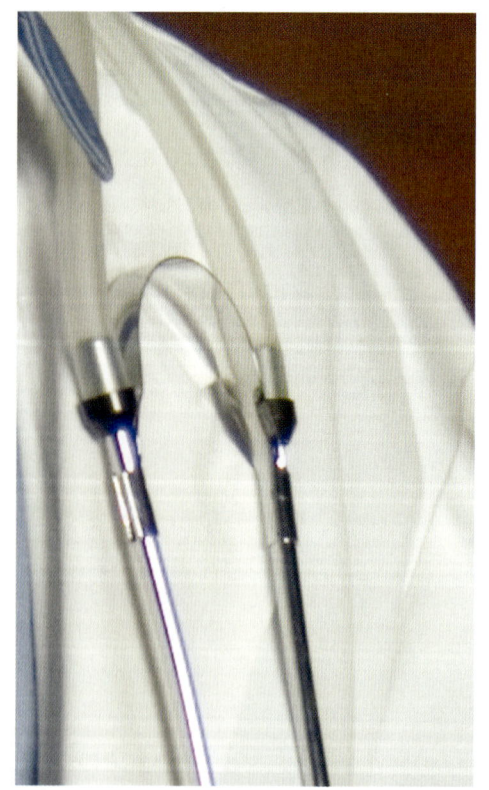

图中医生的肩膀和听诊器上可见蓝色边缘,用 Adobe Camera Raw 提供的 raw 文件色差工具可以很容易地修正它们。

跳出一个目录。选择保存设置，如果下次需要重复利用，用同样步骤选择导入设置即可。

6.18 从胶卷到数字化：扫描

如今，除非以前从未接触过摄影的人，否则一般情况下摄影师都是从传统相机起步的，这意味着影像库里的照片必然来自冲印的胶卷，它们将充实摄影师不断扩大的数字影像仓库，成为它的一部分。Adobe Camera Raw 可以帮你直接编辑数码相机拍下的原始文件，所以，只要把你收藏的传统相片转换为更易于保存的数字格式，你也可以任由编辑修改它们。

滚筒扫描仪

正如这一章曾提过的，胶卷扫描曾是属于滚筒扫描仪的独有功能。

我们也曾拥有过一台滚筒扫描仪。

4×5 英寸、8×10 英寸的照片经过滚筒扫描器处理，效果非常好。我们把它放进一个玻璃制圆柱体中——也就是所谓的滚筒，然后将滚筒放进一个金属盒子并盖上盖子，当扫描仪开始旋转加速时，光电倍增管也绕着滚筒开始旋转，通过滚筒发出的光，读取记录影像的那一面的数据。同时为了安全和稳定，有必要在扫描仪工作时用 35mm 胶带捆住固定。

如果你的工作室负担不起这种怪物级别的机器，那就只能把东西送到能提供扫描服务的地方，如果对方不忙，当天晚些时候就可以拿到成品，否则还要多等几天。

时代在进步，桌面扫描技术在发展，过去只能由珍稀的大家伙完成的扫描任务，现在交给比摄影包还小的扫描仪也没问题了，而且扫描质量还好得多。

胶片扫描仪

其实滚筒扫描仪还没有完全过时，还有为数不少没有退役。但新品有价格优势，现在最好的胶片扫描仪价格甚至比过去摄影人数码化一小部分收藏的扫描费用还要低。

正如这一章关于 Adobe Camera Raw 的篇幅里讲的那样，后期处理和主观判断有关系。照片是你自己的，你当然希望从扫描开始到结束，都是自己来决定、修改，而不是再用 Photoshop 去修正别人的扫描结果。

原始文件一旦被扫描成 tif 格式，基本格局也就定下来了，而扫描前还能留有无限的想象空间。设定扫描仪的这段时间，也是决策最不受限制的时候。

扫描仪是什么？

扫描仪可以被认为是固定在盒子里的相机。数字单反相机的大部分元素它都具备。首先它配备了传感器，以及镜头。扫描仪内自带光源。只不过和相机相反，不再是光照在底片上，而是光从底片照向镜头。

CCD：charge-coupled device（电荷耦合元件）

扫描仪和数码相机一样，都配备了传感器。扫描仪对传感器的要求更高。数码相机用互补金属氧化半导体（CMOS），滚筒扫描仪用光电增倍管（PMT），而现在的绝大部分桌面扫描仪采用的是 CCD。CCD 的工作模式和 CMOS 有不同，但基本原理是一样的。

扫描仪用的 CCD 规格很高。便宜的数码相机会配备低规格的 CCD。

分辨率

扫描仪的实际分辨率比那些最高级的单反相机还要高。尼康 D3 相机的最高分辨率是 4256×2832 像素，而尼康 Super Coolscan 9000Ed 扫描仪在扫描一张 36×24mm 的照片时，可获得 5413×3608 像素的分辨率，比数码相机高 27% 左右。

这并不是说单反相机就不如扫描仪。相机工作时，光线从镜头直接投向传感器，拍摄出的图片锐利清晰，而扫描仪不得不依靠胶片作光传导的中介，所以不可避免地在传导中损失了一部分细节。

高端扫描仪的分辨率至少在 4000ppi 以上。

有些扫描仪的说明书标称分辨率达到了 4000ppi，但实际上这 4000ppi 是人为强行拉高的。内建光学传感器对扫描结果清晰与否至关重要。

有些人会把本来只有 1000ppi 的传感器改装成 2000ppi 或 4000ppi，这样扫描出来的照片效果提高明显，毕竟名义上分辨率是提高了。但如果要进行后期处理，这种照片就会露出马脚。

请继续关注进一步的内容。

镜片

镜头是扫描仪的灵魂。扫描仪的镜头比相机镜头更高端。

扫描仪镜头如果存在球面像差的问题，则扫描质量堪忧。扫描仪的光学特性应该尽可能完美。

色阶和动态范围

扫描仪比相机更难伺候的原因之一是它不固定色阶，需要手动设定，这方面的内容我们在4.4小节讨论过。对扫描仪来说，数码照片的色阶决定了颜色的数目。扫描仪使用转换器将传统模拟相片转换为数码照片，CCD镜头把接收到的光传给转换器，由转换器决定亮度级数并转化为数字格式的相片。

8×8位色深的扫描仪可以制造256种颜色的像素，它用8位代表一种颜色。扫描仪设计时以我们肉眼看到的三原色世界为标准，它有256种红、256种绿、256种蓝，三种相乘，总计可提供1670万种颜色组合。这个数字和人眼的分辨能力最相近。

平均每个颜色8位，总计24位。

扫描仪的动态范围有时候也被称为"光位深度"或"色调范围"。它代表扫描仪能读取的颜色极限，从最亮到最暗。动态范围越大，照片的亮点和阴影细节就越丰富。为了让照片质量更高，获得更大的动态范围，有必要保留亮点和阴影的细节。如果扫描仪色阶指标高，但动态范围窄，那么它对光暗的表现是乏善可陈的。

如果照片本身的动态范围就很高，那么你必须找一台高端扫描仪，否则扫描结果会失真。

尼康扫描仪最小可以扫描16mm胶片，最大可以达到中等规格。硬件里已经固化了数字ICE功能以提高照片清洁度。

平板扫描仪？

这种扫描仪专为扫描不透明材料而设计，胶片的附件有时候是不透明的。平板扫描仪用箍缩激光器抓取图像，几乎没有它们不能扫的。但平板扫描仪不能取代普通扫描仪，和滚筒扫描仪一样，它对光源的要求也非常高。

评估扫描

如何判断扫描仪能否胜任？

指定一张清单，一项一项分别判断。

青菜萝卜各有所爱，对照片的评判标准也一样。

· 图像是否锐利？在放大模式下，图片是否还和普通模式下一样？

· 照片的对比度和自然饱和度是否和原件一样？

· 能否忠实还原原件色彩？出色的照片都是有独一无二个性的，对此扫描仪很难做到百分之百的还原，但至少可以检查一下，扫描出来的绿色和原件的绿色是否相近？

· 如果原件本身就带有颗粒感，扫描仪能否还原它们？

· 原件的瑕疵有没有得到弥补？扫描结果是否仍然带着划痕、蒙尘或其他缺陷？

· 有没有表现出所有明暗细节？会不会有些亮部被调暗了？胶片上最细微处的阴影细节是否得到保留，还是被刷掉了？

· 扫描能否改善原件的瑕疵？亮度、对比度和饱和度还和原件一样吗？你希望扫描仪能刷出新的色彩风格吗，如果是的，目的达到了没有？

插值

对那些已经用了很多年扫描仪的人来说，很可能长期抱持着一个错误概念，但因为它实在太普遍，以致大家都习以为常了，这个概念就是差值。

真相只有一个。

如果已知数据的两端，并在其中插入新的东西，那么就要估算中间点在哪里。这就是插值。

无论是上升采样还是下降采样，都会碰到插值问题。我们必须事先预计需要多大的图片，像素是否需要删减或添加。当你重新取样的时候，照片已经被修改了。在上升采样时，实质是建立了一些需要填充的空像素；而在下降采样时，有些像素已经被标记为删除状态，剩下的像素被改变以弥补其中差额。

结语

以上是关于扫描仪的全部内容。你需要每张照片都重新扫描以满足特殊需要吗，还是扫得越大越好、越多越好呢，你曾经下降采样或上升采样过吗？

在第四章中，我们用结语概括了有关"光线、颜色及其应用"的一切，关于扫描也可以有个结语。为网页扫描和为出版物的跨页图扫描是不同的。前者的像素只需72ppi即可，后者则要求300ppi。尺寸要求也不一样，网页扫描有1英寸就够，还不到后者要求的1/17。

建立数字影像库时，更多的是考虑实用性。

如果数字影像库非常庞大，我们会选择将图像最大扫描并多重取样。

用之前提到的尼康Super Coolscan 9000Ed扫描仪，可以扫出300ppi的照片，可满足18×12英寸的出版印刷需求。如果用喷墨式打印机，分辨率降低一半至150ppi，则改成3×2英寸。

还不错。

6.19　扫描工具

如果把扫描仪比作躯干，那它没有大脑就什么也干不成。软件就是扫描仪的大脑。

购买扫描仪时，不要眼睛只盯着硬件配置。高配扫描仪却装了不合适的软件，这种情况非常多。

除了那些能让使用扫描仪的人运用自如的软件以外，不应该用别的软件。你能拍出很好的照片，如果要在竞争激烈的摄影市场中发挥全部潜力，就应该配最好的扫描软件。

工作台上的胶片夹

用户从安好新扫描仪的第一天起，就应该让扫描仪的胶片夹尽可能干净。灰尘是扫描仪的敌人，布满灰尘的外壳只会更加损害扫描仪。大部分专业的扫描仪使用者都会保持工作环境清洁。

遵循以下扫描流程：

1、清除扫描仪和工作站的灰尘。

2、把支架从抽屉里拆出来，去掉它的保护袋。

3、用小刷子清扫支架。

4、清扫胶片以后装进支架里。

5、扫描。

6、把胶片放回页中，随即把页装回到抽屉里。

7、随即把支架装好并放回抽屉里。

感光乳剂

现在的人已经习惯于数码照片，忘记了胶卷的独特价值。

胶卷有独立的两面，反光的一面是片基，暗哑的一面涂了感光乳剂，用来记录影像。如果放到强光下观察，在某个特定角度时可以看到感光面有几层微微堆起的浮雕样物质。

安装胶卷时，感光面应该朝下，这个做法和过去暗房时代放大照片时是一样的。

现在的扫描仪功能已经非常强大，即使你的胶卷摆得不对也可以获得不错的扫描效果，但不是所有的扫描软件都支持这个功能。

运用你已有的知识

本书讨论扫描软件时，是以尼康coolscan扫描仪自带的扫描程序为例。如果你用另一个牌子的扫描仪也没关系，因为工具设定有些是近似的。

如果你的扫描仪自带程序不好用，也可以找些和你的电脑、扫描仪兼容的第三方扫描软件，它们往往功能比原装程序更强大也更易用。（看到这里，也许你是时

左图是尼康的扫描界面，在上方留了一小部分空间，可以预览五张图片。下图是尼康的扫描工具调色板。

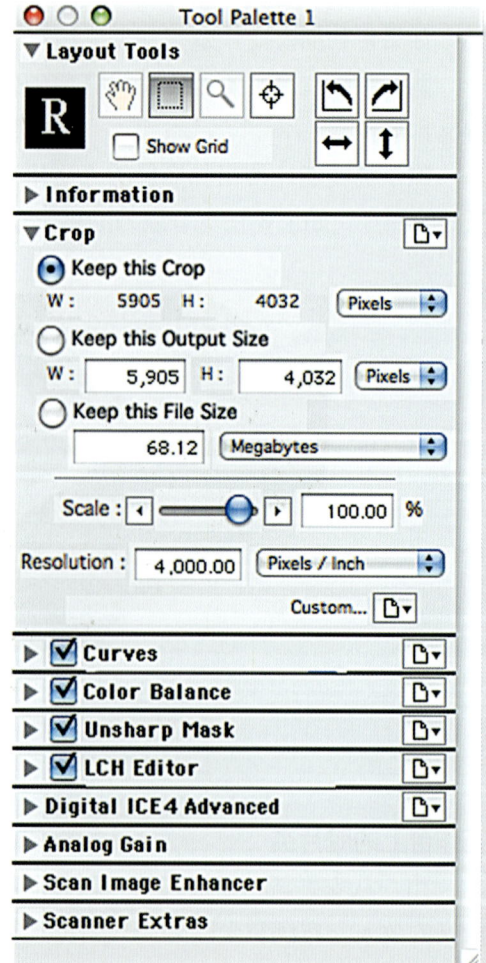

候重新评估自己的旧扫描仪能否胜任建立专业级影像库的要求了，如果答案是否，考虑下要不要买新的。）

将曲线调至合适的位置

以下用四张例图说明扫描时如何用曲线图改进成像质量。

在 6.12 小节，我们讲到了 Adobe Camera Raw 的色调曲线。扫描软件的工作原理其实相当类似，尼康的扫描仪提供了一些简单易用的上手工具。

在工具面板上有三个白平衡选项，如果觉得扫描结果的预览看起来不错，就可以开

原始文件扫描

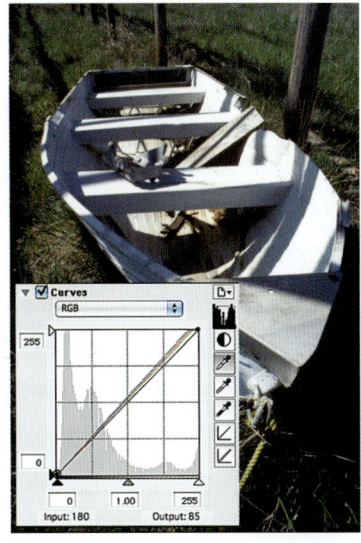
白色滴管

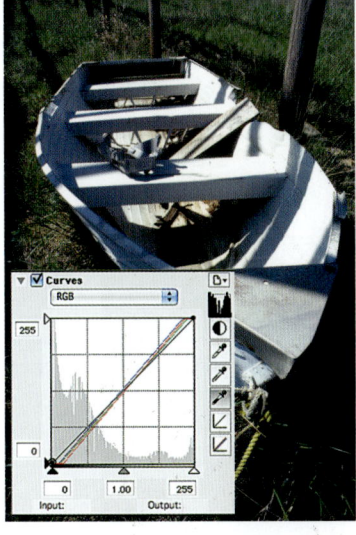
黑色滴管

灰色滴管

始使用它们以获得更好的效果。

找到相片的白色部分并且用白色滴管处理它。注意曲线是如何生成三条新曲线的，这三条新曲线就是照片的三原色曲线。现在对照片的暗点重复这一过程，再下一步则是灰色部分。每一次处理时，图片的成像质量应该都会改进一点。

如果觉得不满意，按滴管下面的两个按钮可以放弃前面的结果从头再来。第一个按钮是重设当前曲线，第二个是重设所有曲线。

按下直方图按钮，可以看到改变的成果。

亮度、色度和色彩编辑 (LCH)

我们在 6.15 小节讨论过色相、饱和度和亮度（HSL）的各种同义概念。HSL 和 LCH 近似等价。Adobe 的照明（lumination）近似于尼康的明度（lightness），在这个程序中饱和度（saturation）也被称作色度（chroma）。（更多有关颜色模式的内容请见 4.2 小节）

在某种程度上，亮度及饱和度面板和曲线图面板非常相似。正如我们在 6.12 小节讨论过的那样，在 Adobe Camera Raw 中和在扫描软件里，暗点、白点以及图像下方中间的反差的使用方法是一样的。

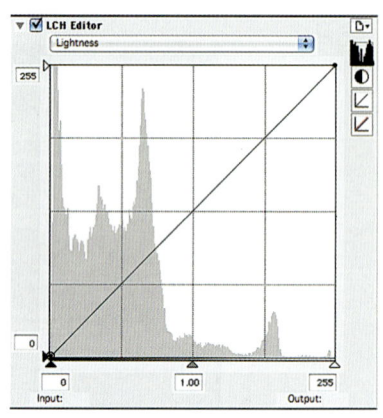

LCH编辑器

色相也一样，它由图像中间穿过的水平线控制，移动线上的点就可以实现调整。图像底部的滑块为可适用范围提供了进一步的额外的余地。

数码 ICE

和童年珍宝一样，时间一长，即使再小心仔细呵护，在你的胶卷一次一次地在暗房、展示厅、服务厅之间辗转，损伤总是无可避免的，无论怎么用气吹清洁它，都不可能做到百分之百的清洁。

上一页照片中的铁栏杆就是一个好例子。这张照片已经有年头了。

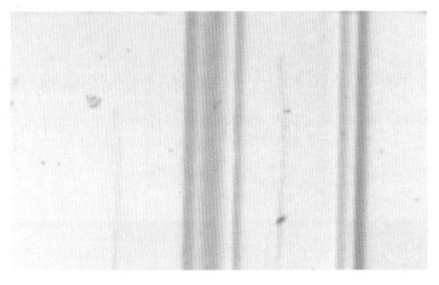

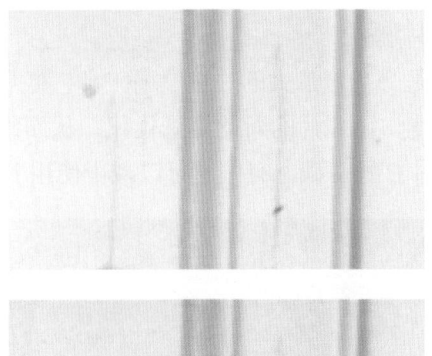

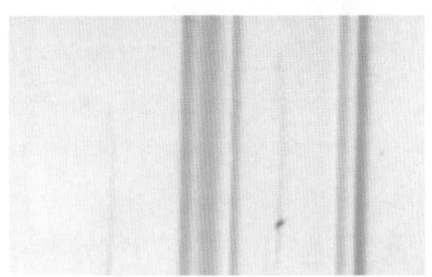

这三张扫描结果如图所示，文字上方是未经修正的原始扫描图，在它右边是第一次使用ICE修正的结果图，效果一般，文字右边是第二次使用ICE驱除灰尘和杂质的效果。全过程都是在扫描仪工作时自动完成的。

　　如果保持当前尺寸，验看结果还不错。但是，仔细观察上面三幅原始文件扫描图，应用了一次ICE技术以后略有改善，连用两次方能取得理想效果。

　　数字ICE可以反复修正瑕疵。ICE是"图像修正和增强"（Image Correction & Enhancement）的首字母组合。这项技术首先由软件爱好者提出，最初被科幻小说借鉴过，现在柯达的奥斯汀发展中心（Austin Development Center）将其实用化。

　　除了ICE，还有ROC、GEM和DEE等多种照片修正技术。

　　设计扫描仪时这些技术就已经被集成进去，优先用于照片的后期处理，意思是照片被扫描以后再由软件自动过一道，清理杂质。而ICE不同之处在于它作为扫描仪提供的可选功能存在。

　　ICE的主要功能是移除照片上的蒙尘和划痕。当然，也可以用Photoshop手动达到同样效果。ICE可以取代人力，而且速度还快多了。ICE可以设置成普通和更佳两种模式，一般是两种一起用，然后择优选取。

　　数字ROC（颜色复位）对褪色的彩色胶卷有很好的效果。现在这项技术已经开始广受欢迎，数字影像店里购买这项服务的很多。

　　数字GEM负责处理减少胶卷颗粒的问题，它有四个清除等级。有些老照片用的是快速胶卷，颗粒水平在过去尚算可以接受，但不符合现在的标准，有了GEM的帮助，这些老照片就可以被重新利用。

　　数字DEE（动态曝光延长器）可以把高光和阴影下的细节暴露出来，再用Adobe

Camera Raw 修复和辅助光工具处理。

扫描图片增强

这是一个傻瓜式的一键增强工具。低质量的照片应用后，被自动提高亮度、增加颜色饱和度。让照片的对比度最优化，从而给照片增加生机活力。为下一步用 Photoshop 处理照片打好基础，有了它可以减少使用 Photoshop 的工作量和难度。

顶图没有用颗粒的均化与管理（Digital Grain Equalization & Managemen）——GEM 处理过。底图用调到最高第四级的 GEM 处理过，颗粒较少，但增加了成本。

多重取样扫描

尼康数码单反相机镜头采用的 CMOS 传感器和扫描仪采用的 CCD 传感器有个共同的缺点，它们都会产生噪点，好在多重采样扫描技术有助于消除噪点。扫描次数越多，噪点越少，效果也越接近完美无噪点。共有 5 档可调，1、2、4、8 或 16，直接选最大的 16 次即可。

多重采样扫描的缺点是相当耗时。

模糊掩盖锐化（USM 锐化） 上述几种工具在改善照片观感的同时也会造成一定程度的柔化效应，虽然不至于达到有害的水平，但有了尼康扫描仪提供的 USM 锐化，这个小缺点也是可以修正的。

就目前而言，我们不建议对照片进行锐化处理，除非存在特别的原因使你必须马上完成扫描，而不是用 Photoshop 做进一步修正。

通常，如果不在修饰或增强效果方面多下点工夫，照片不会达到理论上的最佳质量。我们建议把 USM 锐化作为修饰的最后一步。

第七章
环境光

翻过 211 页之后，我们已经了解得够多了，现在来实践一下。这一章主要内容是把我们之前讲过的理论付诸实践。

学习自然光的规律并将其应用在人造光上的第一步是学会如何控制环境光。等你了解了环境光，闪光灯和人造光源用起来会更得心应手。

最重要的是，自然光留给你改造的空间实在不多，只能物尽其用。

在现有条件下工作，等于把创意、熟练技术、找到美景的快乐结合起来，这个过程是很享受的。

无论是温暖的大晴天还是冬夜寒冷的坏天气，摄影师的天职就是把值得拍的风景发掘出来。找到它，充分挖掘它的每一分潜力，让观看照片的人有身临其境之感，恨不能亲身体验一下才好。

获得完美环境光的难点在于时不我待。好时段总是难以持久，所以对摄影师的要求除了迅速还是迅速。

每天都要做到处处留心，保持"审美肌肉"的灵活性，直至自己变成一块海绵，能随时随地从环境中汲取新知。

7.1 清晨

摄影师的天性就是要控制拍摄环境。所有的东西都要计划得好好的。

爱大自然就应该身处其中并拥抱它。晨光就是很好的例子。它展现在你面前，要想把它蕴涵的无数美丽瞬间留下来是非常困难的，时机转瞬即逝。

在一般人的想象中，风景拍摄是这么一回事：某天你醒来发现窗外远处某个地方正适合拍摄，于是跳起来驾车前往。实际上等到达时却已经太晚了。

完全支配自然因素是不可能的，但可以做到部分掌握。开动你的眼睛和耳朵，美景出现是有预兆的，最多可提前 72 小时。

如果觉得某个早上的天气非常不错，记下当时的温度、湿度、露点、云层、风向和风级。天气预报是否说明天还会是一样的好天气？

是什么产生了雾、露或霜？

建立自己的气候站并不需要太多钱，而且效果很不错。它们一年 365 天、全天 24 小时无休地把气象数据记录到你的电脑里，你的气象记录会年复一年地增长。它们还可以提供气候预警。戴维斯仪器仪表公司（Davis Instruments）提供优秀的气象系统设备。

技术派和自然派的摄影师都应该拥有自己的气象站。

技术规格

摄影师
Brian Stoppee

相机
Nikon D2x · ISO: 100 · Shutter Speed: 1/80
自动模式

镜头
AF Zoom-Nikkor 80-400mm f/4.5-5.6D ED @ 122mm
35mm 等效焦距: 183mm @ f/4.8

附件
1 - Gitzo Mountaineer 三脚架
1 - Gitzo 侧向球形云台

后期软件
Adobe Bridge, Camera Raw, and Photoshop

也许你家附近有别人建立的气象站，那么你可以先上网找找免费的气象软件，也可以做到实时气象记录。

如果你已经相当了解气象，也可以去参加高级培训班。我们为（美国）国家气象局（National Weather Service）提供培训。预报有害天气的培训课程叫"地面实测"。通过学习地理，掌握如何发现恶劣天气和提前对此发出警报。依靠气象雷达和网上气象卫星，以及结合电视天气预报，当好天气来临时，我们提前预知的可能性很高。

左图拍摄于1月6日07:29。那之前的一天也曾有过相类似的环境条件。湿度足够，无风，有雾。我们准备睡觉的时候天就放晴了。你可以从气候雷达、网上的卫星云图或者电视里天气预报上查询天气状况。如果这样，我们在前一天就会发现同样极佳的拍摄条件了。

我们对大自然还做不到全知全能，有时候唯一可行的办法就是相信直觉，只管去拍，其他的工作交给自己手中的相机就好了。在这种情况下，技术指标已经没什么关系了，因为你无从下手分析。

那些克服种种困难，拉起一支优秀队伍远赴外景地的摄影人值得尊敬，他们拍下大量照片，希望在实地拍摄中找到完美的气候水文条件。这需要丰富的实践经验和周详的计划才能办到。

7.2 中午＝散射

环境光总是不完美的，只能尽力去改善。你可以自己制造光源，以压过其他躲不开的人造光源，这些人造光源，在环境光影响较小的时候，它会造成不必要的辅助光。还有影响更大的时候，在其干扰下根本没法拍摄。

有时候这种强光环境到处都是，你只能带着拍摄目标躲进阴影处。

在上一页的例图中，抓拍时间是9月2日11:39，对象是一群快乐的跑步爱好者，那天天气温暖。摄像机拍下了他们进入树荫的一刹那。有一人被笼罩在阴影里，另一个处在大量光照下，但观众的注意力都被拉到了前排的两位跑步爱好者身上。他们没有受到阳光直射，但表情和动作无疑向观众传达了他们的喜悦。

正午阳光是很猛烈的，它以零度角直射向我们的头顶，在眼睛下方造成一片阴霾区。有些人的脸和皮肤受热会变得潮湿，那就更糟糕了。这会造成无论采用哪种照明手段，都很难记录下眼窝和面部细节表现。

技术规格
摄影师 Brian Stoppee
导演 Sherrie Hagan
相机 Nikon D2x · ISO: 100 · 快门速度: 1/500 光圈优先
镜头 AF-S VR Zoom-Nikkor 70-200mm f/2.8G IF-ED @ 200mm 35mm 等效焦距: 300mm @ f/3.2
测光表 Gossen Starlite
附件 1 - Gitzo Mountaineer 三脚架 1 - Gitzo 侧向球形云台
后期软件 Adobe Bridge, Camera Raw, and Photoshop
模特 Geoff Salgado Jil Robinson Domenic Scotty George Hambleton

例图拍得非常好，因为拍摄地点是一座跨越古河的木桥。我们高明的女导演选择在桥上的另一边扶手处拍摄，她暗示模特们先后退再起步，以获得更好的速度感和真实感。

这次拍摄是预先计划的，所以模特们会在正确的地方恰恰好进入取景框。拍摄时，从一端到另一端，一秒内连续多次按下快门，这种策略要求快门开闭次数在12次以上。为了准备这次拍摄，我们用同样的步骤设计，分别给每位模特拍摄单独拍。他们可以在群像拍摄时另换行头。

以前提到过，同一目标实现拍摄的方法很多。我们可以选择使用大量辅助光，闪光灯、Monolight、反光伞或排灯，可以实现同样的效果。我们的装备包括大量的Novatron、Chimera和Westcott产品，但问题是，周围附近都找不到插头。

我们最终选择了尼康speedlight，它可以提供很简单的镜头透视效果。为了最优化利用电池，我们还事先做了进一步测试。拍摄现场仅有四名模特，在一天以内完成，我们决定在拍摄前就吃午饭，抓住环境光最好的时候正式开拍。

因为抓住静止瞬间对于拍摄连续动作很重要，我们打开了广角模式，以光圈优先模式拍摄。

7.3 针对不同性别的光源

适用于成年男子的光，应用在妇女和小孩模特身上效果却很差。

光会反映模特的特质。光和拍摄角度有某种心理学意味的关联。

侧光较有男子气概，在某些情况下，不得不引入其他光源来中和一部分。

在上面的例图中，我们把模特弗雷德安排在花岗岩附近。左侧射过来的光线不仅照在他的右半边身体上，也在石头表面上产生了反光，照亮了模特原本处于阴影中的左半边身体。

这种反光是有益的，如果没有它，阴影区域会损失一部分细节。利用反光，可以给原本线条较硬的形象增添绅士气质。

效果是很明显的，比如说，选择从下往上的角度，模特是俯视，镜头则是仰视，这会增强威严感，这对观者造成一种效应，仿佛和模特是父子关系，更增添了威严感，但在反光影响下，这层意味也被大大削弱了。

阴影为模特增加了神秘感。右半侧的部分细节不清晰。这会让观者潜意识里感觉对方还有不为人知的背景。

此外，这种光线也适用于年轻男性。特

技术规格

摄影师
Brian Stoppee

设计师
Tracey Lee

相机
Nikon D2x · ISO: 100 · 快门速度: 1/180
　　　手动模式

镜头
AF-S VR Zoom-Nikkor 70-200mm f/2.8G IF-ED @ 120mm
　　　35mm 等效焦距: 180mm @ f/6.7

测光表
Gossen Starlite

附件
1 - Gitzo Mountaineer三脚架
1 - Gitzo 侧向球形云台

后期软件
Adobe Bridge, Camera Raw, and Photoshop

模特
Fred Iocova

别是在模特面部轮廓柔和的情况。它让年轻的田径运动员表现出稍微超越原有水平的硬朗。

在漫反射光源下拍摄女性会更显漂亮。

在下图中,树荫下的查斯莉脸部焦点比较柔和。阴影整体细节也非常清晰。照片的感官效果是柔和、温柔且富于魅力的。

我们的相机角度稍微高于她的视线。因为美貌的缘故,模特看上去非常有亲和力。对比之下,弗雷德更像是我们必须精神抖擞应对的上司一类人物。而实际上,弗雷德个性非常友善,用同样的光线拍他也会取得好效果。但因为视角不同,就造成了完全不同的视觉效果。

职场女性用仰角拍摄效果比较好。如果诠释得当,保姆和护士也同样适用。

较硬的光线赋予女性的感觉,不一定总是将她们的个性表现得非常阴柔。当处理侧光的时候,另一种办法是在目标和光源之间放散光材料、反射材料或增加闪光灯作为辅助光。所有上述方式都会对光线特质起到软化作用。

7.4 落日前

辛苦工作一天,所幸有太阳下山前的美景可作安慰。此时晚霞正在形成。天上云彩不多,光线较为稳定。光暗细节保存起来比较容易。

我们选择在这个时候拍摄查斯莉荡秋千,色温恰好是5500k,配合等效35毫米胶卷的300mm焦距,f/2.8。

虽然秋千摆动幅度不大，速度也不快，我们还是没有抱着侥幸心理。快门速度在 1/160 s，我们事先做过简单测试以保证它确实适用。

当时已经是 14:26，为了充分利用光照条件，我们把镜头的光圈尽量开大，并设定为光圈优先模式，我们都认为让相机自己判断是最好的，它可以针对时刻变化的环境光做出微调。我们只能选择大光圈，这比依靠提高 ISO 好，因为后者会增加噪点生成的机率。

稍微测试一阵，查斯莉的妆也画好了，换了一套衣服，效果还不错，看起来我们的辛苦是值得的，把照片拍好的责任也更重大了。

> **技术规格**
>
> **摄影师**
> Brian Stoppee
>
> **相机**
> Nikon D2x · ISO: 100 · 快门速度: 1/169
> 　　　　光圈优先
>
> **镜头**
> AF-S VR Zoom-Nikkor 70-200mm f/2.8G IF-ED @ 200mm
> 　　　　35mm 等效焦距: 300mm @ f/2.8
>
> **附件**
> 1 - Gitzo Mountaineer 三脚架
> 1 - Gitzo 侧向球形云台
>
> **后期软件**
> Adobe Bridge, Camera Raw, and Photoshop
>
> **模特**
> Charlsey Kauffman

如果现在不拍完，再过 15 分钟光线不足的时候就很难办了。

如果换成一年中其他月份，或者地点换成北方，现在这个钟点也拍不了。

拍外景时，不仅要让光源覆盖模特，而且必须和环境光线保持一致。眼下，拍摄光源仅比背景光亮半个光圈，已经足够将她从背后广阔的绿草地背景中突显出来。这样的目的是强调照片要表现的重点，但又不过分突出。

查斯莉新换的品红色裙子和绿色背景搭配很好。裙子的颜色和背景中的类似颜色配合起来，造成了双倍效果。秋千吊绳和模特脸部颜色相近，使得整体的色调保持一致。

在放置秋千的大树另一边，我们安装了 8000W 的闪灯，但经过考虑后没有使用。因为这次的场景以动作为优先，天越来越晚了，如果加入人造光源，我们不得不每过几分钟就重新调整计算，以保持人造光和自然光的均衡。这么做很可能导致已经酝酿完毕的轻松快乐氛围被破坏。

要拍出好的效果，必须琢磨模特的情绪，在恰到好处时按下快门。

拍摄需要彼此信任，如果你办到了，在照片里就会自然流露出来。

7.5　夕阳和轮廓

有些摄影教材建议把光源放在拍摄者身后，他们认为"决不可迎着阳光拍摄"。日落时这条法则就不再适用了，但仍需具体问题具体分析。

直视太阳会造成人眼受损。阳光不仅会烧坏视网膜，还同样会对数码相机的传感器有损伤。

而且，阳光还会造成相机对焦失真。

日落时天空呈现大范围的灰色，找到灰度值 18% 的区域，开始取景。

取景时把日落看成时刻变化中的动态光源，这一点和日出是一样的。每一分钟前后情况都有所变化。一分半钟以前的测光表读数可能现在已经不再合适了。

可以肯定的是太阳必将落下，但什么时候出现晚霞确实很费心思。

日落时分很适合给目标添加自我诠释。比如莫奈用暖色弥补太阳落山前天空色调的单一。

在白天的最后时刻，非常适宜让目标呈现无偏色效果。

比如抓拍轮廓。

此时目标变黑，靠近地面的细节在黑暗中湮没了，和天空的明亮形成对比。

这么做给目标建立了一个有魅力的分割形象，把细节留给想象空间。目力未能及处，由想象来弥补。

技术规格

摄影师
Brian Stoppee

相机
Nikon N90s

镜头
AF Zoom-Nikkor 35-70mm f/2.8 @ 35mm

扫描仪
Nikon Super CoolScan 9000 ED

后期软件
Adobe Bridge and Photoshop
Nikon Scan 4

在例图中，我们看得出有一排电线杆，并可判断出铁轨在电线杆前面，于是意识里就可以认为电线杆是沿着铁轨铺设的。但是，铁道旁的房屋缺少信息，我们只能看见外

部轮廓。有人看见它们的外部线条以后认为这一定是某种装饰精巧的别墅，其他人则认为应该是工业标准化建造出来的普通房屋，并无特殊吸引力。

从光秃秃的树杈明显可知，照片中是冬天。仔细观察后，可见铁路之间有积雪，积雪的蓝和天空橘红形成了冷暖对比。我们喜欢天空的暖色，但又意识到照片中太阳已经落下，实际情况应该是寒冷的。虽然并未亲见，但潜意识里已经认为照片里的地方长时间没有人烟，甚至会产生害怕的情绪。

这种印象感觉相当可信，因为这种光线条件没有给摄影人留下多少操作空间。但实际情况是，拍摄发生的几分钟前，照片中有人在玩耍，只不过他们的身影被大型轮廓包含其中。年轻人可能在铁轨上玩平衡游戏。他们那个方向的光被反射材料遮住了。我们绝不鼓励任何人在铁路上玩。在使用它们作为道具时必须先取得主管部门的授权，而且不能超过批准的安全使用次数。

7.6 蜡烛和火光

火是激情的缩影。

不管是只拍蜡烛，还是拍手持火把的人，都会产生暖感。

因为烛光比较模糊，所以对相机的感光度要求比较高，而且快门速度要慢，如此方有可能保证拍摄物获得足够的照明。当然，如果是人像拍摄，模特还得保持静止状态，否则人像会模糊，不够清晰。

试试仅用一根火柴充当光源，这时应该配上快速镜头和最大的光圈，比如 f/1.4。记住，曝光和感光度一样，也是级数越高越容易产生噪点。

正如我们在前面 3.3 小节讨论过的那样，正确保持光源和物体的距离是普适原则，即使只有一根火柴也不例外。假设要拍一个人拿起一根点燃的火柴细看，且周围一片漆黑，那就需要找出某个合适的距离，让火柴的光线可以照亮模特的大部分脸部，又不至于伤到他的脸。

拍摄微弱火光时，要将安全性纳入考虑。

火的大小和亮度是你能否实现预想画面的关键因素。如果是熊熊大火，留给你控制其亮度的空间就很小了。

如果你的目的是制造中等程度的光照条件，火苗可能会发白。

以上一页的照片为例，尽管不能一眼分辨出蜡烛和火焰，但两根火焰同时燃烧的视觉效果还是很明显的。

除了直接可见光源，还有很多办法可以在酒杯上制造出美丽的反光效果。当烛火和高脚杯搭配时，可以传递出浪漫即将到来的讯号。

常有人问，如果为了制造特定氛围，要拍 2700k 温度的温暖光辉，在这种情况下如何设定白平衡。首先，你在按下快门前要做试拍，火光照明条件最理想的时段是非常短暂的，这一点和日出日落很相似，你必须保持非常大的耐心。只有多试几次才能获得理想效果。

拍摄烛光时，曝光设定为 1/4 s，色温 3400k，ISO100，降低感光度以抵消慢速镜头带来的噪点效应。

我们发现，如果相机配备了高质量的传感器，与其提高感光度不如增加曝光时间，后者的噪点效应会比较弱。

技术规格

摄影师
Janet Stoppee

设计师
Sherrie Hagan

相机
Nikon D2x · ISO: 100 · 快门速度: 1/4
手动模式

镜头
AF Zoom-Nikkor 80-400mm f/4.5-5.6D ED @ 400mm
35mm 等效焦距: 600mm @ f/8.0

测光表
Gossen Starlite

附件
1 - Gitzo Mountaineer 三脚架
1 - Gitzo 侧向球形云台

后期软件
Adobe Bridge, Camera Raw, and Photoshop

7.7 天黑之后：混在一起的色温

多彩颜色、静谧氛围和动感夜生活是夜间拍摄的主流。

夜间自然光弱，配合长时间曝光拍摄，在街道上造成动感效果。这种情绪可以是欢乐或对未知的预感。

在市中心有很多霓虹灯，它们各有各的色温，很难找到一样的。

有些摄影人认为，拍摄需要均匀的环境光源，霓虹灯对他们的工作是一种干扰。而另一些人则觉得多多益善。

你只需选择能配合你的主要目标的灯光，其他任其自然就好。

为了提高沿街橱窗的曝光效果，需要在合适的距离外对橱窗进行即时测光，保持距离是为了给拍摄路人留出空间。

在夜晚空旷的市中心使用广角镜头可以给照片制造某种孤独感。长镜头则让观众有身临其境参与其中的感觉。街灯和汽车尾灯的残影更是为照片增添了夜生活的活跃感。

霓虹灯和其他信号灯给人留下鲜明印象，在夜幕下有种活泼感。

在市区拍摄，用色温表会很有帮助（如果还没阅读过 3.10 小节，你应该掉回头去看看它们有多么大的功能）。

在下页中，街道的动感捕捉得非常好。图中那些漂亮的灯光模糊效果纯属妙手偶得，人物也只是路人而不是专业模特。虽然我们喜欢摆拍，但随心所欲地在街上搜索适合入镜的画面也非常有趣。事先不知道要去哪里，也不用为一堆模特、助手和装备操心，只要放开你的心神，沉浸到周围环境里去就行。

使用广角镜头、f/2.8、调整快门速度，我们使用了多种方法尝试捕捉汽车尾灯的残影。

在餐馆门前，测光表度数显示应使用 f/2.8 的光圈，1/4 s 快门速度，有如下几种组合可选：

f/2.8，快门 1/4 s

f/4.0，快门 1/2 s

f/5.6，快门 1 s

f/8.0，快门 2 s

f/11，快门 4 s

剩下要做的就是尽可能低调，否则你不可能捕捉到路人最自然的那一面。再者找到一个安全又隐蔽的立足点，接下来就尽情拍吧。

积攒的照片拿回来自己做后期处理。

回到工作室打开 Adobe Camera Raw，我们选择和拍摄时相配的色温，4750k。但是我们调低了人行道尽头地面红色和头顶时钟绿色的饱和度，以免让汽车尾灯的残影被湮没。等照片转换成 tif 格式以后，用 Photoshop 打开，尝试用滴管加强黑色背景，否则如果背景不够深邃，夜拍的特殊感觉也会变味。Adobe Camera Raw 中的色阶比调整黑色的滑块好使。ISO100 下加长曝光也不会产生任何噪点。

因为夜晚的环境光丰富，所以不必忌讳大量使用闪光灯和光线调整器械。在宽阔的地区拍摄时，照明器具是必需的，因为使用望远镜头时会光照不足。

在被雨水浸湿的街面和人行道上，因为有反射，所有事物都被打上一层流动的光泽，获得了更好的效果。固定拍摄时，先在一个位置站定几秒再按快门。

在市中心的某些区域，可能需要保持警惕。闪光灯会让你变成众矢之的。

技术规格

摄影师
Janet Stoppee

相机
Nikon D2x · ISO: 100 · 快门速度: 1 second
　　手动模式

镜头
AF-S VR Zoom-Nikkor 70-200mm f/2.8G IF-ED @ 70mm
　　35mm 等效焦距: 105mm @ f/5.6

测光表
Gossen Starlite

附件
1 - Gitzo Mountaineer三脚架
1 - Gitzo 侧向球形云台

后期软件
Adobe Bridge, Camera Raw, and Photoshop

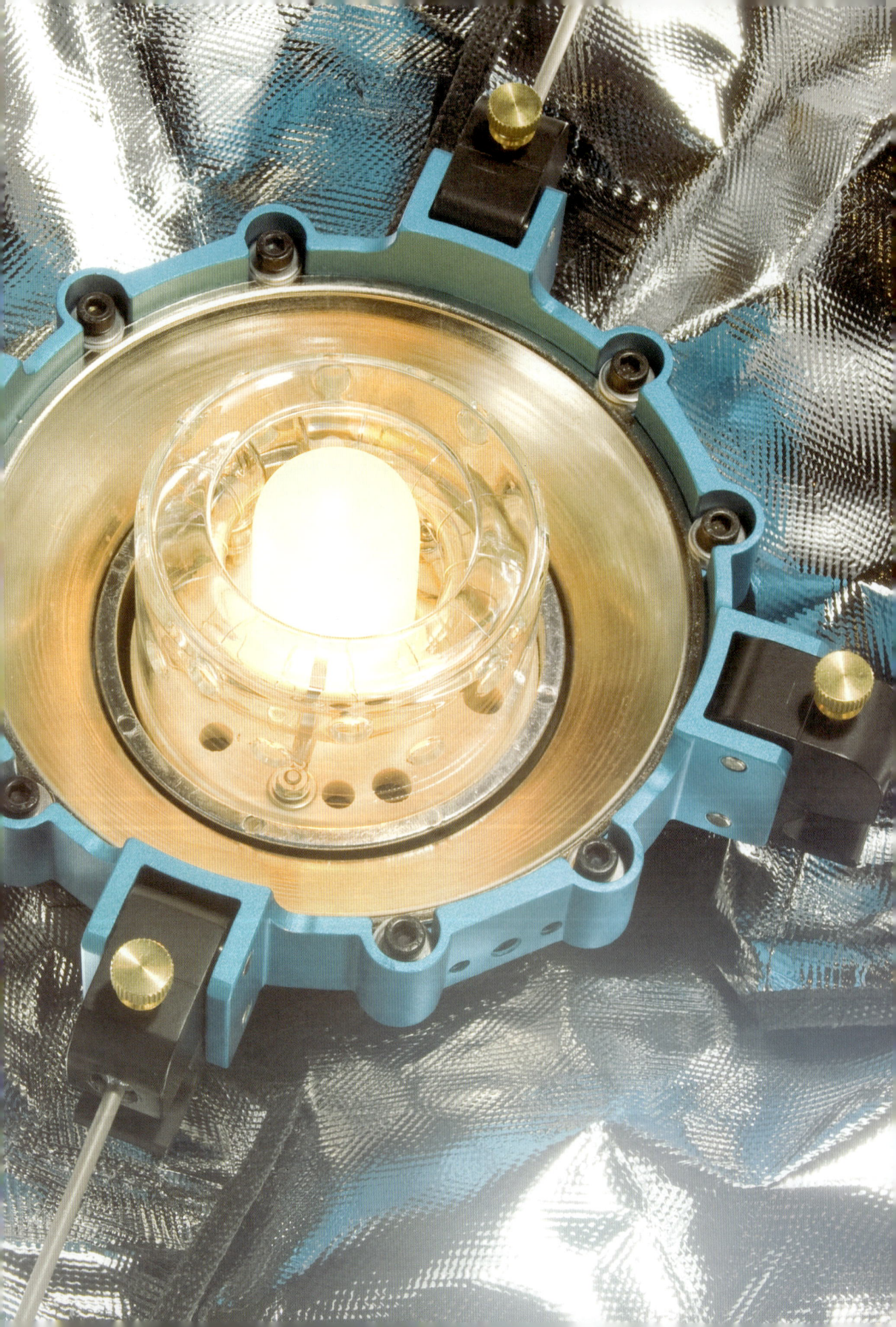

第八章
人工调整

光打在物体表面，然后反射，无论它走到哪里，物体表面的特征随着反光一起进入视野。同理，你见过的，让别人也能看见，这就是摄影。

为了帮助摄影师自如地操纵光线，各种辅助工具应运而生。有些是便携的，用来调节阳光。还有些是照明设备，它们对人造光源来说是不可或缺的。

除了摄影师的需要，这些工具在电影工业和电视工业中同样应用广泛，甚至展览设计师偶尔也会用到。工作室和外景地都在用人工调节器。如果艺术摄影和商业摄影存在某种共性，那就是他们都需要人为控制光线。视觉界的任何一门行当，只要牵涉到镜头，就必须灵活运用光线调节器。

有些调节器小到可以装在照相机里，有些则比小轿车还要大。

光线调节器已经和图像制造业的日常工作流程融为一个整体，所以，如果想拍出专业级别的相片或图像，你应该熟练掌握它们。

但是如果你以前没接触过光线调节器，一旦引入它们，使用前后效果区别之大，足以使你对过去的得意之作不再那么感冒。它们会改变你用摄像头留下的世界，当然，是向着好的方面。

8.1 自然界中的光线调节器

在第 7.2 小节中，我们演示了如何运用大理石墙将辅助光反射到由刺眼的自然光源造成的阴影中。

新雪和太阳下的白沙是已知反光体中性能最好的。它们的反射能力如此之强，在正视时，人眼不得不先适应一段时间。

因为它们都是纯白色的。

由草反射的光就不那么好，因为目标物的颜色会受到绿色的污染。（出于某种原因，绿下巴有时候会显得不健康。）

研究反射

在拍外景的时候，分析光线特性，想想如何改变光线，使之符合你的要求。

如果你还没有看过 1.2 小节关于入射和反射角度的内容，现在正是时候。

研究多余的光，看它们如何在你的照片上留下瑕疵，并制订方案克服它们。以下几页会帮助你运用关于环境光的知识和光线调节器，在户外摄影时获得预想中的专业效果。

等到你在户外运用自如时，自然而然就会希望在室内也这么干。

技术规格

摄影师
Brian Stoppee

设计师
Sherrie Hagan

插图
Janet Stoppee

相机
Nikon D2x · ISO: 100 · 快门速度: 1/250
手动模式

镜头
Micro-Nikkor 200mm f/4 IF
　　　　35mm 等效焦距: 300mm @ f/4

附件
1 - Gitzo Mountaineer 三脚架
1 - Gitzo 侧向球形云台

后期软件
Adobe Bridge, Camera Raw, and Photoshop
Corel Painter

8.2 反射光

等正式上手以后，运用反光就是小菜一碟了。先找光源方向，然后放置反射器材把光投向你的目标物。

这确实很简单，据悉最快的例子是一个7岁小孩，不到6秒就掌握了使用反射光线的技术。

从收纳包里拿出来展开时，Westcott 品牌提供的"Illuminator"系列反光板会魔术般地大大扩展。它除了正面和反面，还有夹层，把拉链拉开可以翻转，就是说，一个 Illuminator 反光板有四个反射面，分别提供高纯度的银色光、金色光、白色光以及自然光。Illuminator 系列最小的有14英寸，最大的有52英寸，跟风筝差不多。

用Westcott的Illuminator收集光线并反射到你的目标物上。下图中，反射光被投到模特帕丽斯的侧脸。

Matthews 品牌提供适合站立使用的手持24英寸反射镜，一面是光滑得像镜子的反射面，另一面是粗糙的散光面。支持外接轭杆，可以拧得很牢固。

使用 Westcott 的 Illuminator 时，一般要配备一个助手负责帮忙摆放。有时候模特或模特的监护人也会搭把手。

电影和舞台剧用照明系统的顶级品牌 Rosco，提供质地优良的反光材料，从 24×15 英尺到 48×30 英尺，为商业演出设计的各种规格反光板它都提供。和下一章我们要讲的 Matthews 配合使用，你可以把它们放在工作室内，也可以拧在可装配反光板上。

某个海港，工作人员在正式开始拍摄前，测试Westcott的Illuminator反光性能。

8.3 柔光器

如果你不想用手拿着反光板，也不想把它插在轭杆上，没问题，我们还有 C 方案：漫射屏。

谁在用漫射屏？

屏板是职业灯光设计师工具包里的常客，常常用来修改环境光。因为好莱坞，丝绸作为漫射屏板的材料被广泛普及。

上文中，"职业"和"常常"指的是，往往只有拍摄时经过光线修正的摄影作品，才能达到进入市场的标准。

在下面两页，我们将探索室外体育解说和电影拍摄中最常见的散光手法，即使用支架和幕布。这也是现在摄影爱好者的主流。

不管室内还是室外，拍外景或工作室作业，我们和广大职业影像家一样，都要依靠柔光的方法完成拍摄。

原理

用最简单的方式解释，散光就是在光源和目标之间放置散光板。散光板原料的密度决定了散光的程度。

大多数生产商有自己的一套散光计量标准，我们将在第 8.7 小节理出一张表。

当然，散光材料的生产商在制造产品时，肯定不会选用那些导致色温改变的物质。

值得注意的是，好的散光材料体现出的效果，和随便找的旧床单是不同的。

实际拍摄时为了工作的安全进行，需要一个强健的支撑系统防止你的"大风筝"随风飘走，而且考虑到即使是标准的反光布也会有难以克服的颜色问题，散射的光还不如它们反射的多，所以稳定性是不能忽略的。

我们将在 8.6 小节讨论有关支架的问题。

技术规格

摄影师
Brian Stoppee

设计师
Tracey Lee

插图
Janet Stoppee

相机
Nikon D2x - ISO: 100 · 快门速度: 1/250
手动模式

镜头
AF-S Zoom-Nikkor 28-70mm f/2.8 IF-ED @ 28mm
35mm 等效焦距: 42mm @ f/4.5

灯光
1 - Westcott 72 x 72英寸 漫射板

测光表
Gossen Starlite

附件
1 - Gitzo Explorer三脚架
1 - Gitzo 侧向球形云台
2 - Novatron Heavy Duty Stands灯架
1 - Matthews 25 lb. Water Repellant Sandbag
1 - Matthews Boa Bag - 15lbs.

后期软件
Adobe Bridge, Camera Raw, and Photoshop
Corel Painter

模特
Cindy Sedan

8.4 反射和散射工具

四合一多用途Westcott Illuminator以及六合一工具包，内含手持反光板、漫射屏以及遮光布。

在Illuminator的工具包里，漫射屏就是这样一种工具，它很像前两页说到的大型支架的便携版本。如何设置大型支架将在8.6小节说明。

漫射屏把日光中刺眼的部分软化，使它变得比较顺眼，而且视觉效果看起来相当自然。

Westcott Illuminator 展开前是很小的，一个四合一工具包内含42英寸反光板和漫射屏，展开前仅有18英尺宽。

一旦你将其释放出来，它们就会魔术般地膨胀成完全形态。

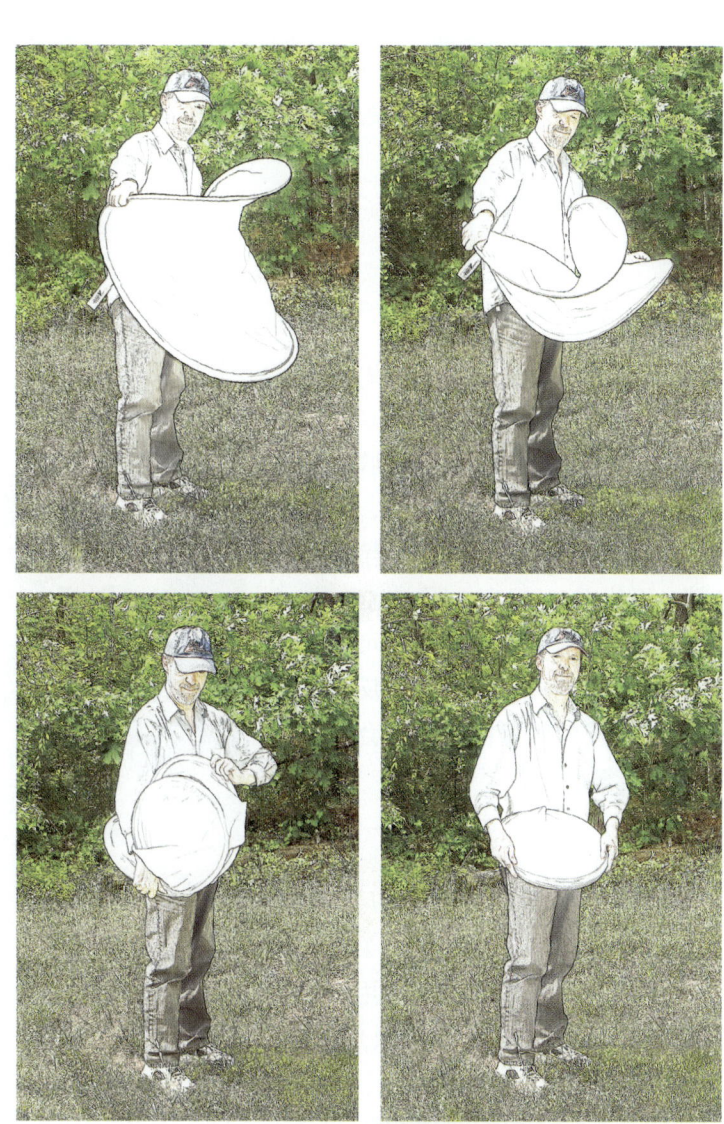

缩小Westcott Illuminator面积的过程简单得让人吃惊，只需要你动动手腕关节即可。抓住边缘向内拧，可弯曲的边框会自如地活动起来，向内归位。Westcott Illuminator可以折叠三层，而且很容易复原。
直径14英寸的小型阳光反射板，可以折叠到5英寸左右。

8.5 弱光和消光板

有时候，除了将光反射，还会有别的情况发生，比如阳光太强的时候，背景拍摄的效果会很好，但对被摄物来说光线就太亮了。

弱光

此外，你可能也想把背景的光也减弱一些。

把光挡住是个解决办法。如果起初背景光线强度和目标等同，那么，只要打在目标上的光减弱，背景就会显得比较亮。

这种遮光的技术被称为弱光。更多内容可见 8.7 小节有关 Matthews 的光线控制工具的内容。

消光

如果告诉你反光板可以吸收光，会不会觉得不合逻辑？但黑色反光板确实是做这个用的。

原理如下，一个白色的物体几乎不能吸收光，物体越黑，吸收的光就越多。

所以，Westcott Illuminator 反光板有一面是黑色的，作为消光板使用，一般直接叫它遮光板。

为了在较暗的环境里追求阴影效果，可以选择面对光源摆一个黑色反光板。如果你的反光板尺寸足够大，被反光板反射到目标的光线会非常微弱，光线的方向感变得很强。

摄影用铝箔

Rosco 摄影专用哑光黑铝箔周长 10 英尺，12 英寸到 24 英寸宽。它是电影专用铝箔的小弟弟，后者最大宽度可达 48 英寸。你可以把照明用的硫化膜捏成任何你想要的形状，用来遮光或吸光。

有时候最好把目标完全挡住，这种手法就是遮光。Illuminator 工具包内含一个用来遮光的黑色板。

打开 6 合 1 的 Illuminator，里面的二级散光面同样配备了黑色板和日光板，以及正反面的金板和银板。

8.6 反光板架

Chimera 称之为面板（panels）或框架（frames）。对 Matthews 来说它们叫做空架（overheads）和蝴蝶（butterflies）。Westcott 的产品名为 Jim 架（Scrim Jim）。它们都是指这样一种支架：它们稳定、精密，而且上面覆盖了一层漫射材料。

他们最小可以达到 24×24 英寸，比如 Chimera 牌。最大可以达到 144×144 英寸，由 Matthews 生产。

不管是那种尺寸，它们都可以被折叠起来装进工具包里。由它们组成的支架系统至少可以在微风环境中保持固定。反光板架在追求轻量化的同时，必须保持良好的弹性。

打包一对支架用来支撑反光板，一套可选的反光布配件，以及一对握杆，握杆用来连接反光板架和支架，握杆还可以用来调整反光板架的角度到我们需要的方向。

再强调一次安全的重要。如果你在昏暗的摄影棚里安装了这些设备，还用了黑色半透明的网眼反光布，那简直是给人下绊马索。而在拍外景或者户外的时候，它们就成了陆上风帆。在下一章里，我们将讨论重量的问题。

无论是室内还是室外，你必须确保拍摄的安全。

相较而言，Chimera 的组装难度最小。

右图是组装中的 Chimera 小尺寸型号实物图。

要搭成一个框架，Chimera 系统和两个 Matthew 牌握杆的组装是最容易的。只要把握杆放在两个架子的顶上，再把架子拧进握杆预留的孔里就成了。成形支架可以 360°旋转。

支架搭好后，蒙上反光布，不用拉也不用拽，反光布很容易就能固定好。

这样一来，就可以快速搭好反光板架。加入由于阳光角度时刻变化，此时需要换成散射能力较弱的配件，那么你就可以迅速更换它，不至于拖拍摄的后腿。

哪家产品最好？

光说不行，各品牌之间的差异很大，你只能去商店体验一下亲手装配的过程，计算每次要多长时间，看看是否符合你的预期。装配好以后，再看用着顺不顺手、分解需要多长时间，以及你是不是喜欢自选配件。这更甚于一揽子解决方案。

我们发现，拥有电脑、相机、软件以及各种工具的摄影人在配置反光板架时，口味是有差别的。

唯一的共同点是，你不能没有它。

8.7 反光布、"路霸"以及照明控制套件

Matthews 旗下品牌的名字都很风趣。摄影器材业的技术含量毋庸置言，很高兴见到他们还能保持幽默。

"路霸"

如果想在专业级起步，Matthews 的"路霸"工具套装是很好的入门之选。9×21 英寸的工具包可提供 18×24 英寸、四种规格的散射板。还有 24×36 英寸版本。它们可以装在光源的伸缩臂上发挥作用。在自然光环境中拍小物品时，它们的柔光和弱光效果绝佳。

开放式框架

有些反光板使用时会在目标上留下一条阴影。Matthew 的"路霸"配备了一个开放式框架，它们的副作用很小，几乎观察不到。

快速搭建

Westcott 提供近似于 24×36 英寸版本的可折叠框架，即速建支架，更换速度同样很快。

反光布单元

关于反光布，我们给各家厂商旗下的系列产品列了一个表，从中很容易看出各款型号的性能，以及它们对 f 制光圈的影响。

延伸臂支持

要想在使用这些产品保持稳固不倒，你还需要更多。请看下一章关于延伸臂、夹头和关节头的介绍，看它们是如何发挥作用的。

什么是操机员？

准确地说，应该问"谁"是操机员，而不是"什么"。操机

和"路霸"套装一样，Matthews生产的照明控制产品中还有类似的漫反射材料系列，但和可折叠的路霸不同，它们是固定的。

张开以后，Matthews 的"路霸"和 Chimera 的柔光箱非常相似。

员这个词来自剧院舞台工作人员。比起摄影圈，它在电影和电视工业中更流行，具体解释起来就是——把东西搬来搬去、安装设备的工作人员。严格来说，操机员并不是可有可无的苦力，他们什么技术都懂，而且非常机灵，是能解决问题的人。

他们非常了解自己的工具。

反射材料资料

织物材料	颜色	透射	边带
Chimera Cloth	白	1.25 stops	
Chimera 1/2 Grid Cloth	白	1.00 stop	
Chimera 1/4 Grid Cloth	白	0.50 stop	
Chimera Single Scrim	黑	0.50 stop	
Chimera Double Scrim	黑	1.00 stop	
Matthews Single Scrim	黑	0.60 stop	白
Matthews Single Scrim	白	0.50 stop	白
Matthews Double Scrim	黑	1.20 stops	红
Matthews Double Scrim	白	1.00 stop	白
Matthews Triple Scrim	黑	1.80 stops	蓝
Matthews Silk (Artificial)	白	1.60 stops	金
Matthews Silk (Artificial)	黑	1.80 stops	黑
Matthews 1/4 Stop Silk	白	0.60 stop	白
Matthews 1/4 Stop Silk	黑	0.70 stop	黑
Matthews China Silk	白	1.00 stop	白
Matthews China Silk	黑	1.00 stop	黑
Matthews Grid Cloth	白	2.60 stops	白
Matthews Light Grid Cloth	白	2.00 stops	白
Westcott 1/4 Stop China Silk	白	0.20 stop	白
Westcott 3/4 Stop China Silk	白	0.60 stop	
Westcott Artificial Silk	白	1.00 stop	金
Westcott 1-1/4 Stop China Silk	白	1.20 stops	
Westcott Double Black Net	黑	0.40 stop	红
Westcott 1/2 Stop White Net	白	0.40 stop	
Westcott Single Black Net	黑	0.02 stop	绿

8.8 帐篷

不是所有的打灯都需要宽阔的空间，有些出色的作品就是在非常狭小的条件下完成的。紧凑产品的拍摄需要你精确地操控光线。

拍摄贵重品不是件轻松活。手表和耳环的表面很容易反光，环境光只要靠近它们就难免被反射（也包括摄影师和相机）。

可以把摄影帐篷理解为一个圆锥形的大号反光布。外面有拉链，可以提供足够的空间让相机镜头进入。因为摄影帐篷是白色的，把目标物放在里面以后，反射光会变得均匀。

这个特性并不意味着照明变得单调和无聊，照明效果只和你的想象力有关。在帐篷外放置柔光箱或者光伞，环境光会变得均匀，或者你也可以使用一个柔光光源来获得单向光，还可以用没有修改效果的光源让光线看上去更自然……总之，你想怎么样都行。

Westcott 提供三种帐篷，规格分别是 21×20 英寸，54×40 英寸以及 48×60 英寸，在大比例条件下拍摄时，光源和目标物的距离对效果有很大影响，应该谨慎选择帐篷型号。

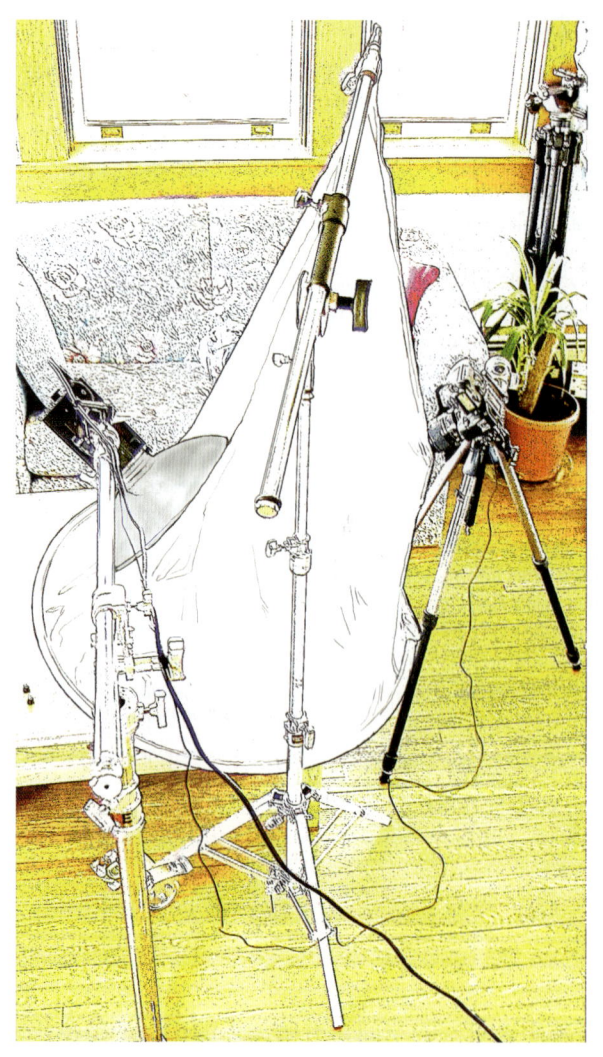

8.9 反光圆片和反光条

拍摄小型被摄物需要小号反光板和小号反射板。有些摄影人相当擅长精密地操控光线。根据目标不同，大目标需要用到和房子一样高宽的反射板，小目标则需要上下左右不过几英寸的反射板。

反光圆片

它们是圆形的，外形看上去像个棒棒糖。最外面是一道钢圈，背面底部安了一个回形针，用来固定在握杆或摇臂上，使用时将后者和照明支架或别的设备装在一起。

反光圆片的面料可选麻布、漫反射板、可逆反射板或黑布都可以。Matthews 有三种型号的反光圆片，最小 3 英寸，最大 10 英寸，以及中等的 6 英寸。

反光条

反光条是一种长方形的反光片。Matthew 提供的反光条配备了和反光圆片同样的可选蒙皮，但规格只有 2×12 英寸和 4×4 英寸两种。

8.10 遮光板和束光筒

今天流行的大部分布光技术起源于舞台照明和舞台独有的烛光效果。随着时代进步，以前精通舞台灯光设计艺术的人成了摄影器材业的创始者。

遮光板和滤镜夹板

回到剧院时代，看看那个时候的人是如何用遮光板关闭舞台光源的。在剧院里，光源用数根金属杆吊在舞台上方，使用电气照明。最早的电气光源和舞台幕布、主拱门靠得很近。若再往前追溯，它们的位置更接近于后台。出于控制光线和不浪费光源的目的，在发光体四周分别安装了金属制黑色板状遮光板，正好构成了一个合围起来的门，只要调节这个门就可以控制光线溢出的范围。大部分遮光板同时也有滤镜夹板的功能，可以把彩色材料黏在光源前面，出来的就是彩光。

现在的摄影技术运用遮光板仍然基于同样的原理。只有一点不同，以前光源是吊在顶上的，现在放在地面上。

遮光板通常装在用来替换背景光的设备上，有三种尺寸可选，虽然规格不多，但已经足够实现摄影人所有的奇思妙想。

束光筒

这个圆柱形的盒子一般被称为束光筒,回溯到舞台时代,它的祖先名字叫"礼帽"。主要作用是限制光源的方向,但有一部分束光筒外形被做成圆锥体,那种束光筒更多的是用来引导而非限制光线。

肖像摄影时,流行用束光筒给头发部分照明,因为可以让光线集中在头发上,极少散射到后脑上方。

大部分型号的束光筒都有变焦功能,你可以最大限度地把光线集中在一个非常狭窄的柔和边缘的灯光点上。

束光筒可以搭配聚束栅使用(如下节所示),让光线变得更紧密。商业摄影用这种束光筒制造光池效果。

8.11 聚束栅和灯光点

在控制光线定向和溢出方面,除了之前说明过的诸多工具以外,聚束栅也是很好的选择。

聚束栅和其他工具的共同特点是具有良好的适应性,不论光源设备多大或者多小,它们都能匹配并且发挥作用。

从名字上看,聚束栅提供的照明角度各有不同,紧凑型聚束栅是20°,而宽阔型是90°。从外形上看,它们有一个共同的别名:蜂巢。

把蜂巢装配在束光筒上以后,出来的效果是光会变得更紧密。

有些照明器具本身就提供可选的附件。

图示型号的蜂巢可以制造出非常紧密、集中的光线(更多说明请见11章的HMI)

右图中的Novatron型聚束栅,大部分聚束栅都是专门针对照明器具设计的,但也有例外,上图中的聚束栅适用于人像摄影和产品摄影,可以提供非常小而密的光束。

8.12 反光伞和柔光伞能做什么

今天，任何一个拍摄领域都要用到不止一种照明工具。而在以前，人像摄影有反光伞就够了。许多人像摄影工作室用一个反光伞或者柔光伞做主光源，再加一个做补充。主流选择是银色和白色，银色的反光伞对比效果比较强，白色柔光伞让照片更亮，摄影师使用这两样是最能吸引顾客的。

大的光

反光伞用小光源制造大光场，凭借它的抛物线外形，让从底部和四周反射回来的光分散到全区域，因为光经过分散，所以效果看上去比较柔和。

过去大型工作室才能胜任的拍摄工作，用反光伞很快就能完成。

反光伞光线的颜色

和其他调光器具一样，柔光伞的反光特性由其面料决定。如果表面是金色的，反射的光就是暖色。

理论上来说，白光和光源一样纯净，而银色反光伞的色彩比白色的更锐利。一个善于观察的摄影师应该根据实际情况选择最合适的反光伞。在多光源拍摄时，白色、银色和金色的柔光伞和反光伞可以一起使用。

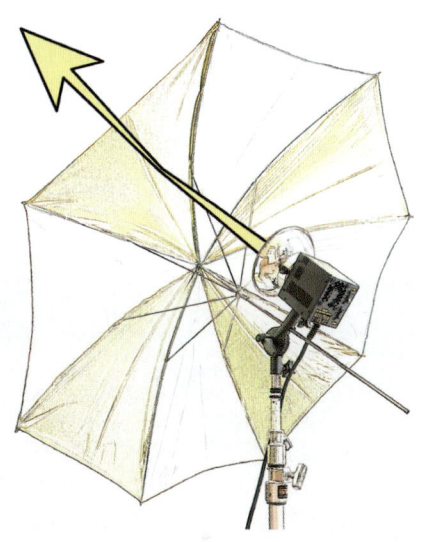

在柔光伞的抛物线外形作用下，光线会被分散。柔光伞的颜色以及尺寸，决定了分散光的颜色和对比度。

柔光伞的效率

反光伞有颠倒光线的效果，上层光漂亮柔和，下层光亮度很强，但可能转换效率不高。金属反光伞的效率比白色的柔光伞高。

小号的反光伞能引导更多的光，所以它是效率最高的。

为了防止漏光和溢出，一般做法是在反光伞后面加一层可拆卸的黑色面料。

柔光伞工具包

Westcott 在摄影用柔光伞和反光伞市场已经耕耘超过 80 年，它们占据了主导地位。Westcott 生产的伞素有盛名。我们差不多 30 年就只用他们的产品了。

这些伞在调光器具中算是最便宜的，任何一个认真的职业摄影人，其宝贝库里一定收藏有各种尺寸和颜色的柔光伞和反光伞。

我们的目标是拍出最好的、最有个性的照片。

如果你使用伞们，每张照片都是独一无二的，把被拍摄物最好的一面表现出来。

8.13　用多个反光伞制造柔光

在下面的图中，摄影师使用了三把反光伞。其中一把是主力，另一把是辅助，第三把放在地板上充作背景。每把反光伞都有其作用，缺一不可。以前人们认为反光伞不适合商业拍摄，而现在，使用反光伞已经成为常识。

三伞联合的另一种应用范例是在镜头周围构成一个三角形。此时，大量柔光像有目的性一样围绕着模特，照片效果比模特自我希冀的还要出色。

Westcott 也提供一些让人印象深刻的大型反光伞。因为体积关系，不得不加装传动装置辅助使用，但他们的 86 英寸白色大号反光伞是每个长镜头爱好者的终极梦想。

三伞联合技术包含一个主力光源，一个辅助以及一个背景光，从而实现三维质地。我们放置了三个光源，在广域内提高光亮度。因为有白色天花板的反射，看上去特别的亮眼。

技术规格

摄影师
Brian Stoppee

设计师
Sherrie Hagan

插图
Janet Stoppee

相机
Nikon D2x - ISO: 100 · 快门速度: 1/250 手动模式

镜头
AF-S Zoom-Nikkor 28-70mm f/2.8 IF-ED @ 70mm
35mm 等效焦距: 105mm @ f/4.5

闪灯
2 - Novatron 1,000 Ws Digital Power Packs
3 - Novatron Fan-Cooled Bare Tube Flash Head
1 - Westcott 45" Silver Umbrella
1 - Westcott 45" Gold/White Umbrella
1 - Westcott 45" Silver/White Umbrella

测光表
Gossen Starlite

附件
1 - Gitzo Explorer 三脚架
1 - Gitzo 侧向球形云台
3 - Novatron Heavy Duty Stands 灯架

后期软件
Adobe Bridge, Camera Raw, and Photoshop
Corel Painter

模特
Justin Mabrie

技术规格

摄影师
Brian Stoppee

设计师
Tracey Lee

插图
Janet Stoppee

相机
Nikon D2x - ISO: 100 · 快门速度: 1/250 手动模式

镜头
AF-S Zoom-Nikkor 28-70mm f/2.8 IF-ED @ 70mm
35mm 等效焦距: 105mm @ f/4.5

闪灯
1 - Novatron 1,500 Ws Digital Power Pack
2 - Novatron Fan-Cooled Bare Tube Flash Heads
1 - Novatron M600 MonoLight
1 - Westcott 54" Round Halo Mono
2 - Westcott 12" x 36" Strip Banks
2 - Westcott Novatron Bare Tube Speed Rings

测光表
Gossen Starlite

附件
1 - Gitzo Explorer 三脚架
1 - Gitzo 侧向球形云台
3 - Novatron Heavy Duty Stands 灯架

后期软件
Adobe Bridge, Camera Raw, and Photoshop
Corel Painter

模特
Richard Spencer

8.14 新式伞

现在有些反光伞和经典造型相差甚远，比如 Westcott 的阿波罗和 Halo。

下图中，主光源就是 Halo，它看上去更像是柔光箱。Halo 右边的阿波罗还基本保持了反光伞的框架外形。和真正的柔光箱不同，因为不需要调速环，它们装在闪光头上的伞状物是打开的。阿波罗和 Halo 易于设置，准备时间短，设计理念前卫，覆盖范围最高可达 104°至 140°。

Westcott 的另一项创新是 Master's Brush，可以提供人像摄影爱好者梦寐以求的伦布朗效果和蝴蝶光照明。完整的工具包还提供多层前置面板和遮光板，再加一个少见的内挡板，可以在伞心和边缘之间提供 self-feathers light，可调两个档位。

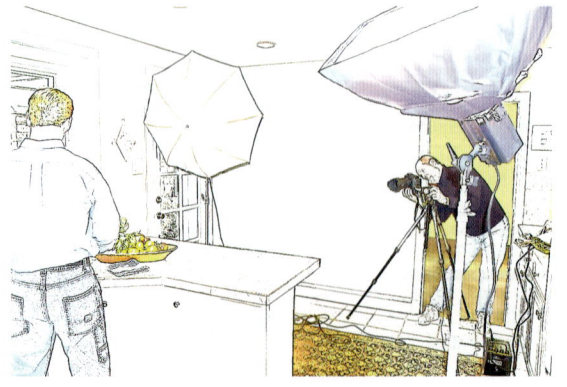

8.15 柔光箱技术

一台设计良好的柔光箱要求能制造出和自然光同等级柔和度的光线．

因为用来固定柔光箱的是泡沫塑料、卡片纸或布基胶带，所以很容易形成一个无法发散的热循环。这不仅可能损害柔光箱内部光源的使用寿命（更换光源非常昂贵），还可能导致火灾。在高温作用下，固定材料容易解体掉落，砸坏别的东西，更糟糕的可能是砸伤工作人员。

然而，这已经是老黄历了，从事商业摄影的摄影师们早在几十年前就更喜欢采用自制设备提供的光源。发展到现在，几个创业摄影师合伙把他们用得顺手的自制柔光箱商业化，聪明的摄影师自然知道如何选择，他们再也不用冒着火的危险了。

如何选择

如果你是工作室派的，除非搬家，柔光箱一经设置好你就不会去动了，那就无所谓，否则一般还是应该找易装易拆的型号。毕竟，拍外景的时候这一点非常重要，设计光线消耗的时间可能长达数月，所以安装设备的时间越短越好。

原理

劣质柔光箱的架杆很脆弱，布料又薄，调速环还是便宜货，这种产品就不是拿来用的。部件彼此兼容性不好，热量往上发散导致纤维过热，光线泄露，照明不均匀，中心部位比边缘热。整个系统完全没达到专业级的标准。

在下面两页中，我们将介绍调速环和如何设置一个柔光箱。

和反光伞的光源背对目标不同，柔光箱的光源是直接指向目标的；而且如果柔光箱做工优良，光会非常均匀，为什么？

光线从柔光箱里出来前的前进方向是非常复杂散乱的，而且通过内挡板反射以后的余下的光量肯定少于发射量，被弹回的光制造了一个均匀的柔光。等光通过散射增强材料以后，柔光箱的面板有足够的曲度形成一个黑色边圈防止镜头意外闪光和光线外泄。和聚束栅和挡光板类似，这个边圈还可以安装配件。

并非万能灵药

柔光箱规格从 Chimera 和 Westcott 公有的 12×16 英寸，到 Chimera 独有的 15×40 英寸。

两家公司的柔光箱都提供银色或白色内表面。

小号柔光箱也能将光集中到一个特定区域。24×32 英寸在需要方向性良好的柔和光的场合效果极佳，例如小型物体拍摄或人像拍摄。而 36×48 英寸则适用于需要环绕光的场合，例如大型物体拍摄和头像拍摄。

如果要拍摄全长，可能需要更高规格的 54×72 英寸。

很难想象拍摄一辆整车时用 24×32 英寸的柔光箱，正如你不可能用 54×72 英寸去配合拍摄一个鼠标。再一次强调，合理搭配才是正确的。

在大多数情况下，主光源应该是小号柔光箱，大号柔光箱作辅助。关于这方面的讨论我们在 8.18 和 8.19 小节继续。

8.16　调速环

调速环是柔光箱的核心部件，光源从这里连接，也是装架杆的地方。所以调速环必须非常可靠才行。不仅仅因为整个柔光箱的维系都有赖于它，全部重量也压在它身上，要知道，柔光箱相当有分量，当它吊在延长臂上面时，调速环会承受很大的压力。

Chimera 为所有光源设备提供调速环配件，从相机的闪光灯，到常见的外部闪光头、小型 HMI 上的持续光源，以及电影工业用到的超大型照明器具。

Westcott 提供的调速环规格也很多。

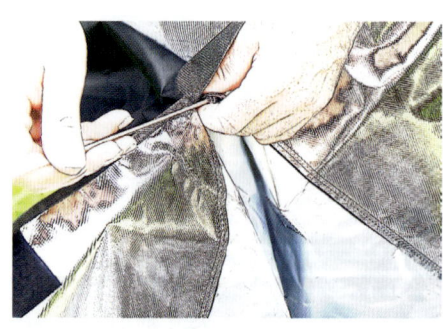

首先将架杆伸进柔光箱，注意不要拧错方向。检查柔光箱的方向。

然后，将架杆插进调速环。

柔光箱的骨架

架杆插在柔光箱的套管里，负责支撑柔光箱整体结构的稳定。通常来说，一个柔光箱需要 4 根架杆，但有些特殊设计的产品如 OctaPlus 需要 8 根。

架杆的强度可能和金属长杆差不多，可以将它们拆卸成两节以方便收纳。

快速部署

Chimera 专利的快速部署型调速环深受顾客欢迎。该产品的架杆插孔具备以调速环为起点旋转 90°的能力，如此一来架杆更容易插入，用翼型螺钉固定后再用力拉上来。

拆卸的时候，先等光源散热并冷却，然后拆掉光源，再拔起拆卸垂片，锁孔自动归位，完全不必再死命地拉扯。

请照图中说明操作。

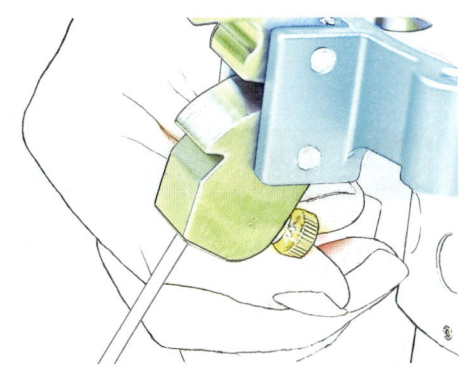

用翼型螺钉固定。

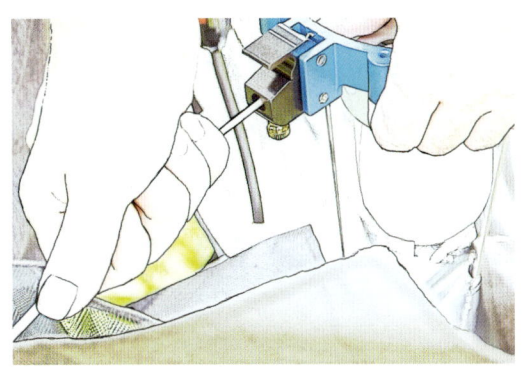

最后一步，向上拉起架杆，速卡扣会很快进入就位，完成后，拉起速卡扣，架杆就会落下来。

8.17 入门级别的柔光箱——Triolet

如果你以前基本没用过柔光箱和专业光源，Chimera 提供了一些易于上手和升级的产品，可以一直用到你退休，即使你以后换用更大功率的光源也没问题，因为还有同系列的高端型号可选。

Triolet 造型富于美感（发音和 try o lay 差不多）和三种型号的灯都能配合得很好，它们是两向型带家用基座的 650W 灯、500 – 1000W 带孟德尔基座灯以及标准的家用型。两向的灯还配备了一个很不错的防护玻璃罩。

如果想要强力型的，1000W 特规格应该是你最好的选择，除非你舍不得次一级型号配备的玻璃罩。但是，次级型号和 Mogel 型相比，每次最多仅相当于三分之一的效果。

不管你选哪种，都要从俗称热灯的基本型起步。如果再加上诸如 24×32 英寸 Chimera 摄像用专业柔光箱、光源支架和延长臂（它的具体信息和支持系统在下一章讲到）之类的东西，你的桌面型小摄影工作室就算是成了。

Triolet 的唯一缺点是热灯并不是入门级摄影人的最佳选择。它捕捉动作的能力不足，而且需要配合浅景深或比较慢的快门。解决办法是给相机增配一个三脚架和长时间快门。

我们建议使用为录像设计的柔光箱，因为它功率足够大，高达 1200W，但是如果你以后想用闪光灯，摄像用柔光箱也不会阻碍你升级。

在仔细地考虑过后，我们拍下了右图作为示范照片，在照片的右上方没有过度强调反光，这样会让较暗的区域显得更有深度，从而在背景中更显眼。

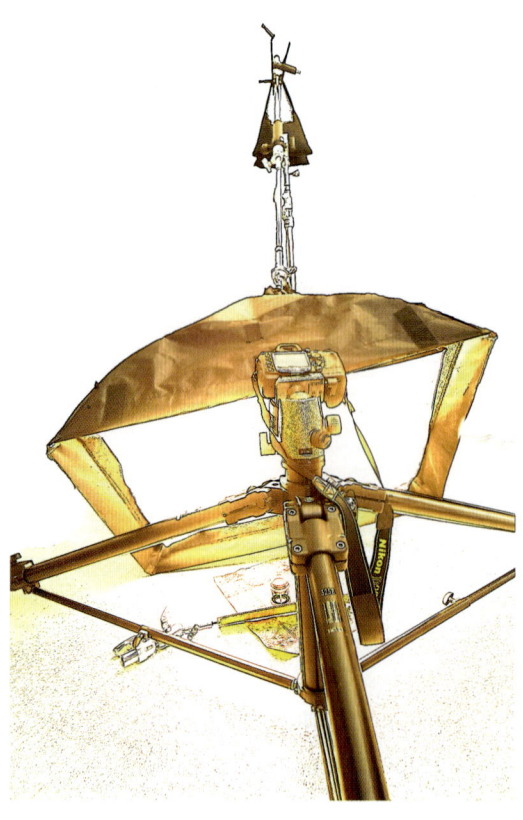

技术规格

摄影师
Brian Stoppee

插图
Janet Stoppee

相机
Nikon D200 - ISO: 100 - 等效焦距: 1/125
　　光圈优先

镜头
AF Micro-Nikkor 60mm f/2.8D
　　35mm 等效焦距: 90mm @ f/2.8

闪灯
1 - Chimera Triolet - 1,000 watt Mogel Base
1 - Chimera 24" x 32" Video Pro Plus One - Small
1 - Matthews 2" x 12" Silver Finger

附件
1 - Manfrotto Tripod
1 - Gitzo Center Ball Head with Quick Release
1 - Matthews Baby Jr. Double Riser Stand
1 - Matthews Baby Boom
1 - Matthews Magic Finger
1 - Matthews Gaffer Grip
1 - Matthews 20lb. Saddle Bag

后期软件
Adobe Bridge, Camera Raw, and Photoshop
Corel Painter

8.18 大柔光箱

即使在外景地,我们也喜欢用大柔光箱,它们的组装速度很快。

安全作业

即使在生物科技大厦里面,我们仍然用 25 磅的沙袋充作马修斯魔术架滑竿基座的配重,然后用 15 磅的购物袋从延长臂的后面一直缠上去,保证安全没问题。另外,不论延长臂指向哪里,以基座为圆心,延长臂靠滚轮转动,这样就不会倾倒了。

拍摄医院时,如果要让医生和医院的广阔空间保持协调,做法不是用光充满空间,只要选择 Chimera 银色的 super pro plus,规格 54×72 英寸。它可以让光线柔软。影子不重要,但影子可以制造一种感觉,象征医生这种高度专业化领域的神秘。我们想表达医生的天职是救死扶伤,为此可以把镜头尽量靠近地面,稍微指向上方,突出医生的重要性。

光源和模特头顶的距离保持在大约六英尺,光线传播非常均匀,既可以照顾到拍摄需要的光量,又有足够的损耗,光线不至于溢出把室内全部搞得亮堂堂的。

无论在室内还是室外,使用设备时的安全是第一要保证的。每个人都需要安全的工作环境,在公共空间里这一点非常重要,请正确使用延长臂。

技术规格

摄影师
Brian Stoppee

设计师
Theresa Lent

插图
Janet Stoppee

相机
Nikon D2x - ISO: 100 · 快门速度: 1/250
手动模式

镜头
AF-S Zoom-Nikkor 28-70mm f/2.8 IF-ED @ 28mm
35mm 等效焦距: 42mm @ f/4.5

闪灯
1 - Chimera 54" x 72" Super Pro Plus - Silver
1 - Chimera Novatron Bare Tube Quick Release Speed Ring
1 - Novatron 1,500 Ws Digital Power Pack
1 - Novatron Fan-Cooled Bare Tube Flash Head

测光表
Gossen Starlite

附件
1 - Gitzo Explorer
1 - Gitzo 侧向球形云台
1 - Matthews Magic Stand with Runway Base
1 - Matthews 25磅防水沙袋
1 - Matthews Boa Bag - 15磅笔记本电脑背包

后期软件
Adobe Bridge, Camera Raw, and Photoshop
Corel Painter

模特
Sherrie Hagan
Peggy Jackson
Jay Pearson
Elizabeth Prom Wormley

尝试用 1000W 的光源降低两档光圈进行拍摄，这样在拍摄人像的时候就有充足的循环充电时间。（更多内容见第十三章）

8.19　小柔光箱更合适的时候

豌豆、珠宝，我们需要规格合适的柔光箱拍摄这样小的目标，太大会造成珠宝反光效应强烈，小规格的光量已经足够，不会造成过度曝光，亮度也适宜。Chimera36×48英寸特浅柔光箱正是你的最佳选择。

追求完美的造型

聪明的设计师会精准地完成这种特殊的拍摄工作。摄影师盯着取景器，拍摄目标稍微动一动就能造成很大的效果区别。保持稳定是个技术活，靠的是仔细小心的动作。

高光光源

光源为一个 250W 的造型灯裸管，风扇的散热口设在后面，所以拍摄目标的温度不会受影响。

在桌面上拍摄时，大型闪光设备是用不上的。我们希望场景有深度，所以焦点要放在显眼位置，目标可以放得偏一点。1000W 的电源用不上，600W 就够了。

合适的镜头

60mm 微距镜头就非常好。我们选用了尼康 d2x,35mm 等效焦距为 90mm,接近于 105mm 镜头。在 f/6.3 时拍摄豆子、珠宝,我们有许多可以压缩景深的远距离镜头可选。

技术规格

摄影师
Janet Stoppee

设计师
Tracey Lee

插图
Janet Stoppee

相机
Nikon D2x · ISO: 100 · 快门速度: 1/250
手动模式

镜头
AF Micro-Nikkor 60mm f/2.8D
35mm 等效焦距: 90mm @ f/6.3

闪灯
1 - Chimera 36" x 48" Shallow Plus Bank
1 - Chimera Novatron Bare Tube Quick Release Speed Ring
1 - Novatron 1,000 Ws Digital Power Pack
1 - Novatron Fan-Cooled Bare Tube Flash Head

测光表
Gossen Starlite

附件
1 - Manfrotto Tripod w/Quick Release Head
1 - Matthews Baby Jr. Double Riser
1 - Matthews Baby Boom
1 - Matthews Boa Bag - 15lbs.

后期软件
Adobe Bridge, Camera Raw, and Photoshop
Corel Painter

选择合适你视野的照明器具。镜面高光会反射光源光。高光的大小由柔光箱决定。

8.20　OctaPlus 柔光箱

不是所有的柔光柔光箱都是三角形的，Chimera 的 Octaplus 柔光箱比一般规格大一倍，而 Octaplus 57 的形状变化更大。

现在 5 英尺，以后 7 英尺

如图，Octaplus57 是 7 英尺的八角形柔光箱，由 5 英尺 Octaplus 用等边扩展工具包改进得到，等于是把两个柔光箱二合一。它的柔软银色内膜外表白色渐变到银色，传播光既均匀又有效。

有些柔光箱适用于闪光灯，有些适用热灯，而 Octaplus 可以承受 1200W 特光源的热量。

Octaplus 规格在 60 到 84 英寸之间，但也有 36 英寸的小号产品，当然这里的小号也是相对而言，和一般柔光伞相比实在不算小了。不论哪种规格，质量都非常好。大规格适合长镜头，特别是时尚拍摄和群像拍摄。一个型号走天下的情况很少见，Octaplus 就是如此（其实是两个）。

因为这款产品用八条边取代了常见的四边形，所以 Chimera 标准调速环就不能用了，但没关系，还有特制的 Octaplus 调速环。

按照下一页的说明安装 Octaplus57。

五角 Octaplus 可以很容易地被扩充到八边形柔光箱。

特别设计的内部遮光板确保光度均匀。

5 英尺板通过一个简单的扩展系统，可以延伸到 7 英尺。

扩展到7英尺以后，内部挡板就可以装上了。

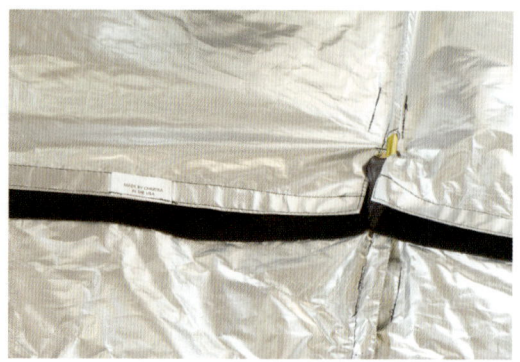
扩展时，很容易用黏着的方式固定。

8.21 灯笼、薄饼、裙子？

仿佛是为了印证 Matthews 缺乏给产品起名的创意，Chimera 又推出一款灵巧的照明器具，名称灵感来源自日本熊园的游客。

灯笼

又一款不像柔光箱的柔光箱。

对摄影人来说，灯笼提供头顶的柔光，它是用来挂在伸缩延长臂上的，这一点跟 Matthews 的 Junior Boom 一样，后者可以延长到10英尺。灯笼可以做单光源，也可以充作多光源系统的核心部件。内部空间设计得很大。

有些时候，Chimera的灯笼和Triolet构成一对最佳组合。

灯笼的最佳搭档是裸的闪光灯管，方便让光填满整个空间。

搭配 HMI 柔光头的效果也很好。

薄饼

Chimera 生产的特制柔光箱跟所有闪光灯或热灯都能搭配。

直径20英寸的灯笼，纵深16英寸，而直径30英寸的型号有26英寸深。一个直径21英寸的薄饼只有12英寸深，它的同系列产品，35英寸和48英寸也有同样的比例。

灯笼有类似于标准柔光箱的反射背板，而薄饼在同样位置留了四扇开放的口子。这种设计在某些场合有奇效，但在其他情况下会漏光。很显然，要善加控制。

裙子

Chimera 把控制漏光的特性赋予了裙子。

很合理地，裙子属于可移除、可折叠配件。它帮助你控制不必要的光泄露。在其他设备上的一般做法是用遮光板完成同样的功能。

如何水平拍摄

摄影人喜欢灯笼的造型和博饼的光源，当它们都摆在地上时，你首先可能需要先装底座再拉直。请参考 9.6 和 9.7 小节关于集管和神奇手指的讨论。

创造属于你的灯光设计

为了把这些东西都用上，你需要开动脑筋多想想。墨守成规，不懂变通是不行的。相反，你必须和那些几十年前的摄影人一样，当时他们从简陋工具里拼凑出属于自己的柔光箱。

发挥你的想象力，研究你手中的装备，挖掘它们的潜能吧。

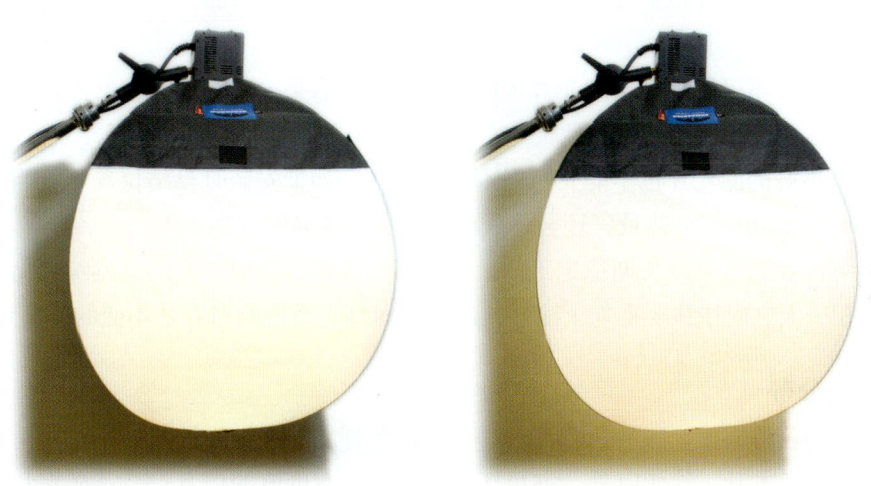

在上面这幅图中，灯笼有附加的反光面板，而在右边图中就没有。请注意，我们制造的阴影亮度有所区别。

8.22 滤镜入门

只要在光源前方一片小小的彩色塑料片，就能神奇地改变光的颜色，效果达数十种之多。等你渐渐习以为常后，使用滤片实际上是一个有计划的、创造性的过程，它需要你仔细探索，慢慢调节。

样本表

首先，拿起一本彩色样本表——卖色片的供应商会免费提供，或者找舞台道具商。当然直接找色片厂家也可以。

Rosco 就是剧院和电影工业用照明、滤光片的同义词，他们在这一行干了很长时间，可提供的选择十分丰富。

他们的产品可以时刻扩充，即使是多年以前的老系列，Rosco 也会有规律地推出新品。他们的样本书除了光鲜的色彩以外，还有每种产品的技术细节信息。

原理

一块彩色透明滤光片的实质是一道大门，这道大门只允许特定波长的光进出，其他一概不得门而入。假如有绿光，红光，蓝光，那么一块红色滤光片将允许波长在红色光谱区间的光束通过并照射到物体上，而蓝绿色则被拒之门外。

稳定和安全

在最初的检验中，稳定性并不包括在内。因为滤光片不过是一块薄薄的遮挡物，它们易于生产，非常廉价，最初被看做用完就可以扔掉的一次性用品，没有值得珍惜的必要。彩色透明滤光片也差不多。

但事实是，不可轻视劣质滤光片可能带来的严重后果。长时间光照必然产生热量，热稳定性差不仅降低了滤光片的品质，而且还可能引起火灾。

即使是最好的滤光片也不能长时间不间断工作。如果安装时黏结位置不恰当，滤光片不得不承受光源的部分热量，还会造成光源本身温度异常升高。

质量好的滤光片可以长期稳定工作，所以不必害怕。值得注意的是剧院灯光，因为一场戏剧在一天之内往往要重复上演好几次，其间灯光系统的布置是不变的。

光谱的能量分布

Rosco 的色谱书里，每种色彩都有一小片白色打底。这种设计是为了让对比效果更直接，突出颜色本身。除此以外，书里还印了一些很有价值的信息——透光率和一张曲线表。

曲线的横轴是色彩的波长，单位是纳米，从左到右渐变，最左边是蓝色，然后是绿色，最右边是红色（三原色）。纵轴表示该产品具体能让每种光线通过多少。

透光率

即使图表还不行，具体查查每种颜色的透光率，它和摄影作品的成功息息相关。

Rosco 的 02 号滤光片代号"Bastard Amber"，主要参数如下：假设没有其他损失，光通过率达 78%。而鲜亮如 65 号日光蓝的滤光片，只有 35% 的光能通过。

如果你有两台光源，每台都各装了滤光凝胶，那么你的光量计会测得琥珀色的光量比蓝色多。

混合色彩

大多数色彩都不纯，属于多种光混合的产物。这是由市场需求决定的，客户希望它们是中性而且比较自然。要达到这种效果，就要在主色里面混合一点补充色。比如橘色，主要成分是橘色，还加入了极少量的蓝色，造成暖色调的视觉效果，看上去就比较顺眼。

动物凝胶

以前曾经流行，现在大部分滤光片已经不再用这种材料了。1910 年 Rosco 就开始提供彩色透明滤光片，到了 20 世纪 50 年代，彩色滤光片产品如 Roscolux，都有一个复合碳基座打底，大大提高了耐用性。

不过这样一来，就减少了很多乐趣，比如以前你可以让一个自负的新人助理去清洗旧滤光片，清洗那玩意很耗神，而且要用热水。特别是一不小心洗成液态的时候，他们的表情实在可笑。

今天，染料已经被广泛运用在表面涂层、深度染色和提取新色彩中。

表面涂层基本就是给一片塑料上色，成本低廉，也不需要加热，不加热的特性决定了它不属于抗热型滤光片。鉴定方法很简单：滴一点点去除剂，颜色就溶解了。

Rosco 的 Cinegel line 上色时连聚合物一起上，抗热性能更好。

Roscolux 厚度约 4‰英寸，基座用溶化树脂夹住在 600 ℉（约等于 315.56℃）下处理过，所以色媒性能比较好。

8.23　灯光设计师的小把戏

百老汇伟大的灯光设计师曾数次获得托尼奖，他们普遍使用彩色滤色片。这股风气在好莱坞也很流行。

众所周知，很少有职业摄影师用滤色片改善色彩。少数摄影师使用这种秘密小玩意，是为了给照片增加某些不显眼的特别效果，因为不显眼，所以不会有人能一眼认出来指着说："哈哈，305 号玫瑰金！"但照片看上去确实有种调调，一种和自然色相近的调调。

创造颜色的气氛

请仔细参照下页的列表，大部分常用的效果都包含其中，比如冷暖色，增强色和仿自然色。

要想吃透这张表，最好的办法就是快速地每样都试一遍并检测效果。在心里记住透光数，因为实际操作时，每次减少 1/3 挡光圈的滤色片和减少 1 挡光圈的外表有区别。

包里应该随时备着一本 Cinegel 滤镜色票本。

滤光片	名称	目的
02	Bastard Amber	白色调，增强阳光效果
316	Gallo Gold	自然日光
3411	Roscosun	晨曦色
16	Light Amber	朦胧夕阳
310	Daffodil	日出
12	Straw	上午的阳光
2003	Storaro Yellow	下午的猛烈日照
18	Flame	日落
23	Orange	窗外夕阳
325	Henna Sky	壁炉光
3220	Double Blue Bright	夜光或月光
364	Blue Bell	月光倾泻

8.24 散射材料

正如我们一直讨论的，光的散射有很多办法实现。有时候最简单的做法就是在照明器具上面加散射材料，直接当成滤镜使用。

能应付所有需要的散射材料并不存在，所以你的仓库里最好各种都有，反正它们都不贵，万一到了要用的时候却没有就悲剧了。最后再强调一下，一定要装在滤镜夹板或挡光板上试用过了再掏钱。

耐用的散射材料

Rosco 用"耐用"这个概念来形容自家的散射板耐热性能优异。他们的散射板用聚酯做主要材料。用在大功率照明器材上甚至还要更安全一些。

网状柔光片

在光束的边缘装三个散射板，使之平滑化，这样光束的形状就不会走样，否则照明的角度很容易发飘。

使用散射板的代价是降低对比度，但耐用的网状柔光组可以保证将损失减到最低程度。

它们更接近于快门控制，而不是 HMI，后者可以让反光板的纹理在光束中肉眼可见。

对摄影人来说，要想大幅度减少散射，你有两个选择：3006 和 3007 型耐用网状柔光灯。

雾化柔光片

Tough Frost 是摄影人圈子里最流行的散射材料。和看上去像反光布的耐用网状柔光材料不同，耐用的雾化柔光材料更像是无色的雾化滤镜。它们的散射能力在轻微到适度之间，因此有一定的光束扩散效应。它们还能降低对比度。

摄影人最爱用的耐用的雾化柔光材料包括有一个"暖光"核心的 3008 型，透光率较高的 3010 型 Opal 耐用雾化柔光，以及散射度适中的 3040 型强力雾化。

白柔光片

这种产品的散射率在适度到明显之间，包括过渡均匀的三个型号：3026 耐用白柔光，3027 半耐用白柔光以及 3028 四分之一耐用白柔光。它们的设计初衷是减少制作过程中使用的白色颜料，以及减少照明器材光束产生的影子。

Rolux 柔光片

因为宽光束和无影效果，3000 Tough Rolux 和 3001 Light Tough Rolux 对应两个光源，将其光束合并在一处对外输出，它们的对比效果是很明显的。

聚束栅的外覆材料

Rosco 提供周长 48 英寸的聚束栅的外覆材料，它们都用聚酯材料强化过，分成三个等级：3030 聚束栅外覆材料，3032 轻型聚束栅外覆材料以及 3034 1/4 聚束栅外覆材料。其降低对比度的效果相当可观。因为表面做了粗糙化处理，所以可以缝合，也可以被扣进锁孔里。大风条件下，你也可以选用采用类似材料，但较少噪音的周长 60 英寸的型号。

8.25 反光材料

拿起一个反光板，比如 Matthews 的铝制手持反光板，尝试用各种蒙布材料，看会有什么效果。

Rosco 提供的一些反光材料非常棒。具体型号中的字母指代的是表面纹理多少和反射光的性质。

3801 Roscoflex M (mirror)
3802 Roscoflex H (hard)
3803 Roscoflex S (soft) - pictured top
3804 Roscoflex SS (supersoft)
3805 Roscoflex G (gold) - pictured 2nd
3808 Featherflex S/W (silver or white)
3812 Featherflex S/G (silver or gold)
3813 Thin Mirror S (silver)
3814 Thin Mirror G (gold)
3809 Roscoscrim (textured/perforated) - pictured 3rd
3830 Spun Silver (spun silver foil) - pictured 4th.

8.26 偏振片

偏振片是最神奇的滤光器。

偏振片能消减物体发出光中刺眼的部分，你装在相机上的偏振镜头虽然不能等同于偏振片，但原理是一样的。在两个光源和镜头上都使用偏振片，就是我们所说的双偏振。不幸的是，这会造成图像深度饱和，所以你不能太过依赖它。

使用偏振片的前提是你具备这样的经验，你必须养成一种直觉，知道把反射削减到什么程度最佳。

试试旋转照明设备上的偏振片吧。

Rosco 的 17×20 英寸薄板最适合使用 16 英寸平板反射板。测试时，两个光源与目标成 45°到 55°。

这种方法对水晶、金属、高光泽度的表面、甚至水面都有效。在消除它们产生的亮点方面效果很好。只要有滤光片，你不必再小心选择拍摄角度以避开过曝。

想怎么拍就怎么拍。

8.27　颜色校正

提升色温：

滤镜	目的	透射率
3202	Full Blue CTB Converts 3,200 K tungsten to 5,500 K daylight.	36%
3203	Three-Quarter Blue CTB Converts 3200 K tungsten to 4,700 K daylight	41%
3204	Half Blue CTB Converts 3,200 K tungsten to 4,100 K.	52%
3206	Third Blue CTB Converts 3,200 K tungsten to 3,800 K	64%
3208	Quarter Blue CTB Converts 3,200 K tungsten to 3,500 K	74%
3216	Eighth Blue CTB Converts 3,200 K tungsten to 3,300 K	81%
3220	Double Blue CTB Converts 2,800 K tungsten to 10,000 K daylight.	10%

减低色温：

滤镜	目的	透射率
3407	Full CTO Converts 6,500 K daylight to 3,200 K tungsten (or 5,500 K to 2,900 K)	47%
3411	Three-Quarter CTO Converts 5,500 K daylight to 3,200 K tungsten	58%
3408	Half CTO Converts 5,500 K daylight to 3,800 K	73%
3409	Quarter CTO Converts 5,500 K daylight to 4,500 K	81%
3410	Eighth CTO Converts 5,500 K daylight to 4,900 K	92%
3420	Double CTO Converts 10,000 K daylight to 2,400 K	23%
3441	Full Straw CTS Converts 5,500 K daylight to 3,200 K tungsten	50%
3442	Half Straw CTS Converts 5,500 K daylight to 3,800 K	73%
3443	Quarter Straw CTS Converts 5,500 K daylight to 4,500 K	81%
3444	Eighth Straw CTS Converts 5,500 K daylight to 4,900 K	92%

去除绿色：

滤镜	目的	透射率
3309	3/4 Minusgreen CC22.5 Magenta for balancing fluorescent/discharge lamps	65%
3313	1/2 Minusgreen CC15 Magenta for balancing fluorescent/discharge lamps	71%
3314	1/4 Minusgreen CC075 Magenta for balancing fluorescent/discharge lamps	81%
3318	1/8 Minusgreen CC035 Magenta for balancing fluorescent/discharge lamps	89%
3310	Fluorofilter Balances Cool White Fluorescent to Tungsten	36%

当然，许多色彩修正你只要用自己数字相机上的白平衡就能完成，但当光源太杂乱时，唯一办法只能是修正光源了。

聪明的摄影人，例如摄影师，依赖滤镜和 little tape。

Rosco 的 3309 号 3/4 Minusgreen convert 把白色冷光的绿色转换为日光，削减幅度达到 35%，但是如果换成 3313 号 Half Minusgreen，修正幅度就没那么大，削减率下降到 29%。

如果你有白平衡，3310 型更适合你。

你可以用同样的方法对付钨灯。

如果你的固定荧光灯很多，想要全部过滤基本是不可能的。别担心，只要在闪光灯上加 3309 型就可以通过白平衡摆平它们。

右图中列出了适合各种场合的平衡光线，请仔细区分各款产品的光通过率。

别忘了给固定型的型号留出足够空间。

8.28　蓝屏和绿屏

电视新闻演播大厅往往在气象图的后面摆一块绿墙，当然从电视屏幕上看，我们只能看见雷达和卫星地图，绿墙是看不见的。

颜色

这种绿屏或者蓝屏技术一般涉及数字合成或色相关键值。

绿屏和蓝屏并不是用来着色的，它们的作用是让画面背景光消失。你可曾见过哪个气象播报员的领带是明亮的绿色？没有吧？因为这种情况下，屏幕里他的领带会变成卫星云图的一部分。

布光

物体和背景的照明保持均匀，这样一来可以方便更换背景。典型的布光，这和两页前我们在讨论过偏振片的时候提到的差不多。

如果目标太靠近屏幕，工作人员会降低目标的亮度，办法是增加阴影，让架杆更重，否则目标会沾上屏幕的颜色（绿色和蓝色打在人身上并不好看）。调整色相的诀窍是把这个过程做得快速和不知不觉。

使用蓝绿色背景板对演播室的灯光设计有利，为了让目标看起来更自然，灯光质量和照明角度应该保持一致。

柔光箱就是用来干这个的。

放在背景和放在目标上的灯光应该均等，最佳比例是 1：1。如果目标是 f/8，那背景也应该是同样的数值。

DigiComp 媒介

为了让这些技术细节更有趣味，以及为了提高用户的技术和想象力，Rosco 推出了一系列产品，名字叫 DigiComp。它们配备了涂料、胶带和反光布，颜色有红、绿和蓝可选。（红色很少用于色相关键值上，因为它和肉色有太多相近之处）

这些工具不仅为你提供一个织物材料的大背景板，还可以在你想要突出表现的物体上着色。

如果想让你的模特在照片里单手拿起特别重的东西，用 DigiComp 把外形一致的代替品搞成蓝色就行了，后期处理也很方便。

涂料有灵活伸缩的乙烯基丙烯酸粘结面，所以很容易就可以把它们黏在物体表面，而且撕下来也简单。和有些胶带不同，它们在物体表面不会遗留任何有黏性的残余。反光布则使用百分之百的纯棉制成，绝不会掉色。

保持整套系统的兼容性是拍摄者完成工作的重要环节。

后期处理

如果一切顺利，你开电脑的时候，选定一部分背景做一次相似性对比。因为如果你想确定新照片和旧作的一致性，你就应该马上用混合照片测试一次。

第九章
创意支持与安全作业

好了,大家都同意灯架最重要的功能就是保证安全。这很容易理解。但我们更希望你相信一点,支架也是可以创新的,你信吗?

别说你不信。

这一整章都在介绍些很有技术含量的东西,它们的共同点是需要支撑系统。关键字是"系统"。一旦你开始设置支架,你就会发现很多以前忽略掉的创新可能。这不仅是有待解决的挑战,也为探索摄影术的新概念另辟蹊径。

没有支撑系统,就像玩注定失败的拼图游戏,不仅图不完整,它甚至让你不得不在安全性方面抱有侥幸心理。有时候这种貌似灵机一动的主意会给安全作业埋下隐患。

一个好的支撑系统等于为拍摄环境额外加了一道保险,不仅可以防止意外损坏价值不菲的摄影器材,摄影师的人身安全也能得到保障。

你必须认真考虑,采取措施防止意外发生。

如果你的支架和支架连接头用起来既费力又繁琐,那你需要买一个新的了。

9.1　支架要求

如果你想设置一个支架，首先你要明确支架必须达到的标准和设置支架所要用到的基本知识。

终极的灯光架

首先是设想。每个有经验的摄影人都要经历这一步，这是基础，放松你的思维，尽量多想。

如果这个世界上只有一种支架可选，那应该是 Matthews 出品的带滑动基座的神奇支架。它可以从 54 英寸拉长到 150 英寸，支架的一部分可以转为吊杆。滑动基座的支撑腿可以互相扣在一起降低高度，也可以完全拆除。因为有轮子抱死和旋转轴承，它们可以在轨道上滑动。支架顶的升起部位是"神奇手指"（详见 9.7 小节）。因为它被分成两个独立的部分，移动支架时的晃动不会构成影响。（完全不晃也不太可能）

小支架

大不能解决一切。你需要的是一个能适合狭窄区域的小型支架。有时候支架要摆在模特后面，那么它应该足够小，可以被模特挡住。解决办法是选择小钢架，高度只有 20 英寸，却能把价值数百美元的器材架得稳稳当当。劣质支架会倾倒并摔坏设备，信任它们是在赌博。Matthews 推出的"迷你早产儿"坚固耐用，值得选择。

可能你会担心小型支架放在地上容易被掀翻，没关系，Matthlink 提供的标准支架腿和弹性支架腿配合使用，可以牢牢地抓住地面。

全能支架

有些工作非常艰难，你需要的支架必须能应付压力、重量还要保持稳固。那些劣质支架会滑动，意味着即使你花大力气去加固，还是会不时出毛病。这种支架一推就倒，它们的支撑腿不足以同时应付大型柔光箱的重量，以及随之而来相应增加的侧推风力。它

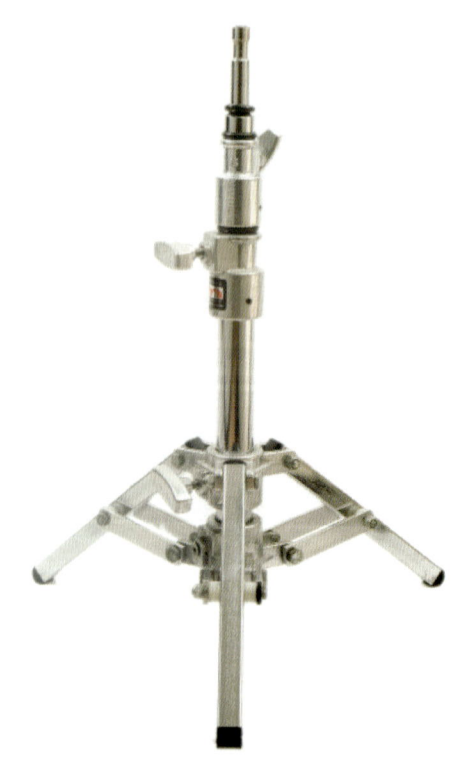

图中这款在支架中是用得最多的。如果任务繁重，我们还会多备几个这样的。它承载背光源和反光板时的表现很好。它是我们见过的支架里最耐用的。它的高版本型号体积更大一些，在耐用方面和它一脉相承。

们迟早会随风摇晃或被压弯。

拍摄坐着的模特时，支架要提高 5 英寸以上，我们选用 Matthews 的"早产儿"，它是大一号的"小背光源架"。

轧钢机架

等支架设置好以后，总要调试一下。如果觉得位置不对，你不可能把它抬离地面。

这个时候，你需要一台不仅有滚轮，而且负重能力至少 80 磅的支架。

支架上能上下调整的部件被称为冒口。找出两三个这样的部件帮助你从 4 或 5 英尺提升到 8 至 12 英尺。脚轮应该保证安全性和快速拆卸能力。

Matthews 的"好莱坞小宝贝支架"值得我们信赖。

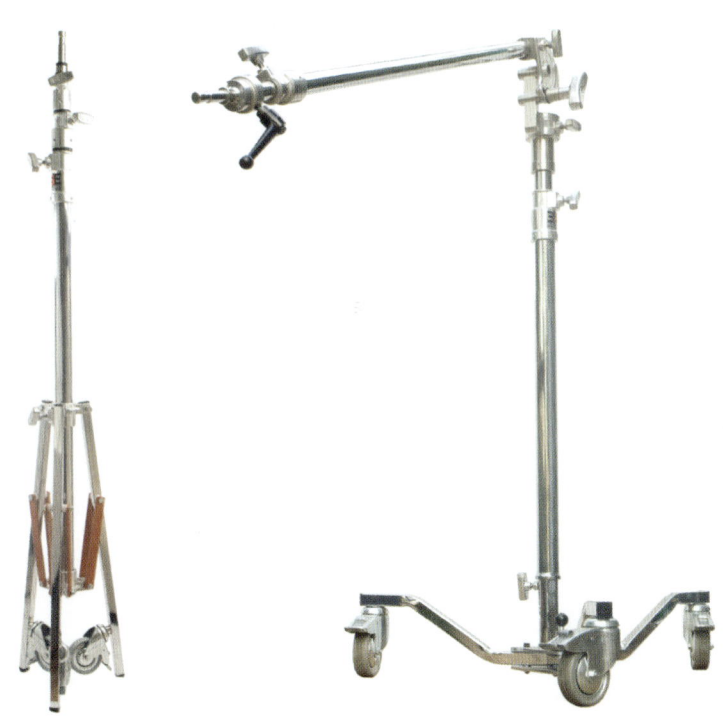

带滚轮的支架并不是可有可无的奢侈品。只有通过支架，人们才能毫不费力地对安放于其上的大而笨重的器具进行种种调节。这个神奇支架作为灯光架在实际使用中表现出类拔萃。多功能的支架使物件运送变得轻而易举。

9.2　C 型架与倾斜

在 1974 年，Matthews 公司的 C 型架开始成为好莱坞电影制作业的代名词。没过多久，这个具有革新意义的灯架也成了商业摄影师的囊中必备。灯架的腿并不是折叠式的，而是平铺开来，也可从灯架上拆卸下来。

C 型架的 C 是 Century（世纪）的缩写。这个名字出自人工照明出现之前的电影制作工艺。在当时，通过旋转舞台，人们以从上方照下的日光作为光源。人们使用巨大的反射器将日光投射到舞台上。当时最流行的反射器就是被称为"Century"，因为它的大小是 100 英寸。

我们现在所说的 C 型架是由场务和灯光师制作的。它的各个部位被焊在一起，不能折叠和进行调节。

C 型架广受欢迎的原因之一是它们对斜坡的适应性。当它的两条腿放在水平地面上时，第三条腿则可以放在台阶、箱子或是倾斜的地形上。它基本可以适应所在的环境。

镀铬 C 型架会形成高光，而将其涂黑就不会反射光线。

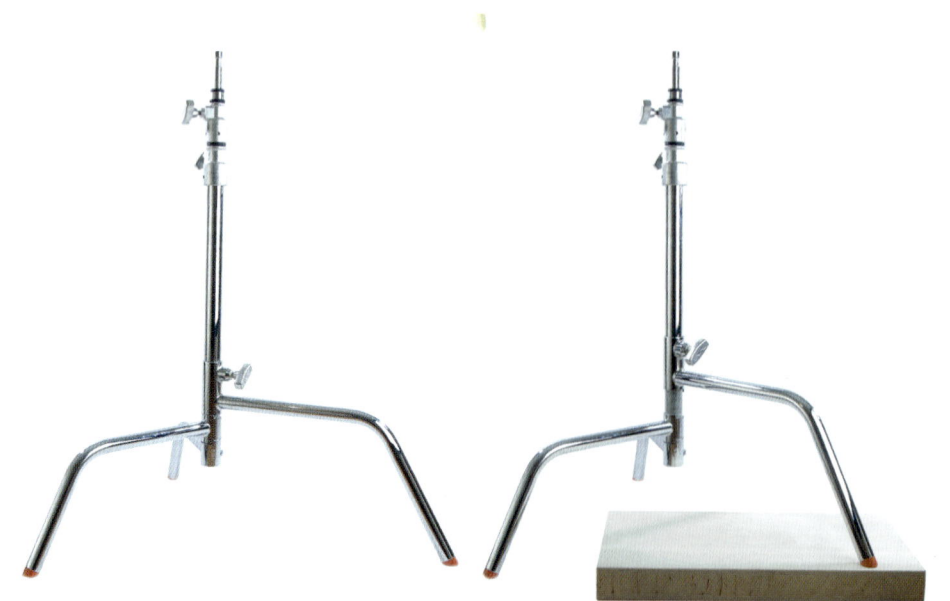

9.3　箱子与冒口系统

谁能想到，一个廉价的胶合板箱，竟然是昂贵的图像制作一直以来所依赖的至关重要的工具？

苹果箱，这个9层夹板的桦木木箱，是C型架照明系统的核心部分。这些12英寸高的箱子有8种不同的规格，只要这些大小正确的孔洞与开口精确地处于所需要的位置，它们就能满足形形色色的要求。

你使用它们的思路有多宽，它们的用途就有多广。擅长解决问题的人乐于使用苹果箱。当人们变着法子把苹果箱与Matthews公司的其他器材结合运用时，这就像是一场活跃心智的游戏。

当一位摄影师向我们初次介绍苹果箱时，我们坚信他有些不正常：他居然要花钱买胶合板箱子，而不是自己动手做一个。在看到实物之后，我们改变了想法。这个箱子实在太耐用，太精确了。如果你仍然坚持自己动手，要么你在接下来几个月里没有图像制作的活可干，要么你也有些不正常。

与Matthews公司的其他产品相同，苹果箱能与Matthews公司的各种工具协同作用，形成一个更为完善的系统。
比如说，箱子两边的洞可以让支撑臂穿过。在这里，两个C型架和他们的支撑臂轻松地支起了一个箱子，这个箱子上能安放一个相机，一瓶啤酒，以及其他许多东西。

9.4　机械臂与吊杆的应用

　　立杆上的金属臂对一套设备的功能至关重要。长久以来我们一直采用这种支撑设备，每当我们需要把光打在一个人身上的时候，我们还是会一遍又一遍地检查以确保这一套支撑设备是稳固的。

　　这一套卧式支座既包含了短于几英尺的机械臂，也有 10 英尺长 41 磅重的吊杆。

　　把一套照明设备安放在正确的地方，并保证相机照不到它是相当重要的。我们一直在尽力尝试模仿自然照明的环境，这是我们的照相风格所应该呈现的。光是从上方照下来，你不能仅用支架的垂直支撑部分做到这点。

　　你还必须依赖水平方向的支撑。

从小处着手

　　机械臂并不总是具备工业强度。对一套设备的规模我们应心里有数。

　　我们在第 9.2 小节讲到的 C 型架配备有机械臂。多数长 40 英寸，也有 20 英寸长的型号。它们是坚固的小机械臂，上面有夹头可调节角度。在实际操作时我们会首先考虑使用它们。

　　有时我们只是需要从离照明架 1.5 到 2 英尺的距离进行照明，这时我们需要可伸展的机械臂。它们在需要窥视目标物体时相当好用。这完全是水平方向的调整。为了安全起见，你应该让它们保持平衡的状态。

基础的机械臂

　　机械臂可以满足很多细致的要求，除了悬挂光源，通常我们还能用机械臂做更多事。当我们悬挂柔光箱或是安装带灯罩的闪光灯时，我们就需要一个坚固的机械臂。

　　即使你没有机械臂，你也需要一个替代品。

　　寻找一样能至少伸到 6 英尺长，重 10 到 12 磅的物体。它必须非常坚固耐用。

　　你至少需要在机械臂中划出 1 英寸的长度，用来在照明设备的反方向悬挂很关键的配重物。

　　在很长一段时间里，我们已经发现了许多意外坠落的机械臂。一般来说我们进行调整，让机械臂的锁扣区域并不承受太大压力。

通过测试

　　在相机店尝试一下机械臂的作用吧。试着在机械臂的一端挂上重物。机械臂的另一端挂着放在地上的一个装了柔光箱的灯头，把机械臂放低，调节闪光灯的支架，使机械臂的受力端与支架相连。在平衡机械臂，使其往相反方向延

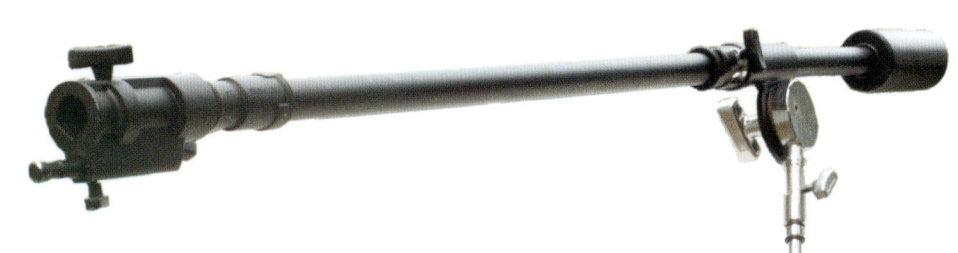

机械臂把具有相当重量的物体吊在人、地面以及物体的上方。一定要确保正确地调整平衡、配重，采用安全措施。

粗糙的机械臂会导致意外事故的发生。应该选择合适的工具完成工作。

伸，达到平衡之后，就把柔光箱从地上升起。它应该被平缓地从地上吊起。它究竟是一个坚固的？还是承受不了重量的？当你举起机械臂时，它是否能平滑地固定在位置上，抑或是还需要你去手动纠正？

如果这个过程十分艰难，那么一定有地方出现了问题。

把大型机械臂变小

有些项目规模很大，当我们需要实现一些大胆的创意时，我们需要拉开距离。唯一的办法是使用一个大型机械臂。

从我们买了第一辆跑车的那天起，我们对机械臂的要求就是能够提起一大堆照相设备，并且仍然放得进行李箱。如果机械臂塞不进我们四轮驱动跑车的后备箱，那它对我们来说就太大了。

当完全收缩起来时，Matthews公司的"初级机械臂"（把"初级"用在一个需要配备25磅重平衡物的东西上真是幽默）长68英寸。

但它能伸展到10英尺，它通过了我们的长度测试。

9.5 配重与袋子

安全对支架系统来说始终是第一位的。合适的配重很重要，但是在为户外拍摄选择工具时，你还需要考虑如何克服大风的威力。你可不能放任你的设备被风吹到地面上，更何况掉落的设备还会砸伤工作人员。

你不可能搞定自然界的所有状况，但你可以通过正确地对设备进行配重，以对抗强风天气。当拍摄日临近，我们对天气状况会格外注意。我们会关注以小时为单位的天气预报，来了解目标地区的风向与风速。我们致力于安全作业。

长时间地架起漫射板架时，我们需

要随太阳的移动调节它的位置。这些被固定在地面上随风转向的"帆船"需要被限定在一个方圆 8 英寸的空间里活动。它们的漫射板处于离地面 8 至 12 英尺的高度。不从各方面对其配重的话，它们会轻易被风掀到地面上。这是人类与自然环境作斗争的一个典型例子：当风力强大时，人类一般就会处于劣势。

聪明地进行配重

安全问题是没有妥协余地的。我们见过试图使用土办法配重的摄影师。有些人觉得它们能利用大号的牛奶壶，把它们带到摄影地点，用水灌满之后挂到弯曲的晾衣架上再固定在照明架上。这些错误的方案指望着用约值 4 英镑的东西去保证数千英镑的设备的安全。

要多重？

我们携带的配重块的重量从五磅起，一直到 7 倍于其重量的规格。

在轻风下，稳定一个漫射板架和支撑它的 2 个支架需要至少 100 磅的重量。这与风向和框架的大小相关，也与如何摆放框架有关系。

蟒蛇袋

Matthews 公司有一套轻便的配重袋，被称为"蟒蛇袋"。它们有 5 磅，10 磅，15 磅三个规格。袋子里装满了钢砂，也有用不锈钢填充物填充的。袋子每一边的重量都是相等的，中间是软性固定材料，不会损伤袋子表面并能提供一些固定作用，使你无论怎样拿袋子也不会使其流失重量。

我们把它们挂在小型吊杆与机械臂的一端。它们也能吊在小型支架上。我们小心地将重量进行平均分配。小袋子放在高处，而大号的配重袋则在底部。这样就避免出现头重脚轻的配置。

大配重袋

最重可达 50 磅的沙袋也是一种选择。我们发现有一些人难于携带这样重的装备。人员的身体状况也是我们所关注的。

袋子里装的东西很重要。当你正在配置工具时下雨会让袋子变得潮湿。所有

你要对安全责任。在准备阶段就要保证支架系统的安全性。把所有东西都密封上，不要让它们砸到人。随时都要保护好人员和财产安全。

Matthews 公司的沙袋都是用清洁过的沙子填充的，能防止发霉。多数袋子是用防水的过胶尼龙制成，我们也有防水的配重物。

这些大袋子上均配备了强韧的皮带，使其能稳当地挂在支撑架上。

空袋子

让袋子飞在空中的同时携带二三十磅重的东西显然是不切实际的。

现在有了一个很棒的解决方案。Matthews 公司的 Fly-A-Way 袋子和 Matthbags 分别重 1/4 磅和 1/2 磅。当你到达目的地之后，用随便什么东西把袋子装满，再把尼龙扣或双层拉链封上。

9.6 集管和吊杆

你有没有觉得，你曾经钟爱使用的支撑架实在太小了，满足不了你的要求？如果要把一个以上的照明装置安在同一个支撑架上该怎么办？并排放两三个支撑架合理吗？

这些想法并不是百分百正确的，但我们也遇到过这样的情况，并且考虑过这些问题。

其他人也这样想，因为支撑用品就是这么些。

出行时我们会尽可能地减轻负荷。把时间浪费在搬运设备上，就是减少了赚钱的时间。到了工作地点之后，我们占用的地方越少，附近的交通状况就越容易控制。这点在公共场所尤其明显。

双集管与三集管

若需要把大量光照倾泻到一块地方，就把一个三集管（上页图片）安到牢固的照明设备上，并把至多 5 个闪光灯头固定在三集管上（3 个在上方，2 个在下方）。

第 8.24 小节我们谈到过 Rolux 柔光片，加强光照领域以及减少阴影的方法。

如果你有 5 个接电源的闪光灯头（或者灯头与发光仪的组合），你就有了充足的光照手段。这也是很大一笔投资。不要让这套装置变得头重脚轻从而一头栽倒，一定要配好重量。

吊杆

世界上最小的吊杆一定是 Matthews 公司的"婴儿吊杆"。当你借助吊杆上的聚光灯拍摄，并试图使聚光灯与地面平行，吊杆的角度往上增加时，吊杆使其变直。这项技能对使用提灯和之前提到的"薄饼"照明的人来说非常重要。（更多信息详见第 8.21 小节）

9.7 神奇手指

Matthews 公司的神奇手指是世上最酷的支架配件之一。你所拥有的每一个专业支架与吊杆都需要它。

它完全解决了当你想要把支架末端的照明设备往这个方向转一个角度或往其他方向转一个角度时应该怎么做的问题。

"手指"及其球状枢轴关节的调节范围从 −15°到 90°，并能进行 360°旋转。这是一个有连轴把手的控制器。

因为这样一个小小的手指能发挥很多功能，它是由纯钢制成。在实际应用中它是最重的转接器，重达 2 磅，但它就是被设计用来应对艰难任务的。

通过神奇手指，我们曾把最大号的聚光灯接到很长的吊杆上，它们一直都很稳当。

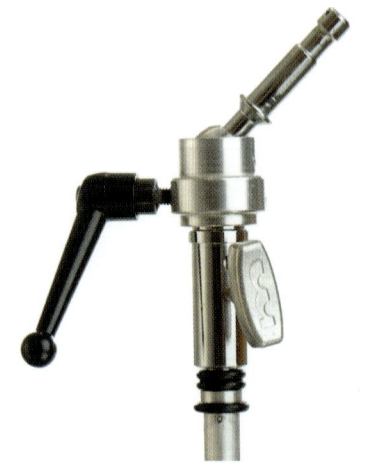

9.8 夹头

成功的桌面摄影师总是会准备一大堆小型支撑配件。拍静物照的人需要照亮美丽的

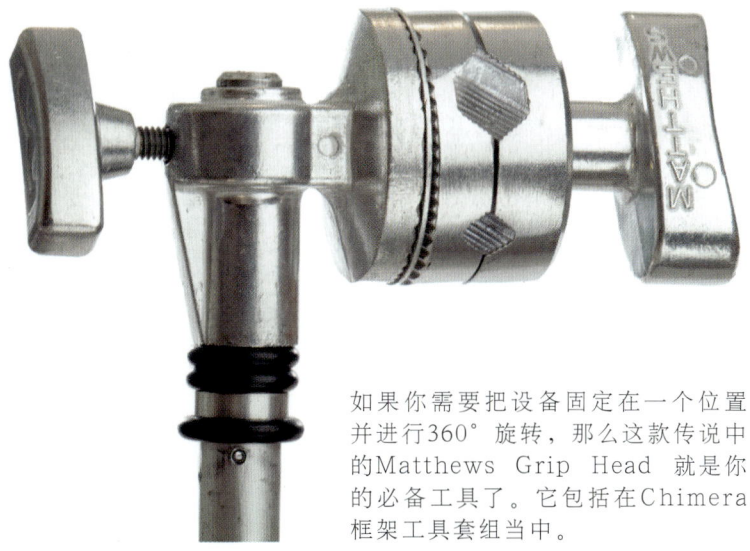

如果你需要把设备固定在一个位置并进行360°旋转，那么这款传说中的Matthews Grip Head 就是你的必备工具了。它包括在Chimera框架工具套组当中。

图像。让图像呈现出应有的效果需要相当的技巧。

这些配件的用途并不限于拍摄目标物体静止不动的照片。成功的人像摄影师会借用电影拍摄时使用的关键器材。

这个系统的核心部分是Matthews公司2-2/1英寸的夹头，又被称作"好莱坞夹头"。

它可以被安装在支架上，也能套在5/8英寸的轴上，比如我们在第306和第307页所描述的支撑臂。只要把小螺丝拧紧，它就能够牢牢地固定在支撑臂上，既不会滑动也不会缓慢移位。

另一端是更大的螺丝，使两边均能自由进行360°旋转。你越是把螺丝往反方向拧，夹头两端就分得越开。中间有5/8英寸的开口和3/8英寸的开口各一个。锁入开口里的东西均能旋转360°。

现在，5/8英寸的螺栓已经成为了专业支撑设备以及上方的照明设备的标准配置。它使得支架的顶部冒口足以承受拍摄任务所需要的压力。

曾经有一部分照明架也会采用3/8英寸的螺栓。现在3/8英寸广泛运用于更小一号的支撑设备中，像我们将要在第9.10小节谈到的小型固定工具套装。

9.9　Mafers 夹具与 Mathellinis 夹具

另外两种Matthews公司的夹具是一系列的颚状设备，它们被命名为"Mafers"和"Mathellinis"。

超级 Mafers 夹

Mafers的下颚部分可以咬合在一个照明架上，也适用于其他支撑产品。它有一个特制的卡钉，使它在小螺丝拧紧之前也能保持在特定位置不滑动。

当长螺丝开始拧紧时，颚部就开始咬合它面前的物体。它两面的保护垫也使得咬合更加紧固。

在镀铬型号之外，超级 Mafers 夹具也有非反射的黑色涂装。另外还有双重超级 Mafers，只用一个夹点就能在上面安装两件附属物。

Mathellinis 夹具

这些工业强度的夹具的顶部有 5/8 英寸的螺栓，还有一个颚型口可以开到 2 英寸、3 英寸或 6 英寸，同时也能被调整到设备中间或设备顶端。还有一种迷你 Mathellinis，体积相对小一些，用来应对特殊任务（见下一小节）。它们也有护垫以增强咬合力。

下面两页将展示这个系统，它们是如何巧妙地配合起来。

9.10　灵活的支撑臂与夹头关节

这里是之前两页所介绍的夹头与夹具如何相互配合，以获得更好的效果。

超灵活好莱坞机械臂

这个关节臂是整个支架系统中最酷的部分。

机械臂的每一端都有一个锯齿状的球状关节。两端中部的机械臂在两头都有球状关节。拧松 3 个夹头螺丝中的任意 1 个，就能让其固定的球状关节自由移动。把 3 个夹头螺丝全部拧松之后，4 段机械臂就能够完全自由地活动。

这段组合机械臂较长一端的形状类似于照明架上 5/8 英寸的螺帽，但稍大一些。他能与 Matthews 公司的其他设备相连接。较短一端有一个空心的 5/8 英寸螺帽，用于安装我们在第 8.9 小节讨论过的金属手指结合。

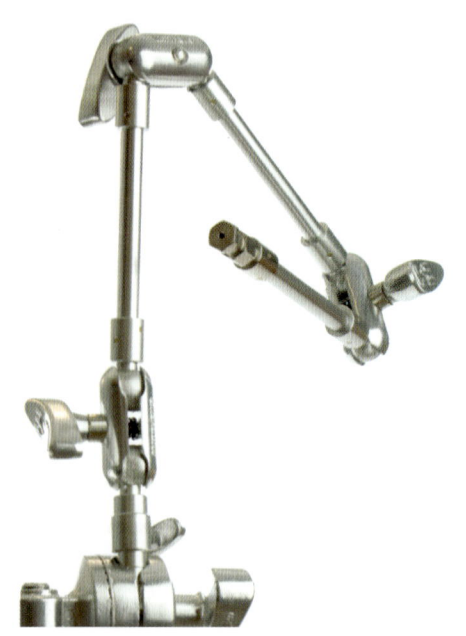

与系统上的组件协同工作

这个灵活的机械臂很强壮。当它们被锁定时能具有相当大的咬合力。

把它的较长一端与 Mafers 连接起来，把 Mafers 固定在照明架上。他能支撑起我们任意一种型号的闪光灯头而不发生移位。在另一端安上夹头，关节臂就能伸入支架或吊杆所不能到达的位置。

你也可以来回移动机械臂，把反射器和漫射板固定在照明设备前。

夹头关节

当你需要一点点灵活性的时候，试试 Matthews 公司的夹头关节。它的球状关节与夹头螺丝的工作原理和那些灵活的机械臂是一致的。

它的一端有一个 5/8 英寸的螺栓，所以它能正好固定在一个照明架或吊杆的顶部。另一端能负荷大约 15 磅的重量，你可以安上一个闪光灯头或任何适用于机械臂的照明调整设备。

9.11 小型固定工具箱

Matthews 公司的小型固定工具套装是另一套创新的支撑工具。工具套装中的零件与我们在前两页谈到的夹头和 Mathellinis 类似：4 个迷你版的夹头与 2 个谜你 Mathellinis 与 2 条 20 英寸的机械臂。

一个迷你夹头可以夹在照明杆或吊杆上。由于它们可以 360°自由旋转，并且在支撑臂上做出任意角度，它们所能构成的支撑组合是无穷无尽的。

迷你 Mathellinis 能攀上任意物体，但当它们与"路霸"夹具工具套装（见第 8.7 小节）结合使用时，就能产生无限的可能性。

有一条机械臂能契合迷你夹头，这样两条机械臂就形成了一个十分灵活地组合，在使用更少数量的机械臂的前提下，比好莱坞灵活机械臂所能到达的范围更远。

整个工具套装对桌面摄影以及进入密闭

空间，例如汽车的内部进行摄影极其有效。

对我们在第十二章介绍的无线电池闪光灯来说，这种工具套装是一个极好的搭配。

9.12 钳夹、"鸽子"和绳结等等

Matthews 工作室拥有各种各样的设备。有一些是为电影或电视部门特制的。在这本书里我们只讨论那些摄影师最感兴趣的，我们自己也在用的，以及被其他工作室大加赞扬的好东西。

钳夹

Afflac 钳夹能夹在灵活机械臂或是关节夹头上，它有一个十分强力的弹簧夹头。对反射板、滤光片或漫射板来说这是一个理想的固定装置。在两个橡胶垫之间能张开 1 英寸的距离。

如果你需要更大的钳夹，那么 Gaffer 钳夹能开口至 3.75 英寸。它有着 12 个橡胶垫，也能调整为 2 英寸的开口。他有两个 5/8 英寸的螺栓，使其能固定在照明器材上，于是你就能把这个钳夹夹在一个坚固的表面上，然后与闪光灯头、HMI 或日光照明设备相连接。

"鸽子"

Matthews 公司有一些重负荷的金属板，它们负责把照明设备固定在墙上、场景上或是我们在第 9.4 小节谈到的苹果箱上。

从前它们被称为"鸽子"。这些金属板曾被用于固定在背景墙的顶部，使小型照明器材能安装在上面。它们能像鸟一样待在背景墙的墙头上。

这些金属板能被钉在指定地点，或是用多功能螺杆和蓄电池驱动的钻头固定住。它们有 3 英寸，6 英寸和 12 英寸的螺栓，与平面形成直角。它们也有配备 5/8 英寸凹形插槽的型号。

钉子

夹头、Mathellinis 夹和 Mafers 夹的另一种用法，是先用承重钉子固定住，然后再

安上照明设备。钉子的一端是螺旋形的。多数钉子是直的,也有直角形的。

绳结

有各种各样的小物件需要连同设备一起被固定在布景上,而绳子能做到这点。问题在于,当你需要撤除布景时,想要解开拧紧的绳子就会变得非常困难。

在包里放上几条 Matthews 公司的绳子吧。你可以把它包住一个物体,把绳子的一端穿过侧口。以与物体中心成 90°的方向拉绳子,绳子就会紧紧地吊住物体。

光源难找怎么办?

有时你已经计划好了一切,但情况突然急转直下,你不得不打开你的应急工具箱去应对。

你的应急工具箱里有一把刮腻子刀吗?没错,你需要的不是一把普通的刮腻子刀。能派上用场的刮腻子刀上应该有一个 5/8 英寸的螺栓。这个小物件可以安放在窗台下面、墙式烘炉的背面(先把它给关上)、橱柜的底部或是你想得到的任何地方。

角板("鸽子")

钉子

绳结

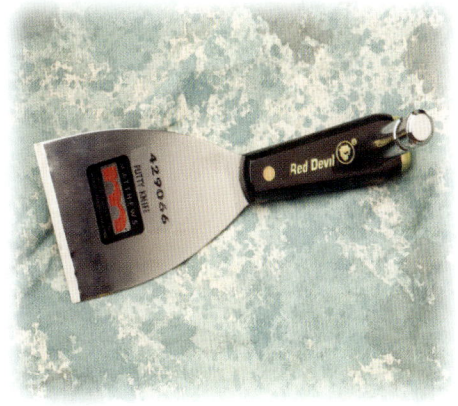

腻子刀

9.14 合适的三脚架

三脚架有很多种，但大多并不适合用来支撑相机。它们并不耐用，零件的使用寿命很有限。专业人士不会使用它们。

有人认为三脚架拖慢了人的行动，这类人觉得他们在无拘无束的状态下更有创造力。

从另一方面来说，我们以摄影为生。我们决不允许因为相机之外的原因把本该拍好的照片搞砸。

拍不出好照片就意味着赚不到钱。正是因为这一点，在众多摄影器材中，一个优质的三脚架是最为我们所喜爱的。它们不仅为拍摄提供了一个稳定的平台，更为重要的是，在拍摄前的设备调试阶段，三脚架使相机经过连续的试拍、对比之后依然保持静止不动。

它还能迫使我们对所拍内容进行规划，就像我们之前讨论过的那样，来验证我们要做的事是否正确。

我们有几种不同型号的三脚架，每一种都是为特定目的服务的。

轻型的捷信登山人（Mountaineer）三脚架（左边）与大型曼富图（Manfrotto）录像三脚架（右边），它们的存放条件依各自的强度与用途有所不同。

三脚架 + 云台

与摆放在折扣店里面对普通消费者的三脚架不同，专业的三脚架有两个关键部件：下部的三脚架与上部的云台，这使得相机能够以不同的角度摆放在三脚架上。

如果你还没有一个专业的三脚架，那么这就是你应该拥有的。

脚部

三脚架在室内和室外的用法是有区别的。当你在室内拍摄时，你需要一个便于在平滑的地板上固定的脚部。在户外时，脚部应该能钻入地中，从而稳固地立起。

有些三脚架借助可调节的脚部来实现户外功能。你可以根据拍摄的内容进行分别调整。缺点就是，如果你在别人家柔软的松木地板上拍摄时忘记卸下脚部的尖刺，那你可就有麻烦了。

另一个解决方案是购买脚部配有圆形橡胶尖头的三脚架，这样就基本上可以应对任何情况。

收缩后的长度

你的三脚架在收起时占用多少空间？对于放在工作室里的三脚架来说这不是个问题。如果你是在开开停停的喷气式飞机上，或是租来的汽车里，旅行空间被压缩到最小限度，这时你的三脚架越小巧，旅途就越开心。

工作高度

人们总是对三脚架的高度非常挑剔。当三脚架打开时，你可能会希望它能完全满足你对工作高度的要求。你的身高越高，工作高度对你就越重要。当你穿着交叉训练鞋时，你的视平线有多高？大约会比你不穿鞋时高 1 英寸。

取景器离你相机的底座约有 4 到 5 英寸远，而一个优质的为三脚架配备的云台约长 5 到 6 英寸。于是，从三脚架的最高点到取景器之间的距离在 10 到 12 英寸之间。

你还要考虑到你眼睛的高度比身高要短上 6 英寸，如果你希望站着使用取景器的话，你的三脚架最少也应该比你矮 16 至 18 英寸。

6 英尺高的人至少应该选择 56 英寸长的三脚架。如果你的身高是 5 英尺，那么 44 英寸的三脚架就很合适。

如果你不想要一个不拿东西垫脚就没法用的三脚架的话，那么就把这些因素考虑进去吧。

你能在多低的地方工作？

你想在离地面很近的地方拍摄吗？有很多型号的三脚架的腿能撑得很开、很低。

9.15 重量与选址

如果你是一位肌肉男，那这点倒无关紧要；当你抱着一大堆能把人埋了的摄影器材四处奔波时，器材重量就尤为关键。

制造工艺

有一些很棒的新材料被用于三脚架的生产中，你可以兼顾耐用性与减负。

以前，三脚架是由铝管所制成。Gitzo 公司使用重力铸造法代替压力法，使他们的"探索者"系列产品在减轻 30% 重量的同时增加了稳定性。

更为显著的减重手段来自材料的革新：比如碳纤维的应用。Gitzo 公司的六层交叉纤维结构使他们的"Mountaineer"系列产品具备了优秀的硬度与减震性能。

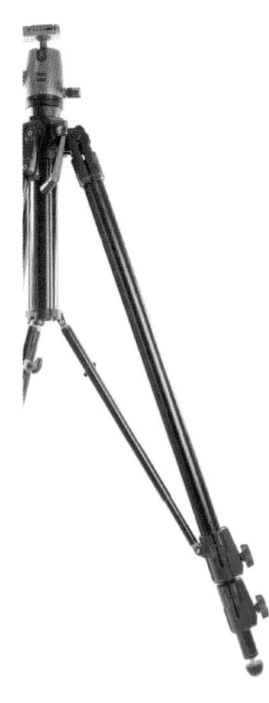

腿与支撑腿

另一项影响重量的因素是设计。如果腿部缺少了支撑腿，那么这个三脚架还能提供稳定性吗？三脚架的构件越多，重量也就越重。

我们手里的 Gitzo 三脚架没有采用支撑腿，而怪物般的曼富图三脚架则有支撑腿，你发现稳定性问题了吗？

支撑腿杜绝了稳定性问题。事实上曼富图三脚架在配备 Gitzo 云台时高达 9 英尺 3 英寸，取景器高度则是 9.5 英尺。所以，支撑腿对这样一座大三脚架来说是至关重要的。

锁定腿部

三脚架腿部的锁扣不仅决定了它的长度，也决定了操作是否简便。在拍摄时，你没有太多时间去调整，可能只是晚了一秒钟时间，你就拍不到想拍的东西了。你必须快速搞定。

扭转锁定器很便捷，力度也不小。被锁住的部分不会松动。

三脚架腿部的功能越多，把它完全升起所花的时间就会更长。

中心柱

中心柱这样的部件可以自由转动。操作它的过程是十分流畅的。但你有没有想过，它也会拖慢工作速度？

在把三脚架降至地面的过程中，这跟中心柱有没有妨碍你的操作？如果妨碍到了，那么能不能把它给完全卸掉？

9.16 聪明地使用倾柱

你可能需要三脚架上的中心柱除了上下移动之外还能承载更多功能，得到一点额外的高度。

三脚架那些可以自由调整角度的腿部是一个很好的亮点。它们让你不受限于地形。当每条腿可以进行独立操作的时候,它们就成为三脚架的重量平衡系统的重要组成部分。

你可能会想要把中心柱调整到完全水平。这样一来,如果中心柱可以自由进行360°的旋转,那它将变得非常有用。你可以借此功能拍摄地上的任何东西。这个功能对自然环境下的摄影来说非常实用。

接下来,如果中心柱能够往上或往下转动,你就可以开始拍微观照片了。

和使用吊杆的原理类似,把倾斜的中心柱调节到灯光架的一条腿的上方能构成最稳定的结构。

如果你的三脚架在中心柱上配备了钩子,你可以把Matthews公司的蟒蛇袋挂到它的末端。

9.17 快拆球形云台

很多专业摄影师喜欢用珠窝式云台。因为它们便于操作。

快速拆卸

他们甚至更为喜欢快拆云台。快速拆卸装置安装在相机的底部,把1/4-20螺旋钮拧紧时,螺旋钮也不会碰到机身。你把平板滑到指定位置上,它就锁定在那了。当你需要把相机从三脚架上移除时,只需要按一下释放按钮,相机就能被取下了。

这是为你在不得不依赖三脚架却又必须手持三脚架的三条腿的时候准备的。

有些摄影师为追求安全性选用了双击释放装置，这样相机就不会意外脱落。

一个快速拆卸装置应该使人确信相机被牢固地固定着。如果固定得不牢，那么虽然表面上看起来一切正常，但相机只要一离开你的手，就会摔到地上。

球形云台工效学

一个优质的球形云台应该是很直观的。它的特点是给人提供一种自由感，让你少关心一些控制功能。旋钮使你能够控制镜头的摇摆。你需要拧紧到相机不会脱离你的控制任意活动，这时要把旋钮拧松一点，以使相机在360°的范围里有一些稍稍晃动的空间。

另一个需要注意的地方是球形云台的摩擦力控制。若是相机和三脚架之间的摩擦力不够，那么三脚架就和没有一样。过大的摩擦力则会阻碍你拍到完美的相片。

一个优质的球形云台能够轻易进行极其细微的调整。

9.18　侧向球形云台的控制

在某些方面，球形云台与侧向球形云台是十分相似的；在另一些方面，它们又完全不同。

最重要的相似点在于它们提供了特定的自由操作的空间。控制范围很小，也很快。

除了旋转360°，侧向球形云台能让相机在90°的范围里上下调整。通过旋转相机的方向，摄影师能将相机对准左边或右边。你还能把相机调到中间，并上下调整相机。因为球的灵活性，它能迅速地适应你的需求。

两种头型云台都鼓励你将器材运用得得心应手，使你能全身心投入到拍摄之中。对器材的调整成为了第二天性。

因为球滚到了某一边，如果你不用摇动相机，那么你只要把摩擦力调整好就能开始拍摄了。

除了能够360°水平滚动，侧向球还能从水平滑动90°。这样一来，相机同样也能在垂直平面上进行360°旋转。摄影师会根据球的左右寻找一个顺手的位置。这样做的目的是通过调整摩擦力，让你彻底不用担心相机的稳定问题。那样的话，你就能少分心，并专心成为一名更加出色的摄影师。

第十章
日光型荧光灯

一些摄影师对闪光灯特别偏爱，另一些则忠于持续性的照明。持续性的光源是真正的"所见即所得"的光照。它们使追随者觉得他们在近似自然光照的条件下工作。对这样的观点我们有一些话要说。

摄影师曾认为荧光灯是劣质的照明手段。尽管荧光灯可以实现冷白色、暖白色与其他各种色温，但荧光灯的使用被看做是一场灾难。

今天，日光型荧光灯是造像工业的新宠。

它无处不在。

日光型荧光灯遍布新闻直播间，悬挂在头顶上的炽光灯被一大片荧光灯管所取代。

甚至一些故事片的摄影指导也加入了这股使用荧光灯照明的热潮。

摄影师们不用觉得自己落后于潮流。Westcott开创了这种照明方式用于静物摄影。他们的"蜘蛛灯组（Spiderlite）"拥有五个5500W的电灯，且无需色彩修正。它们的白平衡与太阳光完全一致。它们用于室内照明可以只让人关注外部光源的色温这种小问题。

这也是一个经济的选择，尤其对桌面摄影来说。

10.1 光照亮，功率低

如果你想要一个省钱的桌面摄影照明的解决方案，那么这就是了。

我们并不鼓励不带入射式测光表就开始拍摄，但如果你的相机有一套不错的内测曝光系统，就像我们在第 2.22 小节讨论过的那样，你就暂时不需要它，直到你有能力购买一个很好的测光表。

优秀的光照质量

在柔光箱里，我们看不出日光式荧光灯的光照有什么缺点。一定要说的话，用日光式荧光灯照明便利到让人感觉像是在作弊。它的简单易用并非虚名，它风靡全球。

缺点

这种光源并非适合所有人。与炽光灯类似，对一部分人来说这样的光照还不够强。我们使用一个 135W 的"蜘蛛灯组"。可能的话 226W 的 TD5 更适合人像摄影。事实上如果有额外的光源，它们在小光圈上具备绝对优势。

简便的操作

相对于受场地影响很大的摄影类型，静物摄影是一个发展得很深入的分支，你可以不关心快门速度（只要它还没慢到产生干扰），并通过光圈调整曝光量。

试着调到光圈优先，就像我们在第 85 页讨论过的那样，并且让相机决定快门速度。再说明一次，这取决于一个平均的光照。一部分相机的高调照片与低调照片可能会骗过测光表。

在右侧的照片中，我们仅用耗能

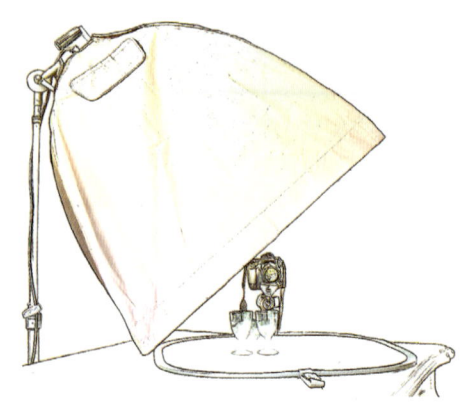

除了这一章中最后一张相片，所有相片均摄于同一个Westcott柔光箱，以及使用同一个日光型荧光灯——"蜘蛛灯组"TD5 照明。

技术规格

摄影师
Janet Stoppee

设计师
Tracey Lee

插图
Janet Stoppee

相机
Nikon D2x · ISO: 100 · 快门速度: 1/50
手动模式

镜头
Micro-Nikkor 200mm f/4 IF
35mm 等效焦距: 300mm @ f/5.6

闪灯
1 - Westcott Spiderlite 135 watt TD5
1 - Westcott 36" x 48" Silver Soft Box
1 - Westcott 30" Illuminator - White Diffusive/Reflective Panel

测光表
Gossen Starlite

附件
1 - Gitzo Explorer
1 - Gitzo 侧向球形云台
1 - Matthews Preemie Baby Stand

后期软件
Adobe Bridge, Camera Raw, and Photoshop
Corel Painter

135W 的光源，就做出所有我们在静物摄影时需要的光照效果。

就像前一页上面的照片一样，它受益于白色表面的光反射。

10.2 奇形怪状的灯泡

1896 年，爱迪生发明了荧光灯，11 年后获得专利。他从未把他的这项发明商业化。

荧光灯管里充满着包含低压水银蒸汽和氩的气体。它们的寿命比钨丝灯泡长得多，比起炽光灯来说更为节能。荧光灯的寿命是炽光灯的 20 到 30 倍。钨丝灯泡通常将接收到能量的 10% 转化为可见光，而荧光灯可以转换 22% 左右的能量。

一个 15W 的荧光灯与 60W 的炽光灯的亮度大致相当。

荧光灯的缺点在于它里面的水银蒸汽。即便在清理干净之后，灯管打碎的地方对儿童仍然有毒。

紧凑型荧光灯的发明改变了世界利用电能的方式。曾受彩色灯管影响的荧光灯的名声在家用荧光灯出现之后被扭转了过来，它们一个灯泡的色温就能达到 2700k 到 3000k，与白炽灯泡相当。

在家中流行的照明手段并不一定会进入造像工业的工作室。

在荧光灯还不受欢迎的日子里，当灯管被点亮时，它们会闪动一下。这闪光可能并不会被肉眼所察觉，但影像能记录这一切。工作室使用的荧光灯是无闪动的。

造像者也需要 5500k 的亮度，这样的亮度并不是家用的选择。

Westcott 的"蜘蛛灯组"是恰到好处的日光型灯。

尽管"蜘蛛灯组"的灯泡拥有较长的寿命，照明工具也有各自的护罩，但荧光灯还是会损坏。如果它坏了，请正确地处置它，并换上一个名副其实的专业级灯泡，以取得平均的、色温准确的照明效果。

频繁开关会缩短它的使用寿命。

在设计上，Westcott 的"蜘蛛灯组"灯管是与其柔光箱共同使用的。它的光照传递范围大，能最大限度地发挥它的优势。你很难单独把"蜘蛛灯组"拿出来和闪光灯之类的进行比较。

不过最能说明问题的是技术规格。我们把微距镜头架在三脚架上，用 35mm 的胶片拍出了 300mm 的效果。进一步检查发现 f/5.6 的光圈值是最完美的，于是我们得到了 1/50 秒的快门速度。

在之前的部分，我们提到了"蜘蛛灯组"，但包括它在内荧光灯不适合人像摄影。不过要说明一点，如果我们把光源至物体的距离安排的十分近，在 f/4.0 的光圈值，快门速度是 1/100 秒，而在 f/2.8 的光圈值上，快门速度是 1/200 秒。

这个数据结果对于一般的人像摄影仍然可以接受。

技术规格

摄影师
Brian Stoppee

设计师
Tracey Lee

插图
Janet Stoppee

相机
Nikon D2x · ISO: 100 · 快门速度: 1/50
手动模式

镜头
Micro-Nikkor 200mm f/4 IF
35mm 等效焦距: 300mm @ f/5.6

闪灯
1 - Westcott Spiderlite 135 watt TD5
1 - Westcott 36" x 48" Silver Soft Box
1 - Westcott 30" Illuminator - White Diffusive/Reflective Panel

测光表
Gossen Starlite

附件
1 - Gitzo Explorer
1 - Gitzo 侧向偏心球形云台
1 - Matthews Preemie Baby Stand

后期软件
Adobe Bridge, Camera Raw, and Photoshop
Corel Painter

第十章 日光型荧光灯

10.3 整体照明系统

Westcott 的"蜘蛛灯组"的易用性使人们对它趋之若鹜。

另一项优点是,"蜘蛛灯组"灯管有一整个庞大的系统支持它。虽然"蜘蛛灯组"是新产品,Westcott 公司早在 20 世纪 20 年代的晚期就已成立了。不像现在那些新成立的公司,干一票就走人,而且没人知道他们的产品是在哪制造的。

荧光灯的操作并不复杂。你通过背面的 3 个旋钮就能控制"TD5 蜘蛛灯组"的光照。一个旋钮控制中间的 27W 灯泡,另外两个分别控制上与下、左与右的同样瓦数的灯泡。

TD5 的金属箱 4 个供柔光箱插入的口,这样就不用额外购买调速环了。它的表面是高反射性的,可以最大限度地提高光照效率。当矩形柔光箱与它相连接时,要使用把手把设备从垂直方向调整为水平方向。

Novatron 的使用者对倾斜支架再熟悉不过了。它的底部与灯架相连接,另一侧则留出了空间供伞杖插入。我们

技术规格

摄影师
Brian Stoppee

设计师
Tracey Lee

插图
Janet Stoppee

相机
Nikon D2x · ISO: 100 · 快门速度: 1/50
手动模式

镜头
Micro-Nikkor 200mm f/4 IF
35mm 等效焦距: 300mm @ f/5.6

闪灯
1 - Westcott Spiderlite 135 watt TD5
1 - Westcott 36" x 48" Silver Soft Box
1 - Westcott 30" Illuminator - White Diffusive/Reflective Panel

测光表
Gossen Starlite

附件
1 - Gitzo Explorer
1 - Gitzo 侧向球形云台
1 - Matthews Preemie Baby Stand

后期软件
Adobe Bridge, Camera Raw, and Photoshop
Corel Painter

喜爱支架上的把手设计，因为它不仅能够前后调整 TD5，还能从支架上移走。你可以重新安排把手的位置，而不被其固定位置所束缚。在使用中的调光器把支架挡住时，移开把手就能更容易地控制支架。

请让荧光灯泡保持不间断长时间的照明状态，还要使用机器背面的防护罩。

请看接下来连续两页的说明，进一步了解柔光箱的组成。

利用"蜘蛛灯组"背面的 3 个旋钮来调节照明输出。

10.4 简易柔光箱

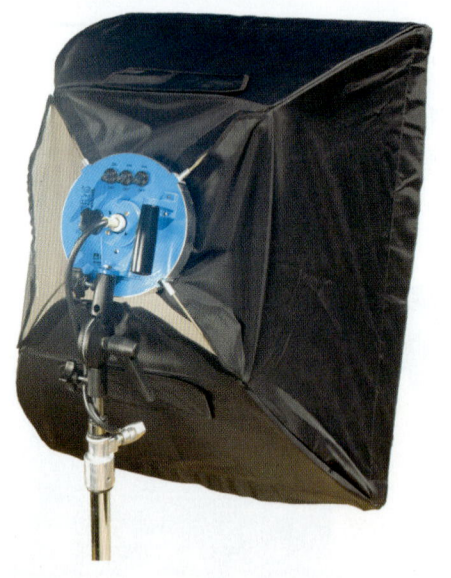

当电影制作者需要借助照明拍摄时,他们就会把日光型荧光照明装置带到室外。我们也是这么做的。

你可以从右上图中了解到,无论何时何地,你都可以立即组装出一个 Westcott 柔光箱。

我们想要在这里拍摄虾。到处都是积雪,雪花还在从天飘落。在这样的环境下,光照是平均的,但尚不理想。我们需要做些改进工作。

注意金属碗的边缘反射出的柔光灯箱的倒影,以及虾身右上方的高光。柔光灯箱制造了对比,限定了视野。这使照片变得吸引人。

最好在"TD5 蜘蛛灯组"盖着防护罩时组装 Westcott 柔光箱,或是在柔光箱的外形搭完之前把荧光灯放到安全的地方。先把杆子放入柔光箱的套管,再把杆子与 TD5 相连接。如果确保柔光灯箱面朝下方,地面干净,并且散射屏尚未安装,这个安装步骤就会非常顺利。

Westcott 柔光箱的杆子非常灵活。我们在室内组装好柔光箱,把它推出房门,安装到外面的支架上。我们并不提倡在降雪时于户外使用照明设备。在拍摄时,雪花会逐渐融化,而 Westcott 的防水功能使柔光箱在小雪中毫发无伤。

技术规格

摄影师
Brian Stoppee

设计师
Tracey Lee

插图
Janet Stoppee

相机
Nikon D2x - ISO: 100 · 快门速度: 1/500
手动模式

镜头
Micro-Nikkor 200mm f/4 IF
35mm 等效焦距: 300mm @ f/4.0

闪灯
1 - Westcott Spiderlite 135 watt TD5
1 - Westcott 36" x 48" Silver Soft Box

测光表
Gossen Starlite

附件
1 - Gitzo Explorer
1 - Gitzo 侧向球形云台
1 - Matthews Preemie Baby Stand

后期软件
Adobe Bridge, Camera Raw, and Photoshop
Corel Painter

10.5 制造反射：快速入门

如果你刚开始学习使用日光型荧光灯，并通过它初次接触人工照明手段，那么这一部分就是你的快速入门指南。

让我们回顾一下光源和目标物体之间的距离是如何影响照明效果的。光源离目标物体越近，包住物体的光就越多。

镜面高光是光源的镜像反射。从右边的图片中我们可以看到，柔光箱的倒影出现在红酒瓶子的颈部。从镜面高光的大小，我们可以看出 36×48 英寸的光源离瓶子只有几英尺远。

从瓶身上我们也可以看到两个倒置的高脚杯底部与玻璃杯的倒影。

如果光源离瓶子再远一些，那么高光区域会缩小。如果柔光箱直接放在瓶子上方，高光会大到完全吸走人的注意力，而且看上去也会很不自然。

如果光源再大一点，高光区域也会随之增大。不过，由于更大的光源覆盖了更大的区域，它的效率也就降低了。这张照片的曝光情况也将完全不同。

如果光源变大，我们可以从三个方面来调整曝光：

1. 增加快门打开时间。如果快门打开时间过长，照片上可能会出现噪点。

2. 把感光度从 ISO100 调高。不过同样的，如果感光度过高，就会变成制造噪点的元凶。

3. 调大光圈。这样可能导致景深变浅。

上面所说的每一种方法都有其副作用。

第 4 种办法则是让光源更靠近物体。这将改变高光的形态，也会改变深色的瓶子与背景区别开的方式。摄影有其自身的秘密。图片中有足够多的视觉信息证明那就是个葡萄酒瓶。

还有种可能的办法是在柔光箱中增加光源。增加光源的输出强度并不会导致什么负面影响（除了你必须花钱再多买光源以外）。

如果你在昏暗的工作室里拍摄，你可以进行多次曝光（如果你不会撞到相机的话）。

总结一套你自己的办法，发展一个概念，探索使用光源的方法，仔细尝试每一种可能性，对结果进行评估。通过 Adobe Bridge 软件，把你最喜欢的 5 张照片标出，只显示你最喜欢的照片。问自己如何才能做得更好。

技术规格

摄影师
Brian Stoppee

设计师
Tracey Lee

插图
Janet Stoppee

相机
Nikon D2x · ISO: 100 · 快门速度: 1/50
手动模式

镜头
Micro-Nikkor 200mm f/4 IF
35mm 等效焦距: 300mm @ f/5.6

闪灯
1 - Westcott Spiderlite 135 watt TD5
1 - Westcott 36" x 48" Silver Soft Box
1 - Westcott 30" Illuminator - White Diffusive/Reflective Panel

测光表
Gossen Starlite

附件
1 - Gitzo Explorer
1 - Gitzo 侧向球形云台
1 - Matthews Preemie Baby Stand

后期软件
Adobe Bridge, Camera Raw, and Photoshop

第十章 日光型荧光灯 297

10.6 创造月光

我们又一次不得不像电影人一样，把日光型荧光灯照明工具搬到户外。

荧光照明的另一个好处是它耗费的能源很少，对地点所能提供的电量要求不高。有时当电影的故事发生在偏远地带时，那里仅有的电力来源是几个发电机。

Westcott 的"蜘蛛灯组"所需要的电量是如此之少，一个小型的便携发电机就能让它们中的一部分持续工作一段时间。

对于这次拍摄，我们要平衡具有 3 种色温的 3 种不同光源。其中一项挑战就是平衡这 3 种光源的曝光。

如果火焰烧得太旺，他将自动熄灭。如果炽光灯照明过于热烈，我们将失去月光的感觉。

我们把日光型荧光光源放得尽可能近，同时又让它能够照到整个拍摄场地的全部。

在 28mm 的焦距上（对 35 毫米相机来说应该是 42mm）我们有非常大的景深，但事实证明 f/8.0 的光圈就足够了。当快门时间变为 1/1.3 秒，它已经足以产生噪点，所以继续往上调整感光度并不是合适的选择。我们依赖强烈的内部照明，于是点燃了炉火。

这是一个典型的小心翼翼地排除错误方法的过程：我们用这个办法照了一张，又用另一种办法照了一张，然后尽快拿到电脑上进行仔细比对。

当你像这样检查一张照片时，要注意查看微小的细节。问自己这样的问题：这样长的曝光时间足够把蜡烛的火苗照进去吗？高脚杯中的红酒有没有从背景中分离开来，并且是否得到了充足的光照，从而不会变成黑色？

从多个光源平衡曝光与色温是一项需要熟练技巧的工作。只有通过完善的事前规划与对细节的锚铢必较才能拍出理想的效果的照片。

技术规格

摄影师
Brian Stoppee

设计师
Tracey Lee

插图
Janet Stoppee

相机
Nikon D2x · ISO: 100 · 快门速度: 1/1.3
手动模式

镜头
AF-S Zoom-Nikkor 28-70mm f/2.8 IF-ED @ 28mm
35mm 等效焦距: 42mm @ f/8.0

闪灯
1 - Westcott Spiderlite 135 watt TD5
1 - Westcott 36" x 48" Silver Soft Box
1 - Westcott 54" x 72" Silver Soft Box w/Tungsten

测光表
Gossen Starlite

附件
1 - Gitzo Explorer
1 - Gitzo 偏心球形云台
1 - Matthews Baby Jr. Double Riser Stand
1 - Matthews Baby Jr. Triple Riser Stand
1 - Matthews Boa Bag - 15lb.
1 - Matthews 20lb. Saddle Bag

后期软件
Adobe Bridge, Camera Raw, and Photoshop
Corel Painter

对于这样的照片而言，微小的细节说明摄影师精通拍摄技艺。高超的创意要用娴熟的技艺去实现。

第十一章
HMI

从20世纪70年代早期开始,HMI开始风靡于电影电视的摄像指导圈内。现在,他们是很多大型电影公司选用的照明设备。

在很长一段时间里,HMI巨大的体积和高昂的价格使摄影师对其敬而远之。

现在,一些HMI照明设备已经变得很小,你用单手就能提起一对灯头。有的甚至小到能安装在摄影机的顶部。

HMI是Hydrargyrum medium-arciodide的缩写。Hydrargyrum是古时候对水银(Hg)的称呼。所以HMI确切来说是水银卤化灯。

HMI发出的光有十分特别的外观。在专业人士眼里,这代表着"好莱坞"。

虽然目前来说HMI还不太可能出现在大型折扣店里,但它确实正在变得越来越流行。HMI光照被用于博物馆展览,也出现在贸易展览摊位,甚至是在零售商场里。

作为一个持续性的光源,很多人喜爱它"所见即所得"的特性。

HMI可以照射出令人赞叹的日光效果,色温在5500k左右。因为这个原因,大型HMI照明设备经常被用于户外拍摄。

生产HMI公司的行话是以千瓦为单位来形容HMI的功率。一个功率高达万瓦的HMI被称作"十千HMI"或者"十个的",用以和平常的"万瓦"区分开来。

11.1 为什么选择 HMI？

一个 HMI 照明设备由两个不可分割的部分组成：一个灯头和一个镇流器。它们共同控制着灯头里的 HMI 灯泡。HMI 灯泡是相当独特的，它与卤素灯只有一些相像。不过相似之处都是微乎其微。

与借助钨丝发光的炽光灯不同的是，HMI 灯泡在两个电极之间产生电流。它们激起高压下的水银蒸汽，高效率地进行照明。

在北美 60HZ，120V 的电压下，HMI 每秒不停地开关 120 次，和炽光灯让灯丝不间断发光的做法又有所不同。

这个不断开关的过程被称作"频闪"。使用一个先进的 HMI 设备的难点之一是创造一个无频闪的环境，使 HMI 的频闪在电影摄制或在很高的快门速度下不会被拆穿。

通常来说，HMI 使用的灯头分为三种：

投光／泛光的照明设备，类似相机的镜头。它在前端和内部各有一个光学元件。通过调节内部设备，发出的光线也不同。

另一种常用的设备被称作"PAR"。这是抛物面镀铝反光灯（Parabolic Aluminized Reflector）的缩写。它会产生轮廓鲜明的光线。

第三种 HMI 照明设备是 PAR 的一种缩水版本。这是没有反射器的 PAR，有时被称作"柔光PAR"，有点像影室闪光灯的裸光管。柔光照明在柔光箱里非常好用，在摄制右边的相片时我们就采用了这种照明方式。

技术规格

摄影师
Brian Stoppee

设计师
Tracey Lee

插图
Janet Stoppee

相机
Nikon D2x · ISO: 100 · 快门速度: 1/200
手动模式

镜头
AF-S Zoom-Nikkor 28-70mm f/2.8 IF-ED @ 70mm
35mm 等效焦距: 105mm @ f/7.6

闪灯
1 - DedoPAR Light Head with Direct/Soft Attachment
1 - Dedolight HMI Electronic Ballast
1 - Dedolight Soft Bank

测光表
Gossen Starlite

附件
1 - Manfrotto Tripod with Quick Release Head
1 - Matthews Preemie Baby Stand

后期软件
Adobe Bridge, Camera Raw, and Photoshop
Corel Painter

通过对发光元件的设计，右图中的小型HMI灯泡能发出非常大的亮光。

在下图中，我们在柔光灯箱里使用了一个HMI的灯头。光源调节起来非常容易。HMI的输出功率对静物摄影来说绰绰有余。

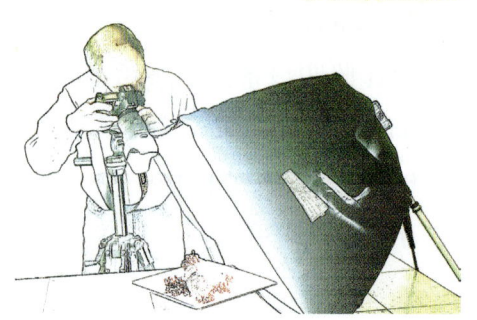

11.2　控制镇流器

镇流器使用起来非常容易上手。它是 HMI 的控制台。

开始操作

把灯头连接到支架上，使用特制电缆把它与镇流器连接起来，并接上电源。如果一切顺利，"准备就绪"灯就会被点亮。接下来，按下处于镇流器或灯头上的开始按钮，不一会你就能看见巨大的光亮。当灯泡亮起之后，控制台上表示"灯光"的指示灯也会一并亮起。

一个 HMI 灯头有大约 700 小时的使用寿命。通常的用法是在打开 3 小时之后关闭 1 小时。

细致的操控

虽然得到奥斯卡奖项的迪图（Dedo）照明公司将它们的产品标为 400W，但通过控制台能获得远高于这个数字的功率输出。在升压状态下，它的功率可提升到 575W。而它的减光模式则允许人们在 200 到 400W 的功率的范围内对其进行操作。

5,500k 的照明

与人们在餐厅里把光线调暗不同，当场地不仅变得越来越暗，而光照的温度变得愈发明显时，迪图灯可以在任何情况下保持色温不变。

11.3　PAR

多年以来一直使用工作室闪光设备的专业摄影师总是会用到 PAR。PAR 就像一个有反光镜的闪光灯头，特别是在取下反射器时，HMI 光头就变得像裸管头一样，闪光灯一般也是这样的。

对室外的电子新闻采访来说，一个小小的 PAR 经常是安装在广播新闻镜头上方的标准配备。

技术规格

摄影师
Brian Stoppee

设计师
Tracey Lee

插图
Janet Stoppee

相机
Nikon D2x · ISO: 100 · 快门速度: 1/200
手动模式

镜头
AF-S Zoom-Nikkor 28-70mm f/2.8 IF-ED @ 70mm
35mm 等效焦距: 105mm @ f/7.1

闪灯
1 - DedoPAR Light Head with Direct/Soft Attachment
1 - Dedolight HMI Electronic Ballast
1 - Dedolight Octadome

测光表
Gossen Starlite

附件
1 - Manfrotto Tripod with Quick Release Head
1 - Matthews Preemie Baby Stand
1 - Matthews Boa Bag · 15lbs.

后期软件
Adobe Bridge, Camera Raw, and Photoshop
Corel Painter

在下图中你可以很明显地看出，在一个讨人喜欢的多云天，我们借助安装在八边柔光箱的HMI为拍摄物体增加了一些照明层次。番茄上的扩散高光以一种自然的方式凸显出了它们的外观。

抛物反光镜与照明输出

我们所熟悉的迪图 PAR 日光灯是通过前两页谈到的镇流器操控的。这是一个 400W 功率的灯头，最高输出功率是 575W。对 PAR 来说它超过了很多 HMI 所能达到的水平。不过，实用的照明取决于好的照明设备设计与制造。这使得人们很难把两个不同公司的 PAR 产品进行比较。

与其他照明产品相同，入射式测光表能够反映 PAR 的真实工作情况。

和多数 PAR 一样，人们使用迪图 PAR 时往往不会在反光镜上增加镜片。这使它的光照输出最有效率。使用可换透镜来漫射光线。

直接操作

我们对迪图 PAR 很满意的一点是它的适应性强。我们可以拿走前端反光镜，换上柔焦镜。Chimera 和 Westcott 公司有为这种镜头所配的调速环。于是这就与我们在其他拍摄场合使用的柔光箱一样了（迪图照明公司也有它们自己的柔光箱系列产品）。这个镜头配有石英玻璃管。它能过滤紫外线，同时也作为安全设施使用。如果防护玻璃管损坏，灯头则会自动关闭。

技术规格

摄影师
Brian Stoppee

设计师
Tracey Lee

插图
Janet Stoppee

相机
Nikon D2x · ISO: 100 · 快门速度: 1/50
手动模式

镜头
AF Zoom-Nikkor 80-400mm f/4.5-5.6D ED @ 135mm
35mm 等效焦距: 202mm @ f/5.0

闪灯
1 - DedoPAR Light Head with Direct/Soft Attachment
1 - Dedolight HMI Electronic Ballast
1 - Dedolight Soft Bank

测光表
Gossen Starlite

附件
1 - Manfrotto Tripod with Quick Release Head
1 - Matthews Preemie Baby Stand

后期软件
Adobe Bridge, Camera Raw, and Photoshop
Corel Painter

柔光灯里搭配柔焦镜的迪图PAR相当适合用来桌面摄影。1/250 s的快门记录下了香槟酒冒出的气泡，镇流器在575W的状态下工作。静止不动的静物允许快门速度调慢，如果你愿意还能再加深景深。

11.4 好莱坞风格

你很难准确定义什么才是"好莱坞风格"的照明,就像你不能把所有五星级餐厅的厨艺分出个高下。每一部精彩电影的摄影指导都会按照导演的要求确定照明效果。

对那些最伟大的电影来说,它们的视觉效果可用"巧夺天工"来形容。

用虚拟经济的原理来说,你的注意力在看这样的影片时会精确地放在应该注意到的地方。观众对荧幕上发生的一切都有所了解,但他们的眼睛没有从重点上移开过。

在明白这一点之后,我们挑战拍摄了右边的这张照片。我们只有一盏在中型柔光箱里的迪图PAR,使用长焦镜头从房间的另一端进行拍摄。如果光源在红酒酒杯上打出了镜面高光,就可能会导致人们分散注意力。

在严格地对摄影进行规划之后,我们让取景器对准这对夫妇的脸部。通过让模特的眼睛对准酒杯这个做法,我们争取到了一些主动权。观看照片的人观察不到他们的眼睛,这违背了他们平时的经验。

请把这张照片中的女性模特与本章节之前的本章开篇的同一人作比较。在那张照片里我们特意引导人去看她眼睛里的欣喜之情,从而会让人进一步留意到她茂密的头发。

学习图像拍摄的技巧是一辈子的事。有很多很多的事要学习,而且要了解的知识面总在不断增加。不过,创意的产生并不是一成不变的。

就像成功的摄影指导不会用同样的手法对两部电影的拍摄进行照明一样,不要让自己在摄像时陷入思维定势。每一张脸都是不同的。使用各种各样的方法拍摄每一张照片。保持思维的敏锐。

你越善于挑战自己,就越能取得进步。

我们只用一个柔光箱给鲁西娜和乔照明。一个575W的柔光PAR是我们仅有的光源。一个长焦镜头摄下了这张照片,使我们把注意力集中在人物身上。

技术规格

摄影师
Brian Stoppee

设计师
Tracey Lee

插图
Janet Stoppee

相机
Nikon D2x · ISO: 100 · 快门速度: 1/40
光圈优先

镜头
AF Zoom-Nikkor 80-400mm f/4.5-5.6D ED @ 175mm
35mm 等效焦距: 262mm @ f/5.0

闪灯
1 - DedoPAR Light Head w/Direct/Soft Attachment
1 - Dedolight HMI Electronic Ballast
1 - Dedolight Soft Bank

测光表
Gossen Starlite

附件
1 - Manfrotto Tripod with Quick Release Head
1 - Matthews Preemie Baby Stand

后期软件
Adobe Bridge, Camera Raw, and Photoshop
Corel Painter

模特
Luciene Pereira
Joe Reyes

11.5 小角和广角打光

虽然有经验的摄影师能够参照一些使用 PAR 时的经验，但控制 PAR 的聚光区域对于大多数人来说很新鲜。正是这令人愉悦的照明体验促使摄影师把 HMI 列为他们必备的设备——即使他们已经拥有了一大堆电池供电或 AC 交流供电的闪光灯。

有些 HMI 制造商把一种上至百老汇音乐剧，下至当地中学礼堂使用的照明设备的设计全盘照搬了过来。菲涅耳（也有人把它读作"弗雷涅尔"或"弗拉涅尔"）透镜得名于它位于前端的阶梯透镜。这是我们在灯塔上看到的那种透镜的缩小版本。

这种透镜在剧院里能发挥很好的效果，而在静物摄影里，一个人可以任意观察照片上的每一个细节，想观察多久

在右图的拍摄过程中，我们通过把一个迪图400放在窗外创造了一个自然的光照环境，并在照片中精确地还原了光照效果。

技术规格

摄影师
Brian Stoppee

设计师
Tracey Lee

插图
Janet Stoppee

相机
Nikon D2x · ISO: 100 · 快门速度: 1/30
手动模式

镜头
AF-S Zoom-Nikkor 28-70mm f/2.8 IF-ED @ 48mm
35mm 等效焦距: 72mm @ f/2.8

闪灯
1 - Dedolight HMI Daylight Head
1 - Dedolight HMI Electronic Ballast
1 - Dedolight Barn Door

测光表
Gossen Starlite

附件
1 - Manfrotto Tripod with Quick Release Head
1 - Dedolight Stand

后期软件
Adobe Bridge, Camera Raw, and Photoshop
Corel Painter

就观察多久，在这种情况下菲涅耳对焦点的照明效果并不为多数摄影师所接受。

迪图·韦格特（Dedo Weigert）凭借迪图光学照明设备获得了奥斯卡奖与艾美奖。他不仅把菲涅耳透镜作为前端组镜，更在灯头里加入了第二个透镜，以取得更加平滑，可控，高效的照明效果。

这个光学设备的独一无二的照明效果从窗外的一个光点透过窗子射入的光线中就能看出。

我们把光源的角度调低，以得到柔和的阴影来模拟晚一些时候的光照。我们决定不要特地调高色温，因为打在黄色玻璃杯上的效果不合适，而瓶中液体的成像效果似乎也会降低图片的表现力。

在我们已知的闪光灯以及其他照明手段之中，还没有一种设备能模仿这样的效果。

对焦

迪图 400HMI 光头使用起来再简单不过了。只要按照我们在第 11.2 小节中提到的镇流器的操作方法进行操作即可。

镇流器就是你的操作台。

根据这份操作指南来操作灯头的旋钮。当它调整到后方时，它射出光线的角度是 4.5°。当它完全处于正向时，则广阔地照向 50° 角的范围。这些角度的光照都没有硬朗的轮廓，但光源会迅速变暗。

在第 3.4 小节，我们谈到了平方反比定律。当我们在一个地方集中了更多的光照，光照的强度就增加了。为了覆盖更大的范围，光束需要变宽，光照也需要增加。在这个 HMI 光头里，这样一个对应关系体现得很明显。

当你在小角打光环境下使用光头时，测光表的读数与你在广角得到的度数有很大不同。

这也是迪图照明采用菲涅耳透镜的优点。即使在

46°，400W 的照明功率之下，一些采用菲涅尔透镜的迪图照明产品仍然具备 1k 的光照强度。

当你调节迪图灯背后的聚焦旋钮时，一个红色的指示灯清晰地显示出照明的角度。范围从 4.5°一直到 50°。当你旋转旋钮时，你移动的是灯泡和灯头前的光学元件。当仪器处于广角或最小角度时，滤镜与灯泡就会更好地协同发挥作用。

附件

迪图照明 400HMI 有一个非常周到的四向挡光板。两个独立板可以根据需要开启或闭合。它可以滑入灯头前面的夹片里，卡栓也非常牢靠。

它的卡口和探灯里面的一样。

迪图照明器具中也有名为"麻布"的散射屏。

200 系列

迪图有一套 200W 的小角和广角灯头。用它来拍摄汽车这种体积的被摄物已经绰绰有余。它也可以按我们的需要只照射很小的区域，令观众的注意力集中在特定的地方。

11.6 详述静物摄影

人像摄影和静物摄影哪个更复杂？这很难说。

举杯微笑的情况还好说，但如果你的模特可以一整夜纹丝不动，等着你做各种微小的调整直到天亮，你可真要好好想想怎样答谢人家了。

时间就是金钱。静物摄影不可以耗费

迪图照明 200 系列是小一些的小/广角灯头，可操作的角度范围略小。它的输出光线强度可以调整一档左右。镇流器也小得多，它可以直接被装进登机用的行李箱。

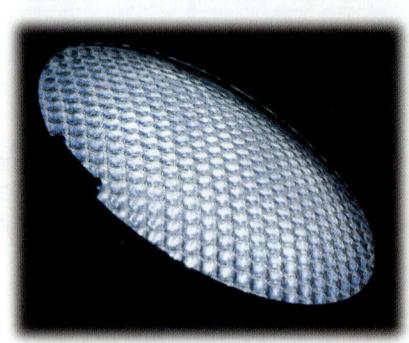

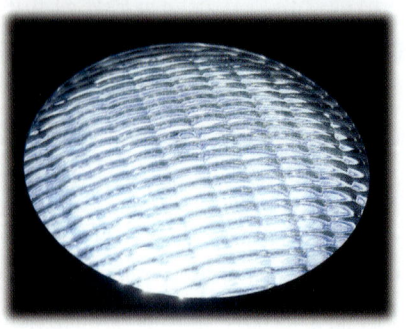

除了镜片前置的 HMI，也有别的小角和广角灯头。比如我们在 9.4 小节提起过的在一个前置反光镜后面加上三附件镜片的迪图 PAR。这些（广角、小角及适中的）散射透镜可以改变 PAR 的光线质量，令它以不变应万变。

一整个星期来拍，更何况有些顾客会多付钱，要你在几小时内就拍好。

HMI 光照时间越长，灯的寿命就被消耗得越久。我们尽可能高效率地工作，每天拍摄更多照片。有些项目还要求注意到细节。解决方案有时需要探索。

对于右图，晶莹的反射效果需要得到完美呈现。把迪图 PAR 和迪图照明灯相结合是最好的答案。加上一点用 Westcott 照明灯产生的反射，就能给拍摄创造一个最终的光照环境。

这里也有其他的方法。有些可能需要一个柔光灯箱。如果排灯太大，还要保证足够的镜面高光。

然而，这可不是我们想要的。

这是我们给造型师特雷西·李的项目总控计划。我们已经与她合作 20 多年了，她总是能给我们带来令人印象深刻的作品。我们喜欢与我们团队之间建立的合作关系。

下图所有预先的计划都失败了。我们大概知道要进行拍摄，但是直到到达拍摄场地，我们才会知道所有细节。

我们必须竭诚合作，成为一个整体，直到拍摄达到完美。

合作初始，我们习惯性地选择了迪图 PAR 作为主要光源，迪图照明灯作为辅助补光。这个方法超出了我们的控制范围。

一旦我们在周围打开两盏灯，问题就解决了。

在尼康 D2x 上的 200mm 微距镜头，35mm 等效焦距为 300mm，使 3 只杯子的脚形成了独特的画面关系。这时你要设计景深，这决定着拍摄的成败。

我们只希望一只杯子脚的轮廓落实。如果观者在背景上能清晰地看到花朵，他的注意力就会分散。

我们的焦点不一定是某个被摄物，有时候可以是它的前半部。了解过焦距（见第 2.25 小节）能帮助我们得到想要的效果。

技术规格

摄影师
Brian Stoppee

设计师
Tracey Lee

插图
Janet Stoppee

相机
Nikon D2x · ISO: 100 · 快门速度: 1/8
手动模式

镜头
Micro-Nikkor 200mm f/4 IF
35mm 等效焦距: 300mm @ f/11

闪灯
1 - Dedolight HMI Daylight Head
1 - Dedolight DedoPAR Light Head with Reflector
2 - Dedolight HMI Electronic Ballasts
2 - Dedolight Barn Doors
1 - Westcott 30" Sunlight Illuminator

测光表
Gossen Starlite

附件
1 - Gitzo Explorer Tripod
1 - Gitzo 侧向球形云台
1 - Matthews Preemie Baby Stand
1 - Matthews Baby Jr. Dbl. Riser Hollywood Stand

后期软件
Adobe Bridge, Camera Raw, and Photoshop
Corel Painter

静物摄影是技术与创造力结合的产物，两者无法分离。

在这次计划中，需要平衡精准的灯光设置和最佳景深，后者是我们拍摄时最优先考虑的。

迪图照明灯400的镇流器允许我们选择400或575W。我们也可以在200至400W的范围内选择HMI。

其他的光线控制还有光头附带的四向遮光板。

高杯脚晶莹剔透，轮廓光泽度很好。这是一个通过强调高光让阴影部分被忽略，并同时让水晶杯身保持在散射光之中的成功范例。

一旦我们转换PAR作为我们的补光光源，把泛光灯作为主光，我们的工作就变成了如何巧妙地让主光的镜面高光照亮倒立的杯脚底部。

有些战役要通过频繁的测量比对才能获胜。

常常会碰到物品紧凑的静物台。那么每一个细节都要被计算到。

背景的花需要与高脚杯和谐一致，它们也需要高光。如果没有，水晶杯和花朵的差距就太明显了。

前景和背景都同样要保持活跃。

这才是这张图片的气氛。

它需要让人感到身处类似于庆典的欢乐的场合。我们希望观察者感到迫不及待想要将杯子翻过来倒上饮料。

现在Westcott的日光照明灯为高脚杯左侧的底部提供了足够的散射光，漂亮地打亮了一小块纹理漂亮的表面。

11.7 探照灯和遮光板

探照灯附件和可用的遮光板是使得 HMI 对摄影师如此有吸引力的另一方面原因。它不是我们大多数使用的闪光灯。

迪图照明灯的 400 "Imager" 系列是一个光学系统模块，它附带有我们此前已经讨论过的 400 系列小角和广角照明设备。

我们为了更加特殊的效果而使用它。它可以有效地将光控制在一个很小的重点区域。其他附件都一样，它位于灯头前方。有 4 块百叶来遮挡光路，一块透镜来推拉焦点。

遮光板（gobo）是英文单词"在中间（go between）"的简写。你可以通过把遮光板放在光的路径来进行修饰。在后面两页里，我们拍摄了一个拼字游戏板，就是用"Imager"投射光线，让光线透过柔丝克遮光板的软百叶帘得到修饰的。

一台 Westcott 的 Illuminator 漫反射板在光源和被摄主体之间。由于物体是球形而且材质是玻璃，重点在于找到平均的反射光。

技术规格

摄影师
Brian Stoppee

设计师
Tracey Lee

插图
Janet Stoppee

相机
Nikon D2x · ISO: 100 · 快门速度: 1/125
手动模式

镜头
AF-S Zoom-Nikkor 28-70mm f/2.8 IF-ED @ 48mm
35mm 等效焦距: 48mm @ f/5.6

闪灯
1 - Dedolight HMI Daylight Head
1 - Dedolight DedoPAR Light Head with Reflector
2 - Dedolight HMI Electronic Ballasts
2 - Dedolight Barn Doors
1 - Westcott 42" 2-Stop Diffuser

测光表
Gossen Starlite

附件
1 - Gitzo Explorer Tripod
1 - Gitzo 侧向球形云台
1 - Matthews Preemie Baby Stand
1 - Matthews Baby Jr. Dbl. Riser Hollywood Stand

后期软件
Adobe Bridge, Camera Raw, and Photoshop
Corel Painter

11.8 探照灯附件和雾化效果

迪图"Imager"的一些功能非常有趣，不可错过。

我们的主光是简单的反射光，来自周围的白墙。带有DP400"Imager"的迪图400照明灯提供重点照明。探照灯装载了带软百叶窗的遮光板。

为了使整个设置更具有挑战性（我们无法忍受平庸的拍摄），我们引入了柔丝克1700起雾机。它在戏剧舞台非常受欢迎。不同于那些脏兮兮的油动力起雾装置，柔丝克用水作为动力，不会留下污渍和残渣。

我们首先操作支架一端的 HMI，直到权重的平衡感令人满意为止，你要多试几次，排除错误（错误次数相对更多）。

由于游戏板的天然色调较深，拍摄模式下的测光表结果很完美的。但是没有特殊的薄雾效果，图像并没有令人惊艳。

通常，起雾机用雾来填充大型剧场和舞台。我们对于它的室外使用方法比较熟悉，在室外，一阵微风都能帮助烟雾扩散。

在我们的小型工作场地，一个小喷嘴也可以完成这项工作。但是柔丝克1700不需要小喷嘴。它在几秒钟之内就能让能见度降低到5英尺以下。它非常完美。烟雾散去需要花上一段时间，在雾散之前，我们有充沛的时间来精确捕捉我们想要的烟雾画面。

起雾机不仅可以在不改变湿度的前提下向空气中释放雾气，同时也能反射一小部分光，恰到好处地表现出了我们想要的效果。

遮光板的效果很自然。反射光和投射光都是均匀的。调整投射光源和被摄主体之间的距离，再用"Imager"调整焦距——我们只要少量工作就能达到想要的效果。关于平衡没有一定之规，只要让人看着舒服就好。

技术规格

摄影师
Brian Stoppee

插图
Janet Stoppee

相机
Nikon D2x · ISO: 100 · 快门速度: 1/8
手动模式

镜头
AF-S Zoom-Nikkor 28-70mm f/2.8 IF-ED @ 62mm
35mm 等效焦距: 93mm @ f/16

闪灯
1 - Dedolight HMI Daylight Head
1 - Dedolight DedoPAR Light Head with Reflector
1 - Dedolight DP400 Imager
1 - Dedolight Gobo Holder
2 - Dedolight HMI Electronic Ballasts
1 - Rosco Gobo
1 - Rosco 1700 Fog Machine

测光表
Gossen Starlite

附件
1 - Manfrotto Tripod with Quick Release Head
1 - Matthews Preemie Baby Stand
1 - Matthews Baby Jr. Dbl. Riser Hollywood Stand

后期软件
Adobe Bridge, Camera Raw, and Photoshop
Corel Painter

薄雾效果很少被注意到，但是它影响着图片的氛围。要找到百叶窗遮光板和主光之间的平衡。

第十二章
无线电池闪光

如果你在2004年以后没有用过电池闪光,那么你将再也看不到它。

现在,我们使用成熟的交流电闪光系统,仅需一块小电池就能操作。它有各种自动化性能,多到那些站在技术最前沿的摄影界科幻家花费整整一周也想象不完。

它得益于数字闪光灯和相机时而统一、时而互补的关系。

但它们的闪光单元相对小一些,就像HMI镇流器或者一个工作室闪光灯电源包那样,也有一个中控面板,就在你相机取景器的正上方,它是无线的,所以闪光设备都藏在其中,不会像大设备那样显眼。

让人惊讶的是如此多的功能都是自动的。读数是由相机和闪光设备在合适的距离内读取的。摄影师可以控制它,也可以让数字系统来做部分或者全部工作。

由于体型很小,这个系统非常便携。一个小型照明系统可以放进相机包,然后随着行李箱一起带到飞机上。

就像很多我们在本书中展示给你的东西一样,它只是新数字技术前沿的冰山一角。它令人兴奋,并且将不断向前发展。

你必须探索下去。

12.1 相机做些什么

我们应该铭记亨利·福克斯·塔尔博特（Henry Fox Talbot），他是一位英国的发明家，发明了很多与摄影有关的东西，早在 1851 年，他就探索出了闪光灯照明。

从那以后该技术又有了一些进步。

为什么使用电池闪光灯？

和其他专业摄影师一样，我们有一系列可用的人造光源：交流闪光灯，荧光颜料，HMI，甚至一些热光源。所以，为什么还要电池闪光灯呢？

对婚礼摄影师来说，电池供电的闪光灯在所有场合下必需的。除了婚礼摄影师曾经必备的"马铃薯搅拌机"（Potato mashers）闪光灯以外，其他体积庞大的闪光器械在婚礼摄影中并不受欢迎。

也有一些类似迷你版影棚闪光系统的电池闪光设备。它们有小型闪光灯头、一个综合电源包和可以挂在肩膀上的电池。这些都是普遍使用的手动设备。它们也曾一度在新闻摄影圈流行。

现如今，大量闪光设备的电源来自相机制造商，它们受到了各种专业摄影师的注意。有些第三方制造商也加入了闪光设备制造的行列，并给摄影师们留下了深刻的印象。

在 20 世纪 80 到 90 年代，当专业摄影师告诉我们他们不需要交流供电的闪光灯，小型的电池供电设备足以满足他们的所有需求，我们会很礼貌地回以微笑。

对我们来说，问题永远是怎样的设备最符合拍摄情景。电池闪光灯把一些其他系统不会出现的问题摆到了桌面上。

它的好处颇多。此前我们常常碰到装置重达一吨，无法搬运的情况。这是非常糟糕的。有时候我们必须能马上上路。

当没有交流电源时我们无法使用发电机，那么我们用什么来代替呢？

有时我们需要为小场景照明，这时大灯不管用。电线会碍事。这时候无线的电池闪光灯便显出其优势。

小型被摄物最好使用小型照明设备，这样便于控制。

相机的角色

在使用电池闪光灯时，单反相机扮演着关键的角色。在你相机的配件靴口中有不止一个接口（又叫做"热靴"）。

不只是镜头在与相机对话，你的闪光灯也在和它交流。

闪光灯包围曝光

在第 2.21 小节，我们讲了包围曝光，在第 2.39 小节讨论了包围曝光的色温。对于闪光灯同样如此。请返回 2.21，选看"AE 与闪光灯"或者"只使用闪光灯"条目。

TTL 闪光测光表和预闪监控

如果你对技术如何产生感兴趣，这一节内容很有吸引力。

正如之前讨论的，单反有着惊人的透过镜头的测光能力。那么相机到底是如何在闪光的一瞬间进行闪光测光的呢？

它骗了你。

尼康电子闪光灯在主闪光灯闪现之前会给出一系列几乎看不见的"预闪监控"，然后由相机分析光反射回来的信息。

红眼

当闪光灯正巧直射进人的眼睛里，而闪光位置在镜头上的时候，就会发生红眼。闪光照明到达眼部充满血液的血管区域，然后反射到相机里。这样，入射光的角度和反射光的角度几乎一样。红眼的情况多在暗处发生。在暗处，人们的瞳孔自然放大以便能够接收到更多光线，

由于闪光灯闪现得非常快，瞳孔来不及作出眨眼反应。显然地，当光源从不同角度摄入或者空间的光亮度很高的时候就不会发生这种情况。

减少红眼

你的单反和闪光灯能够帮助减少红眼的发生。你可以在相机闪光灯的同步模式中改选减少红眼，它会在主闪光灯闪亮前约一秒时预闪。这是一种脉冲型闪光。它让人物的瞳孔有足够的时间反应，并且提醒它们主光何时闪现。

不是所有人的眼睛都会有相似的反应。一般来说，孩子的瞳孔比大人的对光线的反应要慢一点。

相机的闪光灯模式

当要进行闪光拍摄时，你要调整设置，设定相机如何反应（如果你没有读第 2.3 小节关于幕帘的内容，你必须先去读一下）。

我们的尼康单反相机要通过按住闪光模式按钮改变闪光模式（看起来像一个闪电的按钮），然后轻按主控转盘（在背面）。在你做这些的同时，会看到

在控制板中图形改变。这些选项分别是：

前帘同步：这是使用最多的模式。前帘幕打开之后闪光灯才闪。（对比后帘同步时发生了什么，你会发现它很重要）。在自动曝光和光圈优先模式，相机会选择 1/60 s 到 1/250 s 的快门速度。如果使用尼康电子闪光灯，并且选择了电子闪光灯的自动 FP 高速同步模式，那么同步速度最快可达 1/8,000 s。

慢速闪灯同步：当使用闪光灯，且允许快门慢一点时，便可创造我们在 2.7 小节讨论过的延时曝光效果。不同于那个例子的是，相机在手动模式下适用工作室闪光灯，而慢速闪灯同步模式是专为尼康电子闪光灯设计的。请在自动曝光和光圈优先模式下使用它。

后帘同步：有些时候模糊的作品非常漂亮，而另一些时候则意味着失败。如果你曾经试图在闪光灯下使用长曝光，就会遇到这种情况：模糊效果出现在错误的场合下。在闪光优先和手动曝光模式下，闪光灯应该在后帘幕即将关闭之前点亮。如果你在自动曝光和光圈优先模式下想要同时捕捉到闪光灯和背景，可以选择后帘同步，尤其是在拍摄运动中的被摄物的时候。否则，你会得到一个反向运动效果。如果你在晚上用闪光灯拍摄一辆移动中的汽车，在慢速的快门下，后帘闪光会在车身后提供一个漂亮的红光轨迹。然而，在前帘同步模式下，闪光先闪亮汽车再经过，只会在车身周围留下一个模糊重叠的尾光。

减少红眼：这是我们刚讨论过的红眼减少模式。如果你必须用相机自带的闪光灯拍摄，并且身处黑暗的环境，被摄人物直视相机，这个功能就是你最好的选择。在我们的电子闪光中我们可以看到在主光闪现之前有三个小闪光。

减少红眼和慢速闪灯同步：这是两个同名模式的结合。有些闪光设备允许你直接改变它们的设置，不需要使用相机来控制。

闪光曝光锁定

由于单反相机有如此多自动加强闪光灯曝光的新功能，我们需要一个功能来锁定闪光灯曝光设置，就像我们在第 87 页讨论过的环境光设置一样。

对于一些单反相机来说这有一点棘手，因为它们只有固定的闪光灯设备。在高端尼康相机中，你需要找到功能键，它就在景深预览键的下方，你还需要在菜单中选择它的工作方式。

进入定制菜单（铅笔图标），用多重选择的右箭头按照下列步骤操作（下述菜单数字在某些尼康型号上是不同的）：

```
f························控制键
f4·······················功能按键
FV lock···············（选择OK）
```

使用相机上的SB-600、SB-800或SB-900电子闪光灯然后操作，让你的被摄物位于镜框中央，半按快门按钮，前闪光灯监控就会闪现。按下功能键。控制板和取景器将显示现在曝光已经被锁定。直到你再次按下功能键才会复原。

技术规格

摄影师
Brian Stoppee

相机
Nikon D2x · ISO: 100 · 快门速度: 4 seconds
手动模式

镜头
AF-S VR Zoom-Nikkor 70-200mm f/2.8G IF-ED @ 70mm
35mm 等效焦距: 105mm @ f/11

测光表
Gossen Starlite

附件
1 · Gitzo Mountaineer
1 · Gitzo Off Center Ball Head

后期软件
Adobe Bridge, Camera Raw, and Photoshop

尽管下面的图片没有使用闪光灯，我们可以看到所有的尾灯指明了汽车正在远离我们的场景。当快门打开的时候汽车离相机较近，4秒钟之后，它们在路上已开远。如果一个闪光灯被用于曝光这么久，后帘同步模式就十分必要。如果你选择在晚上使用闪光灯，做出一个舞台场景。闪光灯会转移人的注意力导致安全问题，也会使司机目眩。

12.2 复杂的闪光

复杂的电池供电闪光灯已经到来，它的概念却几十年没有变过。

电池给电容器提供动力，就像一个装满了高压能量的筒形存储罐。在相机通知它的那一秒，闪光设备准确地向闪光管释放一定的能量。闪光管中充满了氙气，石英玻璃管在各端都有电极，释放的能量刺激了气体，它使气体通道离子化，结果就是产生一次闪光。闪光只持续 1/100 s 到 1/10,000 s。

安全性

闪光设备是密闭性很好的。没有用户可以拆卸的部件。如果它因为某些原因破损了，应该停止使用并寻找专业的维修服务。这是使用高压电的设备。虽然它用的是那种你可以在超市收银台买到的小电池，但别被它的表象骗了。储存在电容器里的能量有几百伏特。

接触这么高的电压可不是闹着玩的。

电池

闪光设备适用于各种电池型号，不过也有一些不能用。那些声称提供更高转速的高能外接电源会让一些闪光设备过热。

最基本的碱性锰电池可以释放 130 到 200 次闪光，在完全放电情况下需要 3.5 –5 s 完成充电循环。锂电池可以让你再多释放 60 到 200 次闪光，但是循环时间更慢。可充电的镍铬合金电池可以让你的循环时间保持在在 2.9 s–3.5 s，但是闪光次数较少。镍氢合金电池同样可以充电，在考量循环时也是最佳选择，它能比碱性锰电池多闪几次光。（这些统计基于尼康 SB–600 和 SB–800）

总是同时更换所有电池，要使用同一品牌和型号的电池。

如果你的闪光设备可以接受一个附加的电池，使它能更快地循环使用，那就装上吧。

重置

先进的闪光设备有一个缺点：

当你使用过很多设定和自定义配置时，你会忘记哪个是哪个，又很难调回来。

这时你需要知道重置键在哪。在尼康的电子闪光灯上，按住模式和开关约 2 秒，你就可以返回到熟悉的界面了。

自定义设置

在你对闪光灯做任何事之前，先调好用户自定义选项，不然它会把你逼疯。如果闪光设备的测光表以米为单位显示举例，而你需要按尺来计量，请马上修改它。

如果显示板转换成待机，按住开关键直到它恢复。

在电子闪光灯中，按住多重选择面板中间的选择键几秒钟。你将在显示板上看到一个新的菜单。使用上下箭头来循环浏览选项。完成之后，再次按住选择键几秒钟，你将会回到最初的画面。

闪光模式

闪光设备的闪光模式和相机的闪光模式是独立且不同的。在闪光设备中，你可以在任何你想要的时间选择闪光。当按下模式按钮，你的选项有：

TTL— 透过镜头自动聚焦：这个选项让相机控制整个闪光过程。当相机的传感器看到光线从预闪光监控反射回来，它们会自动进行操作。

TTL BL— 平衡填充：当你有其他反射表面或白色墙面时，整个场景会曝光不足。这个模式使曝光相对均衡一些。

A— 非 TTL 自动闪光：闪光设备精确地测量反射回来的光线，如果难以获得相机测量的曝光值，闪光灯进行测量并自动计算曝光。

AA— 自动光圈：这个选项是配合相机的光圈优先的。

GN— 手动距离优先：当你知道你想要闪光照多远的时候，这是一个很好的选项。可选距离从 1 英尺到 65.6 英尺。

M 手动：用一个数字体现闪光灯输出的级别，有：

$$1/1, 1/2, 1/4, 1/8, 1/16, 1/32, 1/64 \text{ 和 } 1/128$$

RPT— 重复：为了获得重复闪光的频闪效果，你可以选择这个模式，在单个曝光任务中建立一系列的闪光。这在制造动画效果时很流行。

照明建模

人们对闪光灯的抱怨之一是在照片拍好前他们看不见光线效果。

有一个很酷的小工具叫做照明建模。按下闪光设备上的按钮，它将给你一段频闪来帮助你预见即将拍摄的场景。

12.3 反射和快速补光

我们对反射闪光的基本原理都已经很熟悉了。然而它仍然有一些神秘感。

更好的反射

摄影师知道反射光从一块天花板或墙上反射下来的效果,知道它们能减少粗糙的阴影。我们可以看到结果。然而,除非拍摄完成,我们还是不知道我们会拍到什么。

事实是我们会碰到一些比较紧急的情况,没有时间设置光线,可能使用相机自带闪光灯,这时候,刚刚提到的难题就被放大了。

实时给照明建模

这时候照明建模就要发挥效用了。按下闪光设备上或倾斜或旋转的锁定/释放按钮。上下拨动,左右旋转,甚至旋转180°之类的。

每次移动都按下照明建模键并观察最终结果。你可以看到反射效果影响下的高光和阴影。这些闪光减弱了照明强度,所以不会影响电池的寿命。

不需要的反射

要记住在闪光反射时,你选择表面上的每种颜色的特征都会放大,就像有一个大型滤光片一样。如果你选了奶油色的墙面,就会有一个很漂亮的暖色效果。然而如果能选择的只有绿色表面,你的主体就可能看起来面有菜色。

从自动曝光到补光援救

相机在闪光灯下的自动曝光功能以及多种闪光模式使得这一切成为可能。

使用该功能的结果是给周围的环境完成漂亮的补光。

你可以尝试一下。在三脚架上设置你的相机。在一个照明良好的地方不使用闪光灯拍摄一个主体。在TTL模式下再拍摄一次,结果会让人大吃一惊。

这足以使你重新琢磨补光功能。它消除了压倒一切的眩光和其他相关的人工照明痕迹,让你能拍出清晰动人的图片。

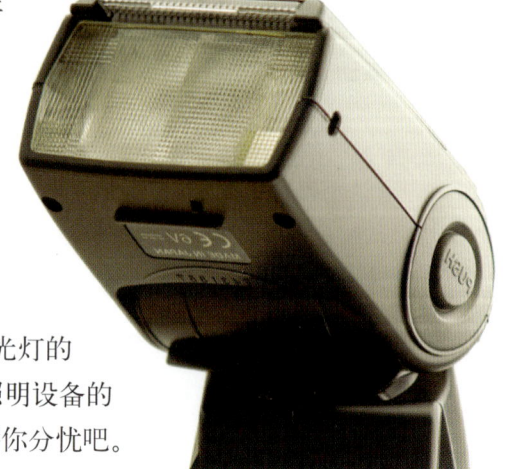

让它漫反射

为了进一步减轻你的闪光设备负荷,从闪光灯的头部取出漫反射灯罩。它可以散射光线,降低照明设备的效率。如果你需要它的光线效果,让自动曝光替你分忧吧。

可倾斜旋转的灯头,是相机自带的闪光灯的共同优点。

上图的摄影师已经掌握了这些技术。他们看到一面墙或一块天花板或任何内部或外部的表面,就能将它当做一个巨大的光源。这些摄影师知道他们相机自带闪光灯的角度,以及如何让表面处于明亮的光线中。

婚礼摄影师在婚礼前就已经建起了闪闪发光的照明组合,当新娘准备好后,使用反射光作为单光源进行照明。这样可以拍出人物当时的感受,成为婚礼相册当中最让人爱不释手的照片。

粗犷的、硬朗的照明不适用于这种照片,尤其在大型的空间里。

由于要消耗大量的电量,明智的摄影师会做好准备。比起花费时间去换电池,很多摄影师倾向于直接换上备好的满电闪光设备,否则可能错过一些特殊时刻,那将会令人非常遗憾。

如果你遇到此类闪光灯电池需求,不要在闪光灯输出上偷工减料,带上一套强力的闪光灯设备。

用反射的闪光进行试验直到满意为止。如果你的感觉够敏锐,应该一看到表面就能勾勒出最终的效果。拍摄,然后看看结果和你脑中预想的画面是否一致。

闪光同时从天花板和墙壁反射时,要考虑你背后的墙,把它当做一个反射面来考虑。

摄影师在拍摄动作照片时会利用电影制作公司用不到的棉麻织物。

12.4　将闪光灯拿下来

将相机自带的闪光灯从相机上取下来,开始拍好照片吧。

本章开始的章间图片是将尼康电子闪光 SB-800 拿下来拍摄的。它给了我们一个完美的光线角度。我们用最基础的 TTL 闪光模式拍摄,补光非常干净。蝴蝶和花朵的照明比背景亮一点,于是前景与背景很好地分离开来。将闪光灯拿下来闪,高光从左侧打到花朵上,在右侧形成阴影,让柔弱的花朵看起来更有立体感。

电源托架

电源托架使得一切都有可能。无论是拍婚礼还是拍新闻发布会,这些配件多年来已经成为事件摄影中至关重要的工具。

一旦这个工具进入数字时代，它将会创造一个了不起的图像制作的新游戏。

更多的电池电量

我们使用的尼康SK-6电源托架包括外接电源和一个灵活组装的安装支架。外接电源使闪光设备的循环时间减半。同时，如果你还没有更换电池，安装在支架中的另外四个电池可以让你产生双倍的有效闪光。它在事件报道中的使用效果非常完美，停止拍摄去换电池意味着你可能错过当天最好的拍摄时机（这可能会使你不受欢迎）。

要快

整个套装仅包括三个部分，因此能快速组装。

相机的托架就像三脚架，它将电子闪光灯和托架连接起来。托架可以向左滑2英寸进行调整，整个装置也可以安在三脚架上。

你可以用上方或下方的托架进行连接。一个分离杆可以让它迅速脱离支架。

相机配件靴口处托架设备以电缆相连接，但是闪光灯能够自由移动约两英尺的距离。支架设备有便捷的下拉杆，当你用托架组件支撑电子闪光灯时，你可以拉住拉杆。拍摄自然风光的时候，要在实际拍摄之前进行分离闪光灯的实验。你会很快沉迷于它短暂的循环时间，当不使用电力支架的时候，你甚至会感觉到闪光灯有点迟钝。

一个闪光灯托架是取下闪光灯但仍保持它和相机的联系的最好方法。它不只能改良你的光线角度，还可以提供额外的电池动力，缩短循环时间。

安全性

尽管快速安装和拆装各个部件是一个强大的功

能,但是要拒绝懒惰的诱惑,把应该拧紧的大螺丝拧死。

在不使用的时候最好让柄在上方。把电子闪光灯和手柄从相机上取下来,这样可以给它们更好的保护。

最后,要时刻保持对周围空间的熟悉。如果你一边用眼睛当取景器,一边用手移动闪光灯,就可能打到过路人的头或身体,尤其是当你在一个人潮涌动的活动现场或者报道社会事件的时候。

12.5 无线闪光工作室

对于任何多年使用工作室交流电闪光设备专业摄影师来说,习惯高能、灵活的电池供电闪光设备都是很困难的。

它真实。

它迅速。

它靠你的相机上的多重选择器就能实现一键控制。

由于你可以控制的闪光设备数量上限,并且全部是无线的,它好用到不太真实。你可以在观察取景器之后抬头看看上面几英寸的地方,就能完成所有闪光灯控制。

主控和遥控器之间的关系

闪光设备直接附加到相机上作为"主控闪光设备",其他的则是"遥控闪光设备"。

当做为系统的一部分使用时,遥控设备无法进入待机模式。按住选择按钮几秒钟后,关掉电子闪光灯的待机。控制板会显示你一个"STBY"对话框。按下选择。使用上和下箭头得到"----"选项。按住选择按钮几秒钟。记住这个模式并不省电。我们建议你在开始拍摄之前再打开遥控。

安装遥控

遥控闪光设备需要支架。电子闪光灯带有一个小底座。正如相机其他配件的插座一样,闪光灯可以滑入其中。如果你滑入底座,就会发现1/4-20的三脚架插座。三脚架是最可靠的支架。

Novatron 有一台4053适配器,可以适配1/4-20凸型口到5/8英寸凹型口。

这是一个完美的电子闪光支架,能提供稳定的灯光支持。

另一个选择是使用钳夹把闪光设备底座安在我们在第 9.9 小节提到的 Matthews 支架产品上,然后把钳夹连接到支架上。

设置主控

再次按住选择按钮几秒钟,用上下箭头找到两个"s"弯曲的箭头图像。按下选择。使用向下箭头选择主编程。再次按选择几秒钟。

控制板现在看起来很不一样。你已经将电子闪光灯变成了一个和相机自带闪光灯完全不同的生物。

轻按选择键可以在新菜单上轮流选择选项。用上下箭头改变,然后按选择键。

设置遥控

现在,用同样的方法设置遥控组件。按下选择键两秒。找到两个有 S 曲线的相同的图片,按下选择键。使用上下箭头选择"遥控"。按下选择键。会有一个提示音,让你知道确认遥控的时候也会有声响,如果你不想听到这个声音,继续选择将它关掉。按住选择键两秒。

遥控的控制面板看起来和主控模式不一样。

通道

你可以通过四个不同的通道控制闪光设备,确保所有的闪光设备在同一个通道内进行对话。

群组

尼康创意照明系统(CLS)让你可以按照期待将所有的照明设备联系起来,这样就不用四处跑来跑去去设置那些遥控设备了。只要用主控设置就能像控制一个团队的成员一样控制各个遥控设备。如果你有六个电子闪光灯,可以设置成这样。

主控:使用相机上的小闪光灯。

A 组:这是你的主光源。它是一个灯光组,用位于你右边的中度银色反光伞反射光线。按下遥控单元的设定按钮,直到

尼康创意照明系统下的电子闪光灯自带基座。它们可以固定在三脚架上。在这里,我们使用了 Matthews 迷你夹具组当中的增强型基座,这是我们在工作中很喜欢用的。

"Group"点亮，然后用上下箭头使"A"字样加大字号。

B组：补光闪光灯组应该在左边，可以让光伞反射光线的位置。用和设置"A"组同样的方式设置"B"组。

C组：用三组照明设施打亮内景空旷的背景空间。只要把它们放在地上对着背景物的表面就可以，把它们设定为"C"组。

用主控进行控制

现在遥控都设置好了，先把它们放在一边。用主控来控制所有一切。

主控闪光灯不一定要闪亮，它可以只当司令官。按下选择，点亮"M"。按住模式按钮直到读数变为"---"。

再次按下选择键，A组亮起。按住模式按钮直到主光源显示"TTL 0.0"。

你只需要少量的补光。再次按下选择键，B组亮起。按住模式按钮直到出现"TTL 0.0"。你可以在三档增强中向上或向下调整三档照明值。现在，用下箭头降低补光，减一档。

为了不让空间看起来太暗，就要照亮背景。它离得较远，你使用的相机焦距是35mm，因此不会拍下背景。降低C组的照明值到"TTL −1.7"。

现在你准备好可以拍摄了。

12.6 微型闪光工具组

一旦你掌握了尼康创意照明系统，就可以对各种产品信手拈来了。

自从1995年为NBC新闻拍摄照片以来，我们已经历经了很多年的媒介材料变革，它们适应各种天气和环境。我们参与了大型园艺展会。显然，在拍摄植物和自然界中各种发现的时候，我们喜欢使用微距来拍摄。

我们在开箱之前就已经爱上了尼康R1C1特写闪光灯指令工具组。

如果它在警法节目里出镜时看起来都大同小异，那是因为探员们是把它套在相机镜头里面展示的。

指令工具组可以像闪光设备一样插在相机的附件靴口里，而不会发出闪光。它是尼康创意照明系统的控制中枢，负责指挥所有其他的电子闪光灯。

组装

它有很多布置精巧的零件，如果你觉得不

够方便，可以把主要部件放在软箱子里，固定在背带上。

小型电子闪光灯

这一系统包括两个 SB-R200 特制无线电子引闪设备。在遥控模式下，它们和 SB-600、SB-800 的工作方式类似，正如我们在前四页所述的那样。你不用使用特殊的菜单来给它们编程，选择通道、分组等所有的功能都可以通过闪光灯组上的转盘实现。它们的原型是那些适合摆在地上、安在支架上的大一号的电子闪光灯。

很多使用者想用接口环把电子闪光灯安在支架上，这样就能把它锁死，带着走来走去。闪光设备可以轻松地前后倾斜，一边更好地对准被摄物。

工具组包括五个适配环，这样就能用接口环把它安在镜头上了。

电子闪光灯指令器

SU-800 工作起来和主控模式下的标准大小电子闪光灯一样。然而，电子闪光指令器是不发出闪光的，它只给下属的电子闪光灯发出指令。

指令器是很超值的。如果你需要一个电子闪光灯安在相机上发出指令，但是不需要发出闪光，那么使用 SU-800 可以让你把这个电子闪光灯解放出来去参与照明。

关于指令器的操作方法我们不予赘述，如果你读过前面四页，就能掌握它了。

你可以用选择键浏览指令菜单，使用方法和在电子闪光灯的主控模式下一样。所有的尼康创意照明系统工具的操控方法都很相似。

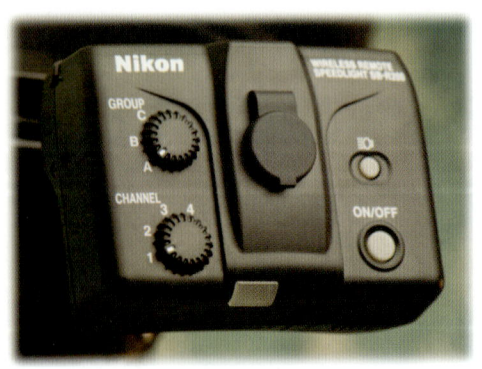

和大型电子闪光设备不同，小闪光设备不需要LCD控制面板来选择遥控选项。

小闪光灯卡在接口环上，可以独立旋转360°，采用便捷的点停式卡位。它们可以停在接口环上的任何位置。这对于手持相机的人来说很棒。不过，这个接口环并不是必须要有的。电子闪光灯是无线的，可以放在任何地方。它们有自带的直立基座，基座也可以安装在三脚架上。

12.7 揭示微观世界

微距摄影总是有一种独特的魅力吸引人参与其中。在自然中的微小空间变得庞大。最小的细部只有几毫米，却放大了很多倍。

如果你能引入均等的照明，就能创造视觉上的戏剧效果。

尽管（我们在前两页讨论的）尼康微距闪光指令工具组经常和镜头左右各一个的闪光灯组同时使用，但是这并不是必需的。

关闭其中一个闪光灯。或者把它从接口环上卸下来安在支架或吊杆上，比如我们在第 9.10 小节提起过的马修斯好莱坞超级伸缩吊杆。

让微观世界成为你自己的王国。用你自己的方式叙事。

这些图片都是用尼康 D2x 和一只尼康 200mm 微距 f/4 IF 镜头拍摄的，35mm 等效焦距是 300mm。它们会使微观世界比实际的大很多。

我们采用侧光为照片添加一些神秘感。我们在温室拍摄，把植株移到很小的照明区域里。一切都是用手动模式完成的，我们测量读数，并在电脑屏幕上监视成像效果。

微距摄影的另一个长处在于被摄物不需要休息，延长拍摄也不需要额外付款。如果你把被摄物带回室内，还可以有更长的拍摄时间。你可以花一部分时间用来尝试各种点子。

这种拍摄需要注意的一点就是，照明或者其他因素的微小变化都会让拍摄结果改变很多。微距摄影的照明需要特别小心，不过可以提供巨大的色彩愉悦。

两张照片都是用300mm焦距镜头拍摄的，有一人高，比实物大得多。我们拍摄时的分辨率够高，可以很容易地印出24×36英寸大小的图像。

12.8 在静物台上

右页照片是我们拍摄得最迅速的照片之一，它使用了一个柔光箱。它很简单，每个人都能做到，作为一个专业摄影师，拍这样的照片甚至让我觉得不好意思。

然而好照片自己会说话。

电子闪光灯和相机

正如第 12.6 和 12.7 小节所述，我们可以把一个电子闪光灯当做主控而不必点亮它，把另一盏遥控柔光箱作为唯一的光源。

然后就可以偷懒了。我们用了整整两分钟设置闪光灯，然后设定成预设自动曝光、自动聚焦模式。有人会说，那是初级者才用的。从某种角度上说，他们说得没错。但从另外的角度来说，仍然是创作团队在为一切视觉效果拍板钉钉。照明、拍照角度、焦距、造型等等，都是我们决定的。

值得商榷的是，我们靠闪光灯组告诉我们应该选择多大的光圈（在这种类型的拍摄中，快门速度无足轻重）。我们承认，在这次计划里我们故意妥协成来这样来做，是为了看看会发生什么。

速度环及设置

从摆台到收拾现场离开，我们本来可以一小时内敲定这次拍摄计划——如果没有一

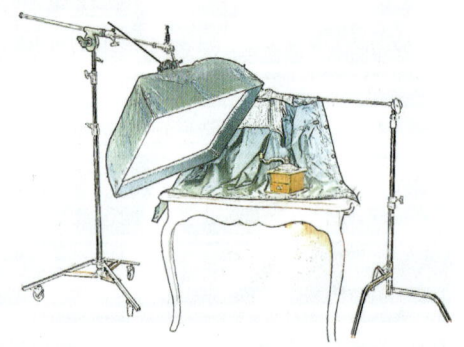

即便发生了小意外，还做了三次试拍，从开始到结束，拍摄我们的老式磨豆机用了不到一个小时。技术方面完全采用自动模式。

技术规格

摄影师
Brian Stoppee

插图
Janet Stoppee

相机
Nikon D2x - ISO: 100 · 快门速度也: 1/60
自动模式

镜头
AF-S VR Zoom-Nikkor 70-200mm f/2.8G IF-ED @ 200mm
35mm 等效焦距: 300mm @ f/4.0

闪灯
1 - Chimera Daylite Jr Plus - Extra Small Silver
1 - Nikon SB-800 Speedlight (as non-firing controller)
1 - Nikon SB-800 Speedlight (as firing remote)
1 - Novatron MI-010 rigged speed ring

附件
1 - Gitzo Mountaineer
1 - Gitzo 侧向球形云台
1 - Matthews Baby Jr. Double Riser Stand
1 - Matthews Baby Boom
1 - Matthews C Stand w/Sliding Leg, Grip Head, & Arm
1 - Matthews MiniGrip Kit

后期软件
Adobe Bridge, Camera Raw, and Photoshop
Corel Painter

个小失误的话：有人借走了我们的尼康电子闪光灯上面的 Chimera 速度环而且弄丢了几个零件。这给了小伙子和姑娘们一个教训：有备无患。我们的 Matthews 迷你夹具套装里面的工具很全，可以把老式 Novatron 速度环安在我们需要的地方。（有关紧急措施请参阅第 9.11 小节）

第十三章
数码工作室的闪光灯

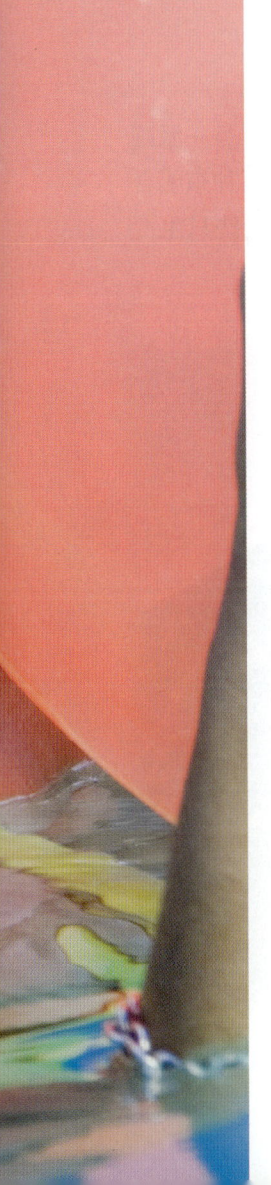

在过去几十年里，使用交流电源的闪光灯系统已经成为大多数专业摄影师的选择。即便是在数码时代，它的需求量仍然有增无减，这使得上几个世纪使用的闪光设备被时代淘汰。

这些大型光源的优点是显而易见的。

好的闪光灯系统会产生色温在5500K左右的光。它在室内使用时光线平衡效果出色，在室外做补充光源使用时也很不错。

技术的进步缩减了照明设备的尺寸。能发光的设备曾经和一箱苹果差不多重，如今却可以装进相机包里。摄影师再也不用因为电源包需要20A的电源而担心在拍摄现场遇到掉闸的尴尬。

交流电闪光灯可以提供充足的光照，以同时保持影像的稳定和足够的大景深。这就是为什么静物摄影师有机会选择f/22的光圈。

此外，它还提供了很理想的循环时间。这样你就能一张接一张地捕捉每个入眼瞬间，不论你是在拍摄时装照还是儿童照，即拍即得。

如今，可以以1/10档为单位进行精确调整的电源，使得摄影师可以一次又一次地将照片调到最佳效果。

虽然没有技术上的理由作为依据，摄影师都喜欢闪光灯闪过之后的爆破声。有一种"这一刻我是主角！"的感觉。模特也享受其中。在一些拍摄中，它甚至会引领拍摄的节奏。

13.1 系统

摄影师们喜欢影棚闪光灯的部分原因在于它是成系统的。

里面有很多可更替的部件，你可以随心所欲地打造自己的系统。

它和相机很像，你会想要选择自己喜欢的一个系列。灯头可以是 A 品牌，不能是 B 品牌，这选择至关重要。

据说有很多新手坚持选择那些有好几十年历史的古老型号。

但是在全新的数码制片时代里，你不会希望建立起的一整套系统最后却停产或没有售后服务了。

你也可以在网上下单和寻求服务。如果你刚刚开始建立闪光系统，你可以从很多渠道知道有哪些便捷的新部件，口碑如何。那里还有很多服务部和经销商。

有些摄影师在奔赴取景地的时候会额外租借电源包和灯头。他们会想知道在工作地点的附近有没有该型号闪光灯系统的设备支援。

电源包、灯头对决 Monolight

曾几何时，有一派观点认为，电源包和闪光灯灯头的组合是不可替代的。另一派则认为用两个设备做一个设备就能做的事情是没有必要的，他们认为最好是把两种东西合二为一，统称为"Monolight"。于是有些厂商只生产电源包和灯头，而另一些只生产 Monolight。

随着时间推移，市场发生了变化。使用电源包和灯头的摄影师签约工作室，时常要去拍外景。电源包和灯头供应商也迫于市场压力，开始供应各种设备。

电源包

电源包是闪光灯头的中控设备。通常，一个包上面插三至四只灯头。有些电源包给灯头供电时就像调音台一样。

电源包用一个变压器把交流电转换为直流电。电力存储在一排电容里，指示灯由电池供电。唯一的区别在于电源包要发出充足的电力，因此有些蓄电池体积很大。

电压在 300—900V 的范围内。有些还要更高。就像我们经常强调的，请敬畏它的威力。绝对不要自行拆卸。

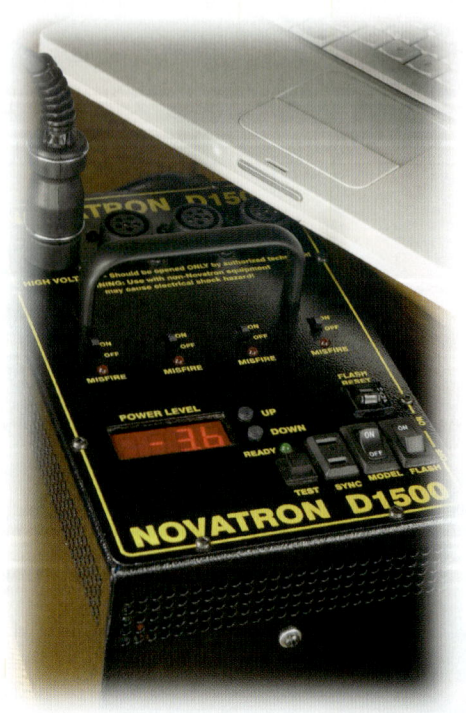

另一种是 Monolight，它也使用高压电系统，有两排电容，一个为另一个供电。没有变压器，因此减轻了重量。

同一个牌子的闪光灯系统通常可以选择好几种电源包。它们的输出功率各不相同。功率低的重量也较轻。

有些摄影师把大功率电源留在工作室里，把轻便小巧的电源包带到外景地去。

在选择闪光灯时，大小和重量是需要考虑的因素。上图中是尼康的一款顶级相机，配有一个显眼的镜头。它放在诺瓦松最大的电箱前，下方是一个苹果笔记本。

那些人像专攻的摄影师用不到工业强度的大功率电源。如果经常使用反光伞和 f/5.6–f/8 的光圈，你就省钱省力了。

然后如果你拍摄商业用片，需要大柔光箱和 f/22 的光圈，你只能选择带着那个大家伙。

电源包经常以瓦秒计算功率。在下一节中我们还会深入发掘。

闪光灯头

电源包发出的电源按需输送到闪光灯头上。

灯头的核心是闪光灯管，气体在其中放电。摄影师最喜欢和日光色温接近的灯头。

在长得好像甜甜圈的灯管里通常注氙气，两端通有电极。当触发电极发出脉冲的时候，使气体离子化。电容随即放电，灯发出耀眼的光亮。

灯头和电源包有各种形状和型号。有些品牌内置反光镜以减小体积。还有些厂商为超大功率电源包准备了多灯管的灯头。

我们拍摄时基本上使用带排热扇的光管闪光灯头。我们将在第 13.9 小节详述原因。

灯光模拟

摄影师希望能看到闪光灯点亮之后的效果。为了达成这个目的，灯头中包括了一个模拟灯。他们常常是 250W，盘绕在中央的灯光四周，形成甜甜圈的形状，这样它就能示意闪光灯点亮之后的灯光分布。

模拟灯光时，要同时使用反光镜、反光伞、柔光箱等和灯管共同作用的照明设备。

此外，模拟灯光会制造他自己的环境光，因此人们不会像使用闪光灯的时候一样瞳孔保持放大状态。

模拟灯光应该保持固定的亮度级别。由于某些原因，有些品牌的闪光设备的模拟灯在闪光灯点亮之后就熄灭了。有些人会感觉眼前非常亮，然后就一片漆黑了。这样对模特的眼睛不好。还有一些人认为黑暗会令孩子不安。

Monlight 的优点

比起电源包和灯头的组合，Monolight 有一些长处。在很大程度上讲，它就是电源包和灯头的综合体。现在你有了一个闪光灯头，它的背面就是电源包的控制面板。那些偏爱它的摄影师们总结出如下使用它的理由：

- 可以迅速组装和拆卸
- 不用靠电缆连接电源包和闪光灯头
- 只要往行李箱里扔两个进去，拿上支架，你就可以出发外拍了。
- 不必和其他闪光灯头共享电源

Monolight 的缺点

Monolight 也有一些劣势：

- 当你需要多添置一个光源设备时，买 Monolight 比买闪光灯头要花更多钱。
- 控制 Monolight 的时候你不能稳坐钓鱼台。如果你的 Monolight 架在吊杆上，你根本就够不到它，只能靠遥控设备进行遥控——那将意味着又一笔开销。
- 它们比灯头更沉，使设备更容易头重脚轻。
- 高端电源包支持大功率输出的灯头，但是 Monolight 不支持，当做为单一光源进行照明的时候，它无法瞬间提供巨大的闪光。

用 Monolight 拍摄

我们要把它作为整个照明系统的一部分。有时候我们用它作为单独的光源，其余

时间我们让它和电源包、灯头一起肩负起职责。

如果一位摄影师已经有了一两个电源包和几个灯头，那么添置一台 Monolight 是个扩展照明系统的好选择。它们应该可以共用同样的附件，因此如果你为照明系统添置了几个附件，同样品牌的设备就可以共用它们。

问题在于计划。你要知道自己更需要充足的电力还是轻便的摄影包。如果能摆脱搬运大电源的沉重负担，我们当然愿意选择它留在工作室。

13.2　瓦秒是什么？

在谈到直流供电闪光灯时，有一些独特的行话。有一些其实并不合理。问题并不在你。问题在于术语的用法本身。

瓦秒？

你会经常听见摄影师和专业经销商使用"瓦秒"这个词来描述闪光灯系统的功率。当电力公司给你电费账单的时候，他会告诉你这月用了多少千瓦时的电量。瓦秒（Ws）其实是千瓦时的下级单位，用来描述闪光设备消耗多少电力。

你会问，那又怎样？

这是个很好的问题。

实用的数字

这其中的道理很实用，它可以帮你做一点儿简单的计算。如果有一个 250Ws 的电源包，可以给一个你常用的布景创造光圈为 f/8 的照明环境，然而你希望将光圈再加大一档，那么就需要将瓦秒前的数字翻倍到 500Ws。在同样的布景中，如果你把 250Ws 的电源包换成 500Ws 的，就可以创造 f/11 的照明环境。如果你需要光圈开到 f/16 你可以猜出来——需要换成 1000Ws 的设备。如果 f/22 才能让你心满意足，那就准备好一笔钱，去买 2000Ws 的电源包吧。

怎么获得更大的功率？买两个电源包。

当瓦秒不管用的时候

道理看起来很简单，但是在你比较甲品牌和乙品牌的时候，困惑就随之而来了。

你有一个 1000Ws 的电源包，可以稳定地提供光圈为 f/16 的照明环境，那么就可以说另一个

品牌的 1000Ws 电源包也能提供 f/16 的照明吗？这种巧合只在极少数情况下会出现。

所有品牌的电源包都有着不同的工程构造。在不同的电压下工作。有一些灯头更小更高效。另一些使用更大的灯头，能满足客户对大功率光亮的需求。

有些电源包和你的膝盖差不多高，能提供的光线却不及手提设备。

这意味着大家伙的设计不合理吗？可能是，但也可能不是。它还牵扯到是否费电的问题。

一些像下图一样的老式电源包在面板上保留了瓦秒控制钮。有些摄影师很喜欢它。

你需要成为消息灵通的消费者。找专业摄影器材销售商用一只好的测光表进行测试。你想知道的就都有了。

13.3 灯光输出与数码增效

在数码环境中使用闪光灯的最大好处在于，只要你购入了设备，那就可以忘记瓦秒之类麻烦的事情了，除非到了你打算再次扩充设备的时候。

十分之一档增效

如今，很多数码闪光系统使用摄影师们所熟知的一个名词：光圈档。

你可以通过数码手段对电源包以及 Monolight 进行以 1/10 光圈档为单位的照明增效。它非常精确，经得起反复考验。

不是所有品牌都已经迈入了数码摄影环境的门槛。就像妈妈总和我们说"别玩那个"道理一样。

谈到数码闪光灯，一个好的切入点是一个单独的闪光设备。它可以是配有一个灯头的电源包，也可以是一台 Monolight。

Novatron1000Ws 和 1500Ws 的电源包可以允许你以 1/10 档调整照明的输出功率，改变 5.7 档光圈值。这就意味着从光圈全开算起，你共有 58 种照明设置可以选择。

600Ws 的 Monolight 距被摄物八英尺，功率全开的情况下，如果你想把快门开到 f/22，就需要根据下图调整照明输出：

全开	600 Ws	f/22
−1.0 stop	300 Ws	f/16
−2.0 stops	150 Ws	f/11
−3.0 stops	75 Ws	f/8.0
−4.0 stops	37.5 Ws	f/5.6
−5.0 stops	19 Ws	f/4.0
−6.0 stops	9.5 Ws	f/2.8

照在被摄物上的光线多少由很多因素决定，例如空间大小、四周表面的纹理和颜色、天花板高度等等。600Ws 的例子使用的是一种已经停产的 Monolight，但是它能非常好地体现出工作室的数码闪光环境是怎样工作的。

当你做出这些调整选项的时候，会在 LED 显示屏上看到 -1.1、-1.2、-1.3、-1.4 等字样。这些对应着闪光测光表上面 f/11.9、f/11.8、f/11.7、f/11.6 等读数。

这些电源包很容易调整。按一次上键增加输出功率，按住可以快速增加，直到光圈全开。

用下键就可以降低输出功率。

在你选择好想要的功率之后，按下控制面板上的测试键，点亮一次闪光灯，然后你的设置就被锁定了。

13.4 同步线和无线工作

当你按下相机快门的时候，闪光灯必须和镜头的光圈快门同步。

过去的摄影师靠在电源包或 Monolight 上连接同步线完成这点。它长 15 英尺，从电源连到相机上的闪光同步终端上。如果你的相机没有这个终端，可能有一个可滑进配件靴的适配器来代替它同步闪光灯。

同步线的副作用在于每个品牌都有差异。有一种传统的"家用型"（得名来自于和家用交流电插头相似的外表），还有一种"话筒型"（得名来自于和麦克风、耳机插头相似的外表）。

同步线注意事项

注意不要把同步线插进墙上的插座里。不要让孩子用同步线玩耍。

转换两极

有的时候接上了同步线闪光系统却不亮。别担心，没问题。

把家用型同步线插头翻转180°，让两极左右颠倒再试一下，可能就亮了。

无线工作

在很多设备上，有线的都是落后的。许多专业摄影师很多年前就已经抛弃了同步线。

连接相机和闪光设备的同步线会发生危险。如果有人踩到，就可能把你手里或三脚架上的相机带翻在地。

摄影师们更倾向于使用无线电子闪光灯和相机触发器。这个系统很简单而且很必要。

将Quantum FreeXWire的接收端插入闪光发生装置，多个发射器可以使用一台相机引闪多个闪光灯。

发射器

在相机这方面，一点快门释放，必须要把信号传递给闪光发生装置，同步线所做的那样。用短线连接在闪光同步终端上的发射器就起到这个作用。

它的信号传输很完美。Quantum FreeXWire可以使用特定的频段。只要在背面板上的频段至少打开一个就行了。

你可以把发射器安装在电源托架或者三脚架上。

很多摄影师都喜欢用选配的热靴适配器，这样不用线就可以连接发射器和相机了。使用Quantum的产品进行登记注册的时候就可以免费获得它。

接收器

把接收器的频段设成和发射器一样，用同步线将接收器和闪光发生装置连在一起。

好处就体现出来了。过去，在照明设备很多的时候，我们经常要以热线方式把电源包接在一起。

现在省了。

多用一个接收器，只要它们在同样的频段上，发射器就能同时将信号发射给两台照明设备。

适合多位摄影师同事摄影的场合

有的时候同时有很多摄影师在拍摄同一个被摄者,传统的无线遥控方式就会失效。当你点亮一盏闪光灯的时候,另一盏也被点亮了。

当重大事件发生时,例如婚礼、赛事、新电影发布会,情况会更糟。闪光灯会同时亮、灭。

我们经常同时和两位摄影师一同拍摄,最多的时候同时和四位一起。

如果每个人都有一个独立的组合频段,就可以各自分开工作了。尽管收发器上只有4个开关外加本地频道,但是很少会碰到频段撞车的情况。

安在相机同步插座上的Quantum FreeXWire收发器插头,可以绑定在三脚架上。如果你的相机没有同步插头,就会有一个可以滑入相机热靴卡槽的配件转接口。

在拍摄章节开始的那一类图片时,无线摄像非常实用。舞台上的线越少,大家就越安全。

13.5 循环时间与输出功率

闪光设备的完整循环时间是指电容重新储满能量所用的时间。

通常,一次闪光只消耗可用电力的一小部分。当电容开始重新充电的时候,摄影者仍可以一张一张继续拍摄。在这个时候,摄影者不会注意到电容的循环已经在后台悄悄开始。

最小功率 = 快速循环

当每次闪光只消耗很少电量的时候,循环过程很快。如果你设置用全功率闪光,就会很快耗光储备的电力。

最小的功率等于最快的循环速度。使用大功率则会造成循环速度减慢。

循环和外景地条件

根据拍摄地提供电力的公司提供的电力情况以及功率稳定性，你的摄影系统设备耗费的电压会有所变化。当地电力情况可能会增加或减少循环时间。

有多快？

在良好的工程发电机发出的优质电源条件下工作时，以下数据比较有代表性。

全开	2.00 秒
−0.5 stop	1.00 秒
−1.0 stop	0.80 秒
−2.0 stops	0.50 秒
−3.0 stops	0.25 秒
−4.0 stops	0.20 秒
−5.0 stops	0.15 秒
−6.0 stops	0.15 秒

需要承认的是，再用大多数交流电源的时候，我们看到的数字都没有这个乐观。但是要记住，这个数据是非常规的。在 2 s 内完成完整循环不是常有的，尤其是对于老旧的设备而言。

部分应用

你如何将这些知识与日常拍摄行为结合起来？如果你在拍摄景物，可能不用太在意。景物可以一动不动等你 2 秒。你可以用满功率拍摄，然后等上几秒再拍。

如果你拍摄运动的人像，就有其他需求了。

你需要问问自己，你的拍摄速度有多快？用 Adobe Bridge 打开你最近拍摄编辑过的图片，检查拍摄时间，然后再检查下一张。你每秒钟拍摄两张以上的图片吗？如果是，你拍几张？

如果你通常每秒钟拍摄两张照片，根据我们在左边提供的表格，你知道自己需要在拍摄中将功率调低两档或者更多。结合上面的数据，你可以对自己需要多少功率的电源有一个概念。

后果

我们有一些摄影师置循环时间于不顾,能拍多快就拍多快。

结果怎样?

过一会,照明功率就会降低,曝光通常不足,使照片报废。

闪光设备早晚会过热,然后设备的保险丝烧断。你需要等好几分钟让它冷却,整个摄影工作都要叫停。有时候,没人注意到你的闪光灯不亮了,你就会失去那段时间的拍摄机会。

13.6 管理闪光灯持续时间

"闪光"这个词是不是和"持续时间"搭配起来有些矛盾?

闪光的时间太短了,你怎么能用时间来衡量它呢?

闪光灯持续时间与快门速度数

你已经用惯了相机的快门速度设置。它可以长到几秒,短到 1/8000 s(0.000125)当你手持拍摄时,1/15 s、1/30 s,甚至 1/60 s 的快门速度都会使图片模糊。

闪光灯持续时间也会因为你选择的电源而发生变化。在全功率模式下,Novatron 的 Monolight 的闪光灯持续时间是 0.0067 s(1/147)。当功率降低时,闪光灯持续时间也会变短。在最小功率的设置下(-6.0 档),闪光持续时间只有 0.0006 s(1/1668)。

如果对于你的作品,动作静止非常重要,那么你就必须要考虑这个因素。

你觉得只有拍摄子弹飞行和灯泡在地上摔碎瞬间的摄影师才和这件事有关系?你肯定没拍摄过一群孩子在一起的场合。我们因为闪光灯时间过短的原因报废了很多张照片。

有舍有得

还有另外一个需要你权衡的因素。

想要闪光灯持续时间变短,你就要用小功率照明。当你把电源调成全功率工作时,闪光灯持续时间就会变长。有了基本的电源输出保障,你才容易拍到动作静止的图片。

然而这个概念是假的。

常见的回应是电源包的功率。功率越大,你就可以调低更多功率,让快门持续时间变快。然而,大多数上光灯电源有它自己的构造特点。

一个牌子可能有功率最大的电源,但是闪光灯持续时间却不是最长的。而且还有新产品和新技术提供更多新机会。

不幸的是，闪光灯持续时间的数据并不是所有厂商都提供。这令人很失望。

要知道更多，你需要联系厂商的技术协助部门获得数据。

比起讨论技术参数，那里的很多人会更愿意回答你的这类问题。

13.7　反差比

有很多通过硬件调整反差比的手段。每个品牌好像都有它自己的办法。

对于很多人来说，电源包只是下发指令的，和灯头没有任何关系。

对称比

当1000Ws的电源包全功率运转时，如果只接一个灯头，所有1000Ws的电力都输出给这一个灯头。

如果加入另一个灯头，1000Ws的店里就要平均分给两盏灯，每盏灯得到500Ws。

如果它们一个是主光一个是辅助光，它们和被摄物的距离最好不要相等。然而如果主光是一个斑马中度银光伞，辅助光是一个大型白光伞，那就没问题了。

在硬件层面上，光比是1∶1。但这个对称的比率只存在于照明工具改变光线之前。

非对称比

在大多数情况下，这对于摄影师来说还不够。它们希望一个灯头得到很多功率，而另一个得到很少。

通常要通过电源包才能达到这个效果，不然就毫无办法。

Novatron有一个独特的方法，可以在光头上调整照明比。

它们名为"三路开关灯头"的产品可以允许功率全开、降一档或降两档。

照明系统中必须有一个灯头功率全开，否则闪光灯头的电路就会发生问题。

模拟照明比

如果你想使用模拟照明看到和实际拍摄时一样的灯光比效果，闪光灯头上有一个让你实现它的开关。

当你将闪光灯功率减少一档时，也要将模拟照明降低一档。对此有一个简单的术语叫做"跟踪"。

阅读第 13.13 小节，看看如何对 Monolight 进行跟踪。也有些厂商的电源包提供这个很棒的功能。

13.8 石英模拟灯

石英模拟灯是闪光照明系统中最被人低估的英雄。它让瞳孔保持在适合的大小从而减少了红眼效果。如果瞳孔张开过大，被摄者或动物看起来会像吸了毒一样。

好处太多

有的时候，模拟灯也会给你带来麻烦。这取决于你的输出功率。

如果你选择了很低的闪光灯功率，模拟灯可能会太强，压过闪光灯而喧宾夺主。你的相机白平衡设置在 5500k 附近，但是色温 3400k 的 250W 模拟灯灯光却成了主光。

在这种情况下，使用灯头背面的减弱模拟光开关来减少不必要的光污染。

模拟 Monolight

由于 Monolight 自成一体，你需要一种手段来预览它们和其他 Monolight，或者和电源包、灯头组合使用时候的效果。

虽然 600Ws 的 Monolight 和 1000Ws 的电源包上插的四盏闪光灯头不是均衡的，但我们必须对现有的设备知足并利用它们。

问题在于：在 1000Ws 的功率下，1000Ws 的灯头和和 600Ws 秒的 Monolight 都只提供 250W 的模拟灯。在你的眼睛看来，两个光源产生的光是均衡的。然而它们在闪光灯功率上差了整整一档。在灯光闪亮之前，你无法通过模拟光把握整个场景的效果。

用于摄影？

很多摄影师说他们曾经在偶然的视频拍摄中把模拟灯当做廉价光源使用。这可能和它 250W 的功率有关。但我们还没有听说过任何专业摄像师使用这种方法。

磨砂的还是光面的？

模拟灯有各种各样的大小和材质。有些和家用灯一样，也有一些使用特殊的材质。

灯还分磨砂的和光面的。至于哪种更能体现出闪光环境下的情景效果，我们只能依靠于厂商的测试结果。

替换

我们曾经听说有摄影师使用便宜的电路来代替烧坏了的模拟灯。这种方法可能会引发危险。在灯生产时，它适合的大小、形状和耐热度就已经被决定了。很多设计中的功能只能用最合适的灯来实现。

安全拍摄，使用适当的替换用灯。

13.9 灵活的裸管

裸管适用于交流供电的闪光灯。很多年来我们都和内置反光器一同使用闪光灯灯头，但是没有一种灯可以像裸管那样灵活变通。我们喜欢尽可能多的可能性。

裸管对决内置反光器

有些人提出反对意见，认为有内置反光器的闪光灯头效率更高一些，我们承认这一观点，但只承认它说对了一成。

设置搭建内置反光器的灯组可以少几个步骤。有些照明器具厂商在生产永久固定型反光器的时候会搭配稍小一些的灯头。然而如果需要添加遮光板、猪鼻子灯罩、夹具以及其他附件，你也没有办法把它换成大灯头。

很多成品灯头组不带散热器。这些灯头的设计让它们在对流环境下保持凉爽，但是如果它在柔光箱里面工作，我们就不太放心了。

因为考虑到散热，这些灯头附带的模拟灯常常是低功率的。有些甚至只有 100W。对于我们来说这点儿光可不够。

插入式闪光灯管

有些闪光灯头里面的闪光灯管是焊入式的。如果灯管碎了，它就要被送修了。

闪光灯管通常不会烧坏。但是因为摄影工作很活跃，还是会发生意外。把坏灯管取出来换上新的是最好的办法。

专业摄影师总是随身携带备用闪光灯头或者灯管。

闪光灯管的设计和工程构造都精妙之极。灯管包裹在玻璃层内部。如果在组装的时候发生了意外碰撞，它就可以在一定范围内保护闪光灯管。

灯管持久耐用，可以搭配 UV 镜，保证 5500k 的色温。

如果你仔细观察灯管那个复杂的环状结构，就会发现它并不是一体的，中间没有闭合，而是有一个突起的灯头。如果你需要更换灯管，请安全操作。先提醒一下，从电源包或 Monolight 上取下灯管时，请先拔掉墙上的电源插头。

进行连接

很多专业摄影师和他们的助手都会"热插拔"闪光灯头。他们在灯开着的时候就把它插在电源包上。

理论上这是安全的。然而我们已经听说了太多悲惨的故事，讲述在插灯的时候电是怎样打出火花的。

当亲眼看到这一切发生，知道它有多高的电压，你会感到害怕。绝对不要在电源包开着的时候插拔灯头。把电源包关上再打开只需要几秒钟时间而已。

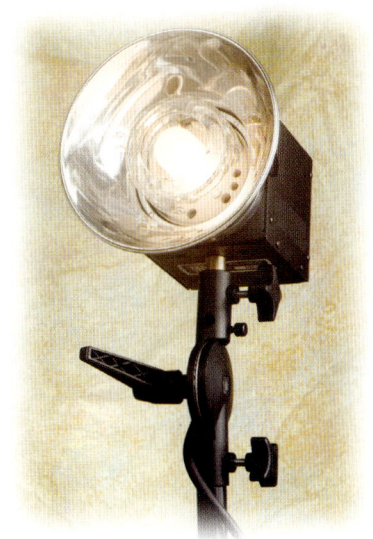

反光器

在接下来两页里我们会详细叙述，不过在那之前先提醒两句。很多摄影师用两个螺丝固定闪光灯头上的反光器。很多反光器是这么设计的。但是很多裸管在设计上需要四个大头螺丝来固定。把它们全用上。对，只需要几秒钟，但是为了安全这值得。

我们从来不鼓励大家改装设备，但如果闪光灯头上有四个接口螺丝，而老式反射器上只有两个孔，可以考虑一下在上面钻两个合适的孔。

最好的柔光箱搭档

和柔光箱搭配最好的是光管。比如一个有反光器的裸管就可以安在柔光箱的速度环上。

如果你还没有阅读第 8.15 小节，请返回去看一下，它会告诉你如何便捷地安装灯头。

平衡和托架

裸管灯头和 Monolight 属于同一家族，规格上有很多共同之处。我们在第 13.3 小节讲述如何把它们安装在托架上和进行平衡。

13.10 反射器的选择

适应性极佳的光管最大的好处就是你可以把它从一个反射器上拔下来插到另一个反射器上,形成多种灯光效果。

好的设计师会在电脑的辅助下用软件完善反射器的形状、表面质地,已达到高效使用光管的目的。反射器的目标是为灯光中心和灯光边缘提供相等的光线。

在专业图片社的展厅试验一下。用测光表的圆顶对准光的来路。向右几英尺再试一次。度数一样吗?只要展厅够宽敞,没有障碍物,这两个数值就应该差不多。

反光器的类型

必须承认的是,Novatron 系统的弱点之一就是:反光器的类型太有限了——只有两种。

很不幸的是,它们卖的都不好。看起来很多专业摄影师还没有发现反光器的作用。它们可能对光管照出来的单一光就心满意足了,没有意识到它们还有别的选择。

6.5 英寸反射器匹配 Novatron 裸管和 Monolight,可以轻松地卸下来。在反射器的四周平均分布着四个螺丝钉。只要把它们拧松一些,逆时针(面朝反光器内测)旋转反射器,就能把它拔下来了。它光滑的表面可以最大限度提高光照功率。

16 英寸盘状反射器提供更宽、更柔的灯光。它可以清晰地呈现被摄物而不产生高光。它的表面故意设计成亚光的。我们喜欢把它和漫反射框架搭配起来使用。

你还想要什么?

两个对我们来说不够。有别的照明系统提供聚光束反射器。它在 30°的范围内凝聚灯光。光束很吸引人的注意力,适合低调照明环境。因为很紧凑,所以光都被有效利用了。

站在另一个极端的反射器提供特别柔和的大片照明，靠白色表面和裸管外的反射器，它的光照角度可达 120°。

13.11 从属之眼

如果你有一个以上的闪光设备，你就需要一个从属触发器了。

在电源包上

这个简单便宜的数码奇迹让你点亮一个闪光灯光源之后另一个闪光灯光源也随之点亮。根据相机的可测范围，它们两个是同时点亮的。

只要把小小的从属触发器插进第二个电源包的同步线接口就行了。先让主电源包试着点亮一次，看看从属设备有没有也被点亮。如果没有，你可能需要颠倒插头的两极。只要把它拔下来，旋转 180°，再试试就行了。

它的接收范围很广。但如果你发现从属设备还是不亮，试着把它向主闪光灯源移动一下。

用于 Monolight

Monolight 的设计师好像推测到每台 Monolight 都会有几次在照明系统中充当从属地位。有些电源包自带从属触发器，而 Monolight 通常都有。

自带的从属触发器功过各半。它是不记名的，也就是说别人的闪光灯也可以触发你的光源。

关上自带从属模式，打开"从属"键。在 Novatron 上，当你按下从属键时，LED 屏上会显示"Son"或"SoFF"。

对于那些整个系统采用 Monolight 的摄影师来说，这个从属功能是必需的。他的第一个灯是主光，第二个是补光，另一个照亮背景。第四个从被摄物背后提供戏剧性的高光效果（例如人像中的发光，可以让照片立体起来）。

13.12 复制平面艺术品

我们曾经有过一个"产品工作室"。我们周一到周五每天 08:30 开门,有很多市场上的画作蜂拥而至。

有些要求很简单,但是却非常有挑战性。

玻璃板下面的被摄物

人们带来的一些平面作品名不符实,表面不平整——它不是平面的。

我们的应对方法是把它放在厚厚的玻璃板下。对于不精于此道的摄影师来说,我们好像把事情变得更糟了。现在我们还要处理玻璃的反光。

当相机正对着作品的时候,关上所有闪光灯,除了作品左边右边的,这样我们就可以让反光消失。产生这种现象的两个原因之一与我们在第 8.6 小节讲到的偏振滤镜片有关。另一个与第 1.2 小节讲到的入射光线与反射光线有关,我们在这里重新概括一下。

复制时的光线角度

如果你把玻璃板和作品放在墙上,相机正对着它拍照,你只能完成一半任务。在和反光的战斗中,使用相机上的单一光源来照明你就输了。来自单一光源的光线会打在光滑的表面上,光线完全镜面反射折回相机里,使画面完全曝光过度。

两个比一个好

利用你已有的入射光线等于反射光线定律来为艺术品复制寻找最佳方式。

如果光源角度是从艺术品平面算起 45° 照亮表面的,那么它会在反方向 45° 角射出,这样你就不受反光困扰了。为作品设置两个等距光源。

使光线均匀。否则你就无法忠实地复制画作。为了确保这一点,给艺术品中央和四角测五次光。如果五次读数不一样,调整你的光源直到它们一样。

墙面反射

明白这些原则之后,试着在成功路上再多打倒一个敌人。

有经验的产品摄影师知道白墙并不适合拍摄艺术复制品。

如果你在艺术品背面加上一块深色的板,辅以适宜的照明,作品四周的墙面上会形成一个白圈。

在墙上放灰卡,然后小心地把它调整到作品下方。使用我们在第 3.6 小节提到的 30 英寸 Lasto Lite Ezy 平衡灰／白卡。

合适的灯光

这工作不适合小光束、光亮反射器,只需要一对柔光箱即可。紧凑的光源很难控制。

使用柔化照明不能提供你所需要的清晰图像。

我们使用 Novetron 16 英寸盘式反射器安在一对裸管上。

当四个比两个更好的时候

很多专业复制摄影家使用四个光源。这是为更大幅的艺术作品准备的。

这可能有些过犹不及。如果你用两盏灯就可以提供均匀的光线，不要把它变得更复杂。平衡两盏灯比平衡四盏灯容易。有的时候两站甚至更多光线集中重叠在一起，会让复制品上出现讨厌的光点。

一个基本的复制布景不需要太大空间。让照明设备呈45°角照射，这样可以减少反光。

如果需要，在灯上使用偏振滤镜片。我们使用Novatron的16英寸盘状反射器提供既不软也不硬的照明。

避免白墙反光，在作品背面垫上灰卡。

13.13 Monolight 的便捷性

对于刚开始接触交流供电闪光灯的人来说，Monolight 是个很好的入门设备。它不会太过笨重。不管你的系统多么庞大，都需要这样一个重要的组件。

它是组合照明系统的起点。

从 Monolight 开始，你可以很容易地加入测光表、支架、光伞、柔光箱，还有你的小型工作室必须要有的反光板。（你可能还想要一个相机和一台电脑。）

单一光源

在跳进人群中拍摄之前先练习景物布景。看看你的光线如何设置。

下面几页上的图是很好的入门示例。

看看你如何运用在荧光日光板、HMI、人工照明这几个部分里面学到的知识模仿示例的用光。

快速浏览

让我们来快速浏览一下还没有提到的 Novatron 的 Monolight 的特性。它很专业，和我们在第 13.3 小节讲过的一样，数字显示屏是曝光调整变得很容易。

在 Monolight 上安装裸管灯头

高功率的 Monolight 有一点份量。你需要把它正确地安在支架或吊杆上，这很重要。

我们在本书中讨论过的很多产品都使用几乎一样的托架。它们非常结实耐用，而且多功能。在 Westcott 在蜘蛛照明组上使用支架之后，2005 年 Novatron 开始使用它安装 M600 Monolight。我们曾经在 Chimera 最大的柔光箱上安好裸管灯头，用支架撑了几天。所有支撑腿没有一丝一毫的变形。支架的下面连接有粗糙的黄铜螺栓作为支点。在使用 Novatron 设备时，螺丝要向着螺栓平头的方向拧紧。

托架上面的孔是用来插卷轴和光伞的。它是所有支架零件里面和照明设备离得最近的。

当释放这个控制杆的时候，闪光设备可以向上下移动，当控制杆扣紧时，它有足够的力量可以牢牢锁住卡扣位置。

当你在支架上安好设备之后，就可以轻轻打开侧面的支撑把手，左右摇动设备，调整设置。在这时请小心，特别是当你的照明装置上面还有光伞、柔光箱的重量压着的时候，它比你想象中更沉。

滑轨

支架和吊杆上前后方向的滑轨让设备可以前后移动。重要的是要注意平衡光伞或柔光箱的重量。

音频确认

有些摄影师发现在 Monolight 完全充电、功率增减、模拟等模式改变等情况下，语音提示很好用。按下音频键，如果启用，LED 屏上显示"A on"；如果关闭，则显示"A off"。

跟踪模拟灯

为了协助你拍到最好的照片，有些闪光设备提供了三种模拟灯模式。Novatron 的一些设备里，可以用一个键在三种模式中循环。每当你按下按钮式，转换一个模式，LED 照明变为红、黄、绿色。

绿：250W 全功率

黄：跟踪灯光输出功率变化

红：模拟灯关闭

在跟踪模式里，你调整电源功率时，模拟灯功率也会随着改变。当你使用多个 Monolight 时，这一功能可以有效地让你看到整个场景的全貌。

对于那些长曝光的图片来说，你可能根本不想要模拟灯。对于多重曝光和特效摄影来说也是关闭模拟灯比较好。

13.14 单一光源

使用单光源工作有一种简洁的美感。

如果有一个足够大的光源，那对于模特来说就是很好的工作场地。尽管它不像小光源那样高效，但是一个大的伞形柔光箱就能让整个广阔的空间内充满光线，因此模特们可以行动自如。

模特越活跃，我们就越容易得到好照片。所以大小合适的工作场地会给你帮大忙。

各就各位

我们来谈谈模特的"位置"，那是他们工作的区域。他们越了解照明，就越能把握它。如果我们指出他们必须待在什么位置，他们会做得很好。我们的很多模特都是演员，他们管靠近摄影师的方向叫"前台"，相反的方向叫"后台"。

我们合作过的所有人都被提出过要求，他们对光线方向的感觉很好，我们的合作非常愉快。

测量洒下来的光

当然，模特的工作区是有限的，顶灯洒下来的光为他们指明了这点。为模特的工作区域测光，这样你就了解了照明的情况。在大多数情况下，你要保持从中心到边缘的光线差半档。然而，并没有一刀切的死规矩。你可以后退，让模特留在后台区域。后台区域的光线更弱，前台的模特会成为注目的焦点。

模特朝向与光线质量

在右图中，我们的年轻模特莫干内和戴维就是精通表演世界的绝好范例。我们给了他们一些指点，他们立刻就上道了，投入角色，并沉浸其中。

这些演员可以从扮演各种角色当中找到脱离现实的乐趣。这张图片的分寸恰到好处，我们得到了热烈的响应。

我们拍摄时在一个看起来很像户外的温室里，四周都是玻璃，因此环境光充足。一把大型反光伞创造出的柔光照明足以照亮一部分阴影区域。使用反光板作为补充光源，将一些干扰两人中间阴影区域的自然光打回去——那个阴影区是我们故意留下的。

技术规格

摄影师
Brian Stoppee

设计师
Sherrie Hagan

插图
Janet Stoppee

相机
Nikon D2x · ISO: 100 · 快门速度: 1/125
手动模式

镜头
AF-S VR Zoom-Nikkor 70-200mm f/2.8G IF-ED @ 180mm
35mm 等效焦距: 270mm @ f/5.6

闪灯
1 - Novatron 1,000 Ws Digital Power Pack
1 - Novatron Bare Tube Head w/6.5" Reflector
1 - Westcott 45" Silver/Black Backing Umbrella

测光表
Gossen Starlite

附件
1 - Gitzo Mountaineer Tripod
1 - Gitzo 侧向球形云台
1 - Matthews 40" C Stand w/Sliding Leg

后期软件
Adobe Bridge, Camera Raw, and Photoshop
Corel Painter

模特
Morganne Wilbourne
David Wilbourne

13.15　使用面板框架制造广角光照

另一种在广阔的工作区域里制造广角光照的办法是使用面板框架。

优点

当面板竖立起来时，它的背后可以放置大量光源，从而增强输出光照的强度。这是一种与柔光箱和光伞截然不同的光源。你可以使用不同种类的面料作为表面，来调整光线漫射的角度。

缺点

在光线照射出来之前，柔光箱用前后两种形状及材质的漫反射表面影响光照效果，光线很柔和。光伞则以其抛物线形状的表面来传播光线。

面板框架则没有这些优势。

配置

为了最好地利用漫反射框架，你需要了解你所使用的光源。

在我们拍摄这张照片时，我们使用了两个 Monolight，配以 6.5 英寸的反光板，分别给两位摄影师使用。我们尝试着完全照亮这个美式台球桌，并均匀照亮周围环境。调整你的光照角度，确定从闪光灯头到目标物体之间的最佳距离。考虑使用更宽的反射板。

Sherrie 周围均匀散布的光线体现了照明的质量。它们凸显了她面部与臂部的美丽轮廓，使高光与阴影变得柔和。

技术规格

摄影师
Brian Stoppee

设计师
Theresa Lent

插图
Janet Stoppee

相机
Nikon D2x - ISO: 100 • 快门速度: 1/250
手动模式

镜头
AF-S VR Zoom-Nikkor 70-200mm f/2.8G IF-ED @ 70mm
35mm 等效焦距: 105mm @ f/9.0

闪灯
1 - Novatron M600 MonoLight
1 - Chimera Panel Frame - Large w/ Scrim Material

测光表
Gossen Starlite

附件
1 - Gitzo Mountaineer Tripod
1 - 侧向球形云台
1 - Matthews Preemie Baby Stand
2 - Matthews Hollywood - 2-1/2" Grip Heads
2 - Novatron Heavy Duty Stands

后期软件
Adobe Bridge, Camera Raw, and Photoshop
Corel Painter

模特
Sherrie Hagan

漫反射框架能在一大片区域里提供柔和、均匀的照明，允许复数光源的同时使用以提供额外的光照。为了获得理想的效果，可以调整你的闪光灯头的距离与框架面料的质地。

13.16 创造日光

突出表现一个独一无二的空间需要一定的创新能力。为了达到这个目标,你需要改进你的照明方式。

普遍照明

为了照亮粉刷一新的阁楼办公室,我们需要让均匀的光照充满房间的每一个角落。柔光箱是比较轻松的选择。不过,照明输出是我们必须加以考虑的四个因素之一。

白炽光与自然光照。

有两个因素很难进行人工干预,一个是有多少光线从窗户间自然流入,另一个是主要房间的顶灯以及后面

房间的轨道灯。

通过增加曝光时间,我们尽可能利用了这些条件。我们测量了环境中反射光线的读数,以确定快门时间。

人造日光

为了增加一些表现力,我们把一个带有16英寸反光器的闪光灯头安在了吊臂上,使其沿房顶伸展开,从采光的窗口进行照明。

这一侧向采光使得整个房间看上去就像升起的太阳正经过采光的窗口一般。

要不要通过滤镜改进照明?

我们尝试了金色滤镜,获得了非常美丽的效果。不过,这样使得金色变成了照片的主旋律。如果这张照片不是用于房屋买卖的宣传材料,我们可能就采用了带颜色的滤镜。问题在于,照片应该展示房间本身,而不是我们的另一种诠释。在是否采用滤镜的问题上,照片的用途应该被优先考虑。

技术规格

摄影师
Brian Stoppee

设计师
Tracey Lee

插图
Janet Stoppee

相机
Nikon D2x - ISO: 100 · 快门速度: 1/13
手动模式

镜头
AF-S DX Zoom-Nikkor 18-70mm f/3.5-4.5G IF-ED @ 18mm
35mm 等效焦距: 27mm @ f/6.3

闪灯
2 - Novatron 1500 Ws Digital Power Packs (1-w/slave)
2 - Novatron Bare Tube Heads (1-w/16" Pan Reflector)
1 - Chimera Novatron Bare Tube Quick Release Speed Ring
1 - Chimera 54" x 72" Super Pro Plus - White

测光表
Gossen Starlite

附件
1 - Gitzo Explorer Tripod
1 - Gitzo 侧向球形云台
1 - Matthews Preemie Baby Stand
1 - Matthews Magic Stand
1 - Matthews Boa Bag - 15lbs.

后期软件
Adobe Bridge, Camera Raw, and Photoshop
Corel Painter

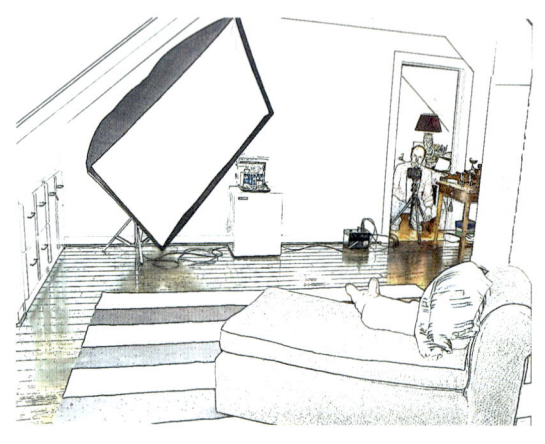

为了增加一些光照的表现力,把百叶窗打开获得自然照明,使用柔光箱来进行整体照明,并从外部引入光照。

13.17 迷人的照明

很多摄影师为展现人体之美做出了杰出贡献。他们的作品让人想起几个世纪前的大师用画布与油彩的创作,从世界上最知名的博物馆到梵蒂冈都争相展出它们。

369页的照片是我们工作室本世纪最为迷人的作品。这并不单是我们自己的功劳。

合适的礼仪

海瑟,一位杰出的妻子与母亲,是一直以来我们最为喜爱的模特之一,自青少年时期开始就一直在我们工作室做模特。从说明中可以看到,在我们拍照之前她在身体上围了一条毛巾,从不完全暴露自己的身体。

我们希望模特在拍摄过程中感到安全而有尊严,这非常重要。

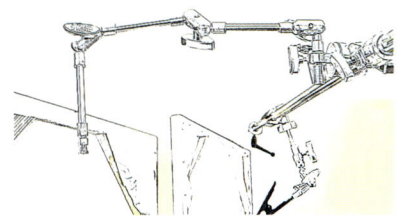

Matthews公司的Matthellini夹和小型伸缩臂支撑了背景。

怎样才算迷人的照明？

我们很难对迷人的照明作出准确的定义。它应该是柔和的、广泛的还是仅仅是针对物体的照明？

杰出的迈克·波克林顿决定了这张照片的照明方式，他测试了柔丝克（柔丝科）的漫射材料，以及照明器材的精确摆放位置。他选择把柔丝克的 Tough Frost 安装在裸管头上。

光线柔和地包裹在海瑟的身体上，使她腹部的高光与她的侧身到柔和的阴影部分之间有充足的转变。

一个反射板恰到好处地反射回了一些光线，进一步使阴影变得柔和起来。

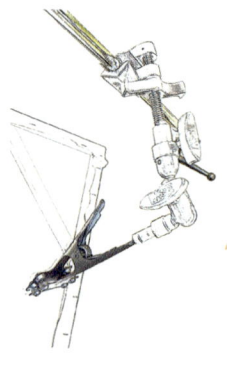

进行布置

造型师特雷西·李曾经拥有海瑟所在的模特公司，他在两个背景板上涂上了戏剧工业中广泛采用的风景涂料。柔丝克的 Iddings Deep Colors 是一种酪素涂料，只需要很少一点即可调配出生动的颜色。对百老汇获奖戏剧的布景来说，这种涂料是最好的选择。

测试

这并不是你可以一下子完成的摄影。它需要反复地进行测试。

我们首先用替身试拍一张，以确定我们

在拍摄迷人的照片时需要合适地布置照明，也不能给模特带来太多压力。

技术规格

摄影师
Brian Stoppee

设计师／背景艺术家
Theresa Lent

插图
Janet Stoppee

相机
Nikon D2x · ISO: 100 · 快门速度: 1/250
手动模式

镜头
AF-S Zoom-Nikkor 28-70mm f/2.8 IF-ED @ 60mm
35mm 等效焦距: 90mm @ f/11

闪灯
1 - Novatron 1,000 Ws Digital Power Pack
1 - Novatron Bare Tube Head (no reflector)
1 - Rosco Tough Frost
1 - Westcott 42" Gold Illuminator

测光表
Gossen Starlite

附件
1 - Manfrotto Tripod with Quick Release Head
1 - Novatron Heavy Duty Stand
1 - Matthews Mini Preemie Baby Stand
1 - Matthews Preemie Baby Stand
1 - Matthews Baby Boom
1 - Matthews Hollywood Baby Extendable Offset Arm
1 - Matthews Hollywood - 2-1/2" Grip Head
1 - Matthews Afflac Clamp
1 - Matthews Knuckle Head
1 - Matthews Matthellini Clamp - 3-inch Center Jaw

后期软件
Adobe Bridge, Camera Raw, and Photoshop
Corel Painter

模特
Heather Williams

的光照与模特的位置是合适的。在检查过样片之后，我们会进行冗长的调整，并请海瑟上场。我们调整了她脸部，身体与反射板的角度。光照突出了她脸部的某一个角度，使你产生正在窥视某人私人时刻的感觉。

13.18 同时使用多把光伞

即使对我们来说，同时使用四个光源也是一个复杂的过程。不过，这并不困难。只需用到三把伞，准确的对焦以及横穿过场地的光线。

这次拍摄使用了总计4600Ws的高效率电源。对一部分专业摄影师来说这些电源消耗不算什么。对我们来说，这消耗通常是比较大的，但也是我们达成目的所需要的最小要求。

普遍照明

在一个晚冬的下午，礼堂的休息室中，我们进行了一次拍摄，主题是公司职员之间的互相交流。

光线能很好地起到平衡作用。我们否决了让自然照明穿过玻璃门的方案，转而追求一种晚间的感觉，让主光源在内部照明。这点在右侧的高光以及门边柔和的阴影里体现得很明显。三把伞承担了大量的照明，它们各自间距相等，前台两个光源是1500Ws，而后台那把伞的是1000Ws，反射光则只有600Ws。这样产生的效果是光照随远景进入背景而衰减，将中央的两名模特突显出来。

拍摄指导

接下来说明的不仅仅是我们如何照明，更涉及我们进行拍摄工作的方式。

简妮特正在使用长镜头在一定距离外进行拍摄。这限制了场景到舞台前方的景深。光学上的压力把我们的注意力导向前景中的

用各种照明设备照亮同一大片区域会消耗大量电力。四个光源之间要紧密联系的。

技术规格

摄影师／照明师
Janet Stoppee

设计师／天才导演
Sherrie Hagan

相机
Nikon D2x · ISO: 100 · 快门速度: 1/250 手动模式

镜头
AF Zoom-Nikkor 80-400mm f/4.5-5.6D ED @ 130mm
35mm 等效焦距: 195mm @ f/6.3

闪灯
1 - Novatron 1,500 Ws Digital Power Pack
2 - Novatron 1,000 Ws Digital Power Packs
1 - Novatron M600 MonoLight
3 - Novatron Bare Tube Flash Heads w/6.5" Reflectors
1 - Westcott 45" Gold/White Umbrella
2 - Westcott 45" Silver/White Umbrellas

测光表
Gossen Starlite

附件
1 - Gitzo Explorer Tripod
1 - Gitzo 侧向球形云台
1 - Matthews Baby Jr. Triple Riser Stand
1 - Matthews Baby Jr. Double Riser Stand
1 - Matthews 40" C Stand w/Sliding Leg
1 - Matthews Preemie Baby Stand

后期软件
Adobe Bridge, Camera Raw, and Photoshop
Corel Painter

模特
Joe Spagnolo
Michelle Shea
Nicholas Parsons
Bob Lindholm

两位模特，而简妮特离他们过远，无法进行指导。

在完成模特造型之后，雪莉对他们进行指导。她离模特更近，而且在长镜头之外。

随着造型指导的完成，模特与指导者之间建立了联系，并且能迅速对指引作出反应。

13.19 同时使用多个柔光箱

怎样才能拍好一杯很棒的鸡尾酒？
要非常、非常小心地去拍摄。

两个柔光灯＋反光板

我们需要三个光源来实现拍摄目标。

Chimera 小日光增强版，一款特小号的柔光箱在这里能充分发挥作用。因为它小巧的体积，可以更有效率地提供照明。Chimera54×72 英寸的超专业增强版银色灯是辅助光，而这个小设备提供主光。

这样还不够，我们还需要加入一个反光板把更多的辅助光反射回来。

在准备拍摄的过程中，每个人都很忙碌。造型师特雷西·李对鸡尾酒了如指掌，也熟知鸡尾酒的最新流行趋势，并且具备长年的调酒经验。她举着一个14英寸的Westcott照明灯对准最好的角度来增强视觉效果。

造型与照明工作

鸡尾酒是一种冷静状态下的享受。我们不会松懈，也不会为其制作特效。一切都处在自然状态下。务必拍摄出真实感。

特雷西没有在玻璃杯上涂油脂来制造凝聚感。她按照实际饮用的标准来尽其所能地调整造型（这意味着我们在拍摄完毕之后可以好好地享用一下她调制的鸡尾酒）。这样的拍摄方法要求她在开始拍摄的同时把一切准备就绪，我们则进行了多方位的准备。在拍摄物被摆上来之后，我们没多少时间进行摄影。一切都要在事前准备好。

这样一种冰凉的享受可以用温暖的形式进行照明。它需要一盏昂贵的白平衡灯来让光线反射出一种纯洁的外观。

技术规格

摄影师
Brian Stoppee

设计师
Theresa Lent

插图
Janet Stoppee

相机
Nikon D2x · ISO: 100 · 快门速度: 1/250
手动模式

镜头
AF Micro-Nikkor 60mm f/2.8D
35mm 等效焦距: 90mm @ f/5.6

闪灯
1 - Novatron 1,000 Ws Digital Power Pack
1 - Novatron M600 MonoLight
1 - Novatron Bare Tube Flash Head
1 - Chimera Daylite Jr Plus - Extra Small
1 - Chimera 54" x 72" Super Pro Plus - Silver
1 - Westcott 14" Silver/White Illuminator

测光表
Gossen Starlite

附件
1 - Gitzo Explorer Tripod
1 - Gitzo 侧向球形云台
1 - Matthews Preemie Baby Stand
1 - Matthews mini Preemie Baby Stand

后期软件
Adobe Bridge, Camera Raw, and Photoshop
Corel Painter

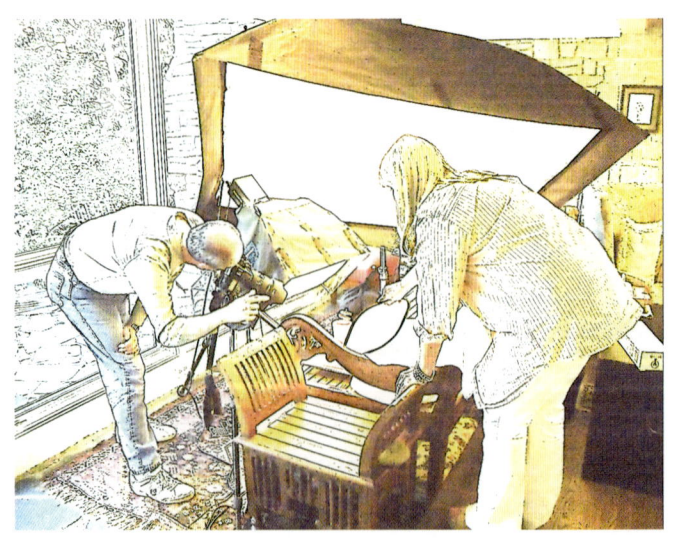

用一个小型的主光对特定物体进行强调，辅助光则承担大环境下的照明。小型的手持反光板作为背景光，突出了玻璃杯的立体感。背景光突出了玻璃杯的背面，使其看上去不显得扁平。

照片中仅有的温暖的元素是装饰品。反差感使它吸引了主要的注意力。

光源的作用

主光源起到最大的作用是装饰品上的高光。这突出了镜面感：它表现出了光源。高光给三个小球增加了立体感。

辅助光从左侧制造了必要的照明。关键在于要照亮整个空间而不过分突出背景。后面的黑色大理石所照到的光必须少于前面的，以与鸡尾酒进行区别。在某种程度上，小型反光板代替了一部分辅助光的作用。它把各种光照集结起来，形成了非常棒的背景光。

13.20 辅助自然光照

"辅助"日光照明是一种开玩笑的说法。事实上，当自然光不能满足我们的要求时，一些电子闪光灯就可以发挥作用。

谨慎使用人造光作为主光

这就像去爬一段很滑的坡。把人造光源作为辅助光会比较轻松。它与主光进行配合，使阴影变得柔和。

当人造光成为主光时，你会遭遇闪光灯的效果看上去不真实的问题。

在你创造高光的同时，你也在制造阴影。过多的阴影会消解自然光在别处起到的作用。这样就使光照变得更加不真实。

你希望光线传达什么样的信息

当你设计照明方案时，你需要考虑让图片传达怎样的信息。

在这张照片中，我们希望创造一种人们在缓慢流动的河边避暑的感觉。

在视觉上表现热量的一种好方法是让闪光灯制造高光。这能让男性模特变得迷人，同时不让女性模特看上去扁平，尤其在女性模特需要表现出欣喜的样子时。

根据这一点，我们让伊恩成为承受热量的人。我们在他的前额、脸颊、鼻子和耳朵上打了高光。女性模特的头发和背部也有高光，让她看上去更有立体感。

我们的镜头把这对夫妻从他们身后河水的暗色调中分离出来，让

技术规格

摄影师
Janet Stoppee

设计师
Sherrie Hagan

插图
Janet Stoppee

相机
Nikon D2x · ISO: 100 · 快门速度: 1/125
手动模式

镜头
AF Zoom-Nikkor 80-400mm f/4.5-5.6D ED @ 160mm
35mm 等效焦距: 240mm @ f/6.3

闪灯
1 - Novatron 1,500 Ws Digital Power Pack
1 - Novatron Bare Tube Flash Head
1 - Westcott 60" Optical White Satin Umbrella

测光表
Gossen Starlite

附件
1 - Gitzo Explorer Tripod
1 - Gitzo 侧向球形云台
1 - Matthews Baby Jr. Triple Riser Stand
1 - Matthews 25 lb. Water Repellant Sandbag

后期软件
Adobe Bridge, Camera Raw, and Photoshop
Corel Painter

模特
Sherrie Hagan
Ian Kline

当使用闪光灯作为主光时，要特别注意让效果看起来变得自然。像我们这样通过伞来给一片区域进行照明是不错的选择。注意与自然光的照射方向相违背的阴影。闪光的强度只要比环境光强一点点就够了。
上图展示了我们使用两把伞的方式，两位摄影师各一把。

我们能集中精力处理雪莉和伊恩。

倒放的伞

我们希望有柔和的照明。在一天的拍摄中，我们将要在这栋河边别墅的不同地点进行布置和拍摄工作。

减轻行李负荷是非常重要的，安全问题也是。

我们选择以光伞为主光源，并且在合适的基础上尽可能多地尝试各种组合。

通过旋转伞面并将光线照射过去，光照不仅变得更加柔和，而且覆盖了更大的区域。这保证了我们的照明没有集中在一个点上，那样会让它看起来不自然。

必须承认的是，这并不是我们最有效率的输出照明的方式。不过，它满足了我们的照明需求。

两位摄影师同时从不同的角度进行拍摄。每一位摄影师有一把伞作为光源，以1500Ws 的 Novatron 电源供电。

在室外摄影时，合适地对照明架进行配重变得更为重要。

13.21 从属的背景房间

如果你想要寻求技巧上的挑战,那么就应该尝试使用闪光灯拍摄多个房间。

有很多需要考虑到的因素,而且每做出一项改动,你也相应制造了一个新的问题,这同样需要解决。

普遍照明

把房间照亮是相对简单的部分。你需要的只是一些闪光灯头、充足的支援以及大量的电力。3000Ws 足以让起居室充满柔和,均匀的照明。

对里屋进行照明以增强立体感。这应该唤起观看者的好奇心,使他们想要知道有什么是看不见的。当摄制一栋房屋的内部房间时,人们喜欢用照片来联系各个房间,寻找各个物体的方位。

技术规格

摄影师
Brian Stoppee

设计师
Tracey Lee

插图
Janet Stoppee

相机
Nikon D2x · ISO: 100 · 快门速度: 2 seconds
手动模式

镜头
AF-S VR Zoom-Nikkor 24-120mm f/3.5-5.6G IF-ED @ 24mm
35mm 等效焦距: 36mm @ f/14

闪灯
2 - Novatron 1,500 Ws Digital Power Packs
1 - Novatron 1,000 Ws Digital Power Pack
4 - Novatron Bare Tube Flash Heads
1 - Novatron 6.5" Reflector
1 - Novatron 16" Pan Reflector
2 - Novatron Slave Triggers
2 - Chimera Novatron Bare Tube Quick Release Speed Rings
1 - Chimera 54" x 72" Super Pro Plus - Silver
1 - Westcott 54" x 72" Silver Soft Box

测光表
Gossen Starlite

附件
1 - Gitzo Explorer Tripod
1 - Gitzo 侧向球形云台
1 - Matthews Baby Jr. Triple Riser Stand
1 - Matthews Baby Jr. Double Riser Stand
1 - Matthews Preemie Baby Stand
1 - Matthews Mini Preemie Baby Stand

后期软件
Adobe Bridge, Camera Raw, and Photoshop
Corel Painter

环境灯光

下一项挑战是增加足够长的快门时间,以充分将光线摄入。这是另一项困难的工作。

从属房间

被隐藏起来的部分是很有意思的。我们有两个插在1000Ws电源上的闪光灯头。它们照亮了附近的范围。当柔光灯打开时,后台电源的从属照明也被点亮了。

13.22 拍摄地点的安全

我们在这一章节的前面已经提及,并将于之后的教程中再三强调的是:闪光灯绝不能碰水。不管是你在照相机上安装的小闪光灯,还是需要用到大型电源的闪光灯,你都在与高压电打交道。

一点意外事件足以导致人身伤害。

你必须保证光源的安全。所有排线需要被布置好，不能让人绊到。给所有支架进行配重。一个头重脚轻的照明设备只需要一点风就能被轻易吹进水里。

与自然条件作斗争

这是一张需要进行大量事前准备的杰出的照片。拍摄的时机只在几分钟之间。

我们在傍晚等待合适的背景光，可能的话再加上一点轻风。而且当时有雷暴雨来临的风险，我们拥有的机会正越来越渺茫。

柔丝克的雾气机

雾气机发挥了很重要的作用。我们需要一点点微风来让雾气飘过游泳池的水面。如果风力过大，等不及健美的亚米从水中走出，雾气就会在几秒钟之内被直接吹入邻居家的后院。

当合适的微风吹过，一位助手对准右侧的游泳池制造雾气，模特则从水中全身湿淋淋地走上台阶。

照明

我们需要为照片增加神秘感，所以我们在游泳池的左侧放置了四个大型的排灯。

这种完全的侧边照明把亚米的一部分藏在了阴影里。更重要的是，照明凸显了她健美的体型。

她走向拍摄地点是事先安排好的，这样灯光就能捕捉到她蓝色的眼珠，她的嘴唇上也有足够的高光，来展现一丝温暖的微笑。

一张像这样的照片能够具备很多用处。

剩余的柔光箱能保证我们拍到飘动中的雾。

技术规格

摄影师
Brian Stoppee

设计师
Tracey Lee

插图
Janet Stoppee

相机
Nikon D2x · ISO: 100 · 快门速度: 1/40
手动模式

镜头
AF Zoom-Nikkor 80-400mm f/4.5-5.6D ED @ 80mm
35mm 等效焦距: 120mm @ f/10

闪灯
2 - Novatron 1,500 Ws Digital Power Packs
2 - Novatron 1,000 Ws Digital Power Packs
4 - Novatron Bare Tube Heads
3 - Chimera Novatron Bare Tube Quick Release Speed Rings
1 - Westcott Novatron Bare Tube Adapter Ring
1 - Chimera 54" x 72" Super Pro Plus - Silver
1 - Chimera 54" x 72" Super Pro Plus - White
1 - Chimera Super Pro Plus Strip - White - Medium
1 - Westcott 54" x 72" Silver Soft Box
1 - Rosco 1700 Fog Machine

测光表
Gossen Starlite

附件
1 - Manfrotto Tripod with Quick Release Head
1 - Matthews Baby Jr. Triple Riser Stand
1 - Matthews Baby Jr. Double Riser Stand
1 - Matthews Preemie Baby Stand
1 - Matthews Mini Preemie Baby Stand

后期软件
Adobe Bridge, Camera Raw, and Photoshop
Corel Painter

模特
Jaime Etheridge

安全地结束工作

在我们争分夺秒拍到了一张完美的照片之后,天色突变,开始下起雨来。

我们当机立断关闭了所有电源,拔掉了连接其上的电线。

Novatron 电源在关闭时会自动释放电容器中的能量。一些其他品牌的电源会要求你按测试钮。

13.23 混合的灯光效果

一位聪明的造型师在经年累月的工作过程中能积累一堆令人叫绝的创意。他们对局面的掌控有时甚至超过摄影师。

这些的关键都是成为一名团队成员，让每个人都尽其所能地工作。

为了完成这张照片，罗伯特·扬在协助我们的桌面造型师特雷西·李。他们尝试了各种配置。罗伯特占主导。

将背光作为主光

桌面摄影师经常将背光作为主光来用。看上去这是毫无道理的。

我们一直以来所谈论的是反射光的能量。

背光能增加立体感，即使是对一个简单包裹的礼盒也是一样。如果背光是唯一的光源，那么前部就注定要留在黑暗中吗？

如果你正在晴朗的日子读这段文字，背对着窗户，你难道不是借背面的光来照明？

这是一种自然的照明方式。

技术规格

摄影师
Brian Stoppee

设计师
Tracey Lee
Robert Young

插图
Janet Stoppee

相机
Nikon D2x · ISO: 100 · 快门速度: 1/50
手动模式

镜头
AF-S Zoom-Nikkor 28-70mm f/2.8 IF-ED @ 70mm
35mm 等效焦距: 105mm @ f/5.6

闪灯
1 - Novatron 1,000 Ws Digital Power Pack
1 - Novatron Bare Tube Head
1 - Chimera Novatron Bare Tube Quick Release Speed Ring
1 - Chimera 24" x 32" Super Pro Shallow Plus Bank - Small
1 - Westcott 14" Silver/White Illuminator

测光表
Gossen Starlite

附件
1 - Gitzo Explorer Tripod
1 - Gitzo 侧向球形云台
1 - Matthews Preemie Baby Stand

后期软件
Adobe Bridge, Camera Raw, and Photoshop
Corel Painter

这图展示了如何把背光作为主光。使用反射板进行前部照明。当拍摄物体是玻璃质地时这个方法尤为有效。除了搅拌啤酒来制造泡沫之外，造型师在我们按下快门的同时打开了另一个闪光灯。

反射板

在这里,反光板起到了关键的作用。它承受了背光,集结它并将其投射在前景上。

实际上,当拍摄杰出的啤酒照片时,重点是在泡沫上,这是利用背光照明的主要原因。它能体现出泡沫的质感。

用不用闪光灯?

罗伯特想让我们增加一个背光:一个闪光灯。这个选择并没有错。他想的不是增加一个大灯,而是希望我们在他挥动酒杯背后的手电筒时按下快门。

因为我们的闪光灯有 5500k 的功率,手持闪光灯则是 2,500k 的,它使啤酒的琥珀色变得温暖。

闪光灯打开了,快门一直处于打开状态。罗伯特和手持闪光灯开始工作。快门关闭,完成这张照片。这些都需要快速完成,都是团队合作的成果。

造型师的创意

有些啤酒的照片看上去很扁平。我们采用了冰镇啤酒。为了不浪费很多覆盆子和小麦啤酒来拍摄,罗伯特使用了一个冰过的茶勺来搅拌啤酒,使泡沫重新出现。拍摄过程很快就结束了。

13.24 穿过广阔的空间

在第十二章"无线电池闪光"中，我们谈了很多反射光源的用法。拍摄大场景的摄影师必须熟练掌握反射光。

反射照明能够让摄影师轻松照亮一大片区域的任务变得轻松。

负责主光和辅助光的伞

在弗吉尼亚州里士满的刘易斯·金特尔植物园，随手一拍就能带来一次震撼。每一个空间都经过了精巧的安排与设计。图书馆也不例外，穹顶摄住了我们的呼吸。

我们以照片左侧的银伞与右侧金色白色相间的斑马伞为主光拍摄了鲍勃。这张照片有着不错的立体感。但是，当没有额外照明时，模特会看上去身处于黑暗的洞穴中一般。

穿过天顶

在对穹顶的摄影中，我们使用了一切想得到的常规照明手段。因为它的形状，任何碰到它的光线将散布得到处都是。

为了利用这点，我们在一个很高的支架上安装了光源，并将其升至弧形区域。在没有反射板的情况下，光线发散角度超过了180°。灯头在鲍勃的背后，视野的左侧。

因为在没有反射板的情况下，照明毫无效率。它支援了伞所提供的照明，而不是在曝光中盖过它。我们进一步调整了背景照明，以配合窗户的自然光。

技术规格

摄影师／插图
Janet Stoppee

设计师
Sherrie Hagan

相机
Nikon D2x · ISO: 100 · 快门速度: 1/125 手动模式

镜头
AF Zoom-Nikkor 80-400mm f/4.5-5.6D ED @ 180mm 35mm 等效焦距: 270mm @ f/5.6

闪灯
**1 - Novatron 1,500 Ws Digital Power Pack
2 - Novatron Bare Tube Heads w/6.5" Reflectors
1 - Novatron M600 MonoLight
1 - Westcott 45" Silver/Black Backing Umbrella
1 - Westcott 45" Gold/White Umbrella**

测光表
Gossen Starlite

附件
**1 - Gitzo Explorer Tripod
1 - Gitzo 侧向球形云台
1 - Matthews Baby Jr. Triple Riser Stand
2 - Matthews 40" C Stands w/Sliding Leg**

后期软件
**Adobe Bridge, Camera Raw, and Photoshop
Corel Painter**

模特
Bob Lindholm

13.25 用"曲奇"模拟窗户效果

你可以为了等到合适的光线透过窗户形成的斑纹而干坐一整天。而借用"曲奇",你就能随时随地自己制造它。

剪影板

剪影板有很多名字,其中最常用的是"曲奇"。

在阻挡光线传播的作用上,"曲奇"与滤光布类似。不过,滤光布更多用在光源上,而剪影板的体积更大,能在更远的范围里阻挡光线到物体表面的传播路径。

硬曲奇还是软曲奇?

商业化的"硬曲奇"通常以胶合板制成。有人花很多时间自制"硬曲奇",并在完成拍摄后将它们解体。

"软曲奇"有时是用纱制成的。其中一种被称为"大提琴剪影板"。

与Chimera的其他产品一样，这个套装也附带简易行李袋。

"硬"与"软"指的是它们制造光线的锐度。因为"曲奇"制造了自然的阴影效果，你需要确定的是制造多少锐度的光线。

Matthews 公司的剪影板

Matthews 公司的照明控制工具组中包含了"硬曲奇"与"软曲奇"。它们有 18×24 英寸以及 24×36 英寸两种尺寸。摄影师发现即使是较小的尺寸用在许多拍摄场合已是绰绰有余。

木制的剪影版以胶合板控制重量，搭配一个非常耐用的金属夹头，可以固定 Matthews 公司的各种设备。夹头可以自由倾斜和翻转。

Matthews 公司的"大提琴剪影板"是一种包在可自由调节的金属框架外的过滤网，上面有透明塑胶形成的图案。

Chimera 的窗口图案工具组

这个工具箱为新人在背景上制造有趣的图案提供了简便的方式。

在外景拍摄时，它很方便就能让新人在背景上制造有趣的图案：助手们不再需要出门折几段树枝来在墙上制造阴影。同样的，也不用带个中空百叶窗来制造光线透过的效果。这一套塑料图案挂在黑色框架上，以带有挂钩的带子固定。这个框架与Chimera的42×42英寸面板相连接。

黑色的框架周长是12英寸，可以完美地以Chimera24×32英寸专业超级阴影增强型排灯照明。42×42英寸的框架可以防止任何光线漏到范围外。Chimera有两套框架套装，包含百叶窗、一片叶子、棕榈树、落地玻璃门、柱状物、半圆顶、多米诺骨牌、太阳照射、打开的窗户、分裂的门以及一套空白的图案以供自制图标与其他你需要的物体。

第十四章
重要的桌面工具

没有相机可以成为摄影师吗？没有电脑呢？你能不用灵敏的手写板在Photoshop里对照片进行修饰吗？如果你能做到，请务必告诉我们。因为据我们所知，手绘板已经成为现今摄影师的标配工具。

这一独一无二的图片处理工具的名字由"wa"，即日语中的"和谐"以及表示电脑的"com"组成。从词语组成的顺序上就能看出，"和冠"（wacom）指的是使人们和谐地与机器进行工作。

没有比这更确切的说明了。

现在，手绘板的价格甚至低到能与你的钱包"和谐"共存。小型专业手绘板只用200美元就能买到，你是没有理由不买一个的。如果你对照相的态度十分严肃，并买了这本400多页厚的书，你必然可以拥有一个手绘板。

如果没有手绘板，我们绝不可能像之前那样操作Illustrator、Photoshop和Corel Painter，我们原来的12×18英寸的手绘板上的编号99。在很长一段时间里我们一直都在使用它。

这是一种语言很难完全描绘的人体工学体验。在写字板上进行创作就像实际触摸着图片，成为图片的一部分一样。当你向笔尖施压以进行视觉上的调整时，眼、手、心合为了一体。你成为了创作本身的一部分。

14.1 适用的手绘板

如果你刚开始接触和冠的手写版，让我们给你简要介绍一下这些产品，让你在做出选择之前对情况有所了解。

和冠手绘板有两种适用于专业人员的规格：影拓和新帝。

和冠也有工业规格的产品。除此之外，有些广泛使用的产品也是和冠公司的。不过这里将主要介绍最适合你使用的影拓和新帝。

左边图片上和冠影拓的实际尺寸比 4×6 英寸的手绘板约小 20%。两页前的图片上则是新帝。

影拓

你的笔在手写板上触到的每一个点，在屏幕上都有相对应的一个点。不管你用笔在手绘板上画了什么，电脑上都会出现对等而精确的轨迹。

手绘板和笔支持 1024 个级别的压力感应。使用手感完全取决于你对和冠软件的设置。笔尖的反应则取决于你在手绘板表面施加了多少力气。如果你照片上的瑕疵只需要 Photoshop 的修复刷功能即可去除，轻按即可。如果是一块肮脏的痕迹，那就使劲地按下去。

影拓系列产品都是 USB 供电，所以它很大程度上是个随身携带的输入设备，提供 4×6 英寸、6×8 英寸以及 6×11 英寸三种手写接触面的尺寸，大小就像苹果笔记本电脑一样。它们的实际尺寸从 10.6×8.5 英寸到 16.5×10.3 英寸都有。

一个 4×6 英寸手绘板的宽度约比背面那页上的影拓照片所展示的要长 20%。

我们的 6×11 英寸手绘板可以轻易放入 Lightwave 笔记本电脑包，与其他工作中使用的苹果设备放在一起。

更大一些的影拓手绘板有 9×12 英寸，12×2 英寸，12×19 英寸三种，外观尺寸则为 24.5×16.9 英寸，适合放在工作室里。大型的手绘板更适应大号的显示屏。

新帝

在使用和冠手绘板一段时间之后，你会感觉像是在屏幕上，而不是在手写板上工作一般。如果你有一个新帝，那么你就可以直接在屏幕上工作了。新帝是手绘板与 LCD 显示器的结合体。你直接用笔接触屏幕。这是一个更为快捷、更自然的工作方式。

让人把屏幕作为手绘板的新帝系列产品延续了和冠制造世界级设计工具，让使用电脑的感受变得尽可能自然的传统。当你直接用笔在屏幕上操作时，你会操作得更快、更自然。它能唤起在传统媒体工作的记忆：当你的笔接触到物体表面，并开始施加压力时，你可以立即在有纹理的耐刮擦的表面上见到结果。

放在工作室里设备有 21UX，它有一个 17 英寸宽的手写范围。21UX 的宽高比是 4：3。

虽然它加上支架重 22.4 磅，新帝 12WX 和我们 6×11 英寸的影拓差不多大，而且只有 4.4 磅重。它是经常旅行的专业媒体人士的理想选择。

14.2 桌面工具

影拓配套有一支握笔与一个五键鼠标。

有些人在一开始使用的时候会觉得不适应，因为眼、心、手只通过一件工具进行配合，但还是很快就能操纵自如。有些人则会从一开始使用就爱上它。

把手绘板当做台式机

手绘板和配套工具改变了你使用台式机的方式。我们有一个滚轮型键盘托盘，有时会放着 6×10 英寸的影拓。

手绘板实际上发挥了台式电脑的作用。我们闭着眼睛也能通过键盘操作电脑。但在键盘之外，我们用手绘板在屏幕上进行操作。

如果你使用了新帝，那么键盘操作就可以完全被丢到一边了。你只需要想点哪就点哪。不过因为使用触控笔的关系，你不得不用下拉菜单进行操作。

触控笔

和铅笔一样，它有一个笔头和一个橡皮。随着使用时间的增加，软质触控笔成为了你双手的延伸。你可以把笔旋转180°，使用某一应用功能擦除它的痕迹。

为了保持新帝屏幕的整洁，它有一个坚固的支架让它保持直立或与工作台平行。

把笔当做鼠标

当触控笔进入手绘板五分之一英寸的范围时，它就被激活了。

笔尖的作用就像鼠标点击，要实现双击功能的话就按两次。

The DuoSwitch

这是另一种很酷的工具。它是通过摇杆来操作。当你把笔悬停在手绘板表面五分之一英寸的范围里时，它就启动了。一般来说摇杆的头部对应 Windows 系统的鼠标双击，下面部分则对应鼠标右键点击。

摇杆完全支持编程控制，在这一章节里将更深入地说明这点。

五键鼠标

和其他和冠专业手绘板一样，操作影拓是用不着鼠标的。很多创意工作者把新帝竖立起来使用，所以鼠标在人体工程学意义上并不合适。

五键编程鼠标则不是用滚珠控制的。也没有光点。它不需要电池，甚至连电线都不用。

这不是你经常见到的那种鼠标。

五键鼠标是手写笔和鼠标的折中，以用来应对合适的情况。这个鼠标也减少了重复移动。

左右键的功能与传统鼠标相同。在边上则有另一套左右键。在上网时，它们的功能和前进／后退相同。

滚轮鼠标

这不是标准的滚轮。你既可以滚动它，也可以按动它来实现鼠标按键的用途。

在实际使用中，它便于进行放大之后的操作。在 Adobe Bridge 里，你可以用它飞速划过内容面板。

如果你按下它，它默认发挥双击的作用。

14.3 手绘板键和触控列

和冠有一些与任何电脑配件不同的、极其专业的手绘板工具,从而进一步证明它对人性化的电脑操作的追求。

只要你在手上有一支操控笔,你就能使用另一只手碰触那些可编程的手绘板键和触控列。

手绘板键

手绘板上部的外缘有四个键。它们就是手绘板键。

这四个手绘板键(左侧与右侧各四个)默认与键盘上的 Command、Shift、Alt 和空格键发挥相同功能。这个功能让你能脱离键盘使用 Adobe 和 Corel 软件的很多功能。

这些手绘板键完全支持编程。在第 14.5 和 14.6 小节我们将讨论这点。

在小一号的 Cinq 12WX 上,有一对第五手绘板键。它们可以用来进行各种显示器的设置。

触控列

在影拓上,触控列就在内部的手绘板键的旁边。

触控列有三种不同的使用方法。一般来说,你把手指放在上面,就能进行放大,下拉,缩小的操作。它也可以进行滚动操作。

另外,在触控列的一端按住手指可以向上或向下滚动一片文档。

你也能点击触控列的顶部或按钮来同时完成放大/缩小与向上/向下的滚动。

以笔代指

如果你不习惯使用手指操作影拓,就用笔来代替。

14.4 改进使用体验

如果你刚开始使用和冠产品,花一些时间来适应这些出色的新工具,不要急于求成。

学习有一个过程。对一些人来说,他们可以一下子领悟。另一些人则需要花一些时间来熟练。

给自己时间去适应这个工具吧。

如果你已经使用了一段时间，但并没有深入了解按个人需要定制功能的方法，这一章就是为你准备的。读完之后你会想知道为什么没有早一点体验这些神奇的功能。

和冠的控制台与工具栏

如果你使用了一段时间的和冠，进入 wacom.com 的技术支持栏，确定你装上了最新版本的驱动。

现在，我们需要确定你已经安装上了设置功能。

在苹果电脑上，进入 Dock 里的系统性能栏，并点击和冠手绘板选项，

对 Windows 用户来说流程是差不多的：开始——程序——和冠手绘板，然后选择和冠手绘板选项。

是不是觉得出现在屏幕上的众多选项有些太多了？一时有些难以全部接受？

如果你想要知道每一个选项的作用，只要把鼠标光标停留在上面，就会弹出简要的说明。

举个例子，看见"细节"按钮了吗？让光标划过它，几秒钟之后一个小方框就会出现并且告诉你："点击这里进行进一步的触控设置"。

现在就开始探索这个控制栏，去了解每一个控制选项的功能吧。

触控感

对触控压力的设置是你个性化和冠手绘板的重要一环。有些人用的力气会比别人大。对如何利用触控笔达到自己想要的效果，每个人的标准都是不同的。

让我们来做一个有趣的测试，来看你能怎样定制你的手绘板。

在"工具"菜单下，点击"触控笔"。

在任何地方点一下笔尖，观察"当前压力"一栏是如何反应的。

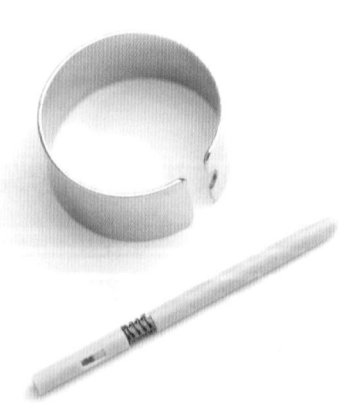

点击"细节"按钮。

两个滑块出现了,一个控制敏感度,另一个则控制点击阀值。

轻点"试验"区域。

现在,把敏感度一栏调到最低。用相同的力度使用触控笔。测试区可能没有任何动静。继续以各种不同的力度点击。如果一直以这样的力度进行操作,很多人的手可能会变得疲劳不堪。

试着点击得轻些,把选项拽到"轻柔"处。你可以发现手绘板可以探测到你的任何动作了,哪怕只是轻轻地移动。

与手绘板接触的笔尖

在我们进行更加深入的讨论之前,需要先谈谈更换触控笔里的笔尖这件事。对于你在 Photoshop 和 Painter 里所做的绝大部分工作来说,你可能都需要一个不同的笔尖来代替原装附赠的那个。和冠为笔提供额外的笔尖。你需要找个有小弹簧的。用镊子或类似的工具,比如说和冠配备的那个小圈,把原来的笔尖拔出。再把有弹簧的笔尖安上。

现在在测试区再试一次,是不是发现手感不同了?

下一步,把笔上下翻转过来,开始设置橡皮。

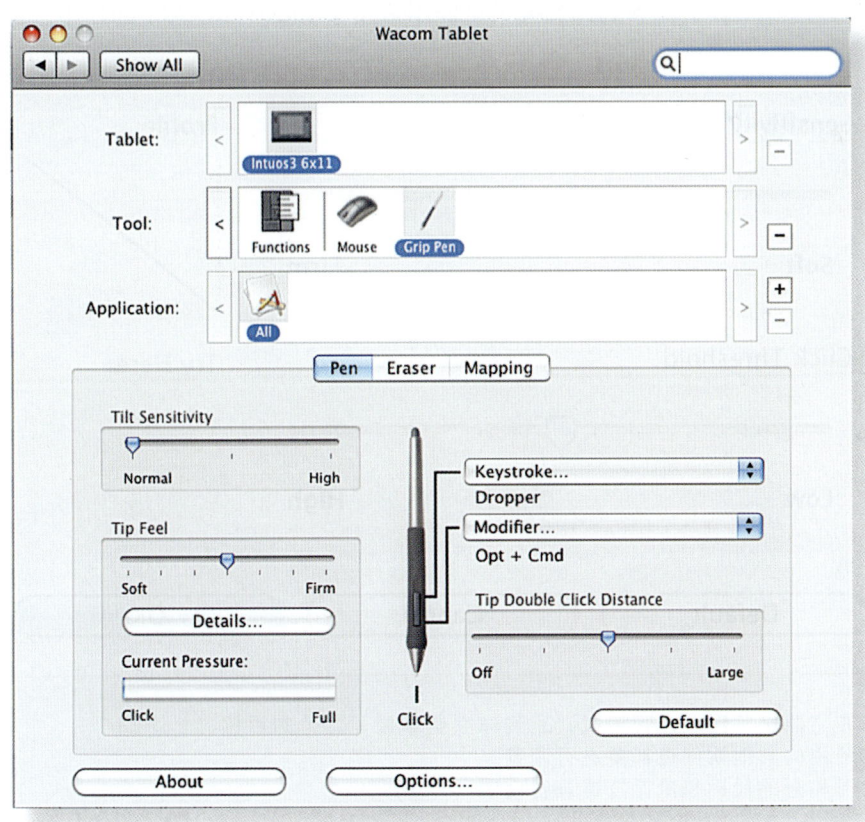

触控列

你的触控笔会时不时发挥鼠标的功能,让你在这里那里进行点击。触控列决定了你需要多少压力才能触发点击功能。

在测试区不断尝试,直到找到合适的力度。

实战测试

在你觉得终于真正拥有了自己的和冠手绘板之后,让我们先退出选项,来进行一些实际操作。

打开 Photoshop 并开启一个新窗口,把它放大到 100%。

使用"笔刷"工具画几条直线。

返回和冠控制台,把敏感度调至极高。

返回 Photoshop,再画几条直线,试着施加不同程度的压力。

不管施加上去的压力如何,这些线看上去一样吗?不断在控制台里进行调整,并在 Photoshop 上试验。不断地试直到出现你理想的效果为止。这可能会经历一些试错过程,并有些枯燥无味,但还是要继续尝试,直到获得理想效果。

你会在之后的使用中感谢我们的。

为每一个软件确定不同的敏感度

你在 Photoshop 里得到的理想效果可能不适用于 Illustrator 和 Flash 中。你可以分

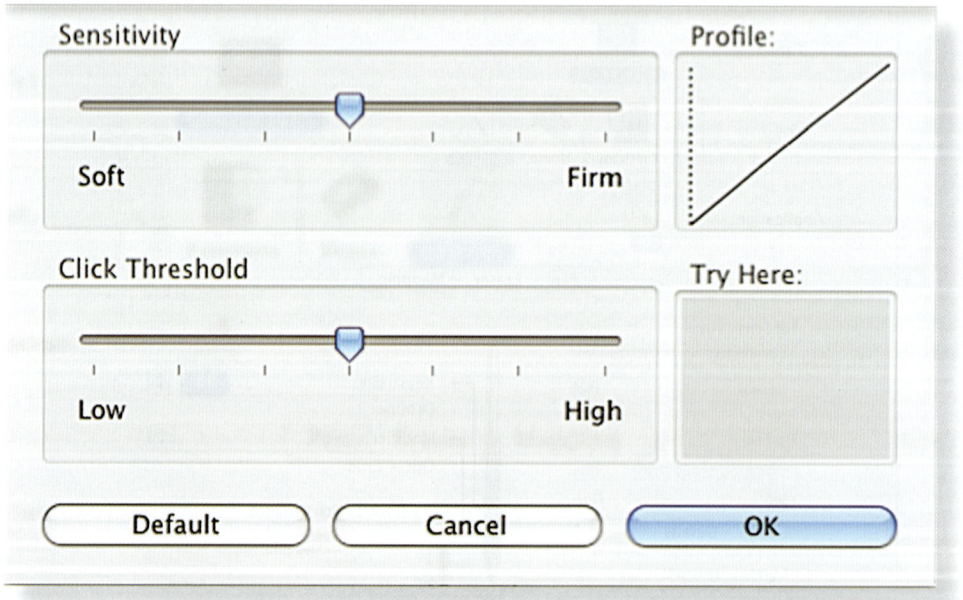

不断在"测试"区域进行测试,直到你完全掌握了合适的手感。

对你使用的其他软件也都要进行调整。

然后对和冠的鼠标和鼠标按键进行设置。

别为软件设置不同的触控笔参数。

以 Photoshop 为例，启动 Photoshop 并进入现在已经变得熟悉起来的和冠控制台。在控制台的"应用"栏的右侧，有小小的"加"和"减"按钮。按"加"钮，则会出现一列你安装的软件。选择 Photoshop。现在返回笔尖调试栏并通过"细节"进行调节。不断在 Photoshop 中尝试以得到合适的手感。

为验证设置是否正确，回到和冠的应用栏，点击"其他"并切换回 Photoshop，你会发现设置已经改变了。

14.5 对手绘板键进行编程

你想要尽可能智能地使用和冠手绘板。你一定使用过很多种按键命令组合，也一定有经常访问的下拉菜单。使用手绘板键来跳过这些步骤，通过编程来实现这些功能。

使用手绘板键调整合适的窗口大小

举个例子，在使用 Adobe Camera Raw、Illustrator、InDesign 和 Photoshop 以及 Painter 时，我们需要让画板符合窗口大小或一直以 100% 大小显示。快捷键是

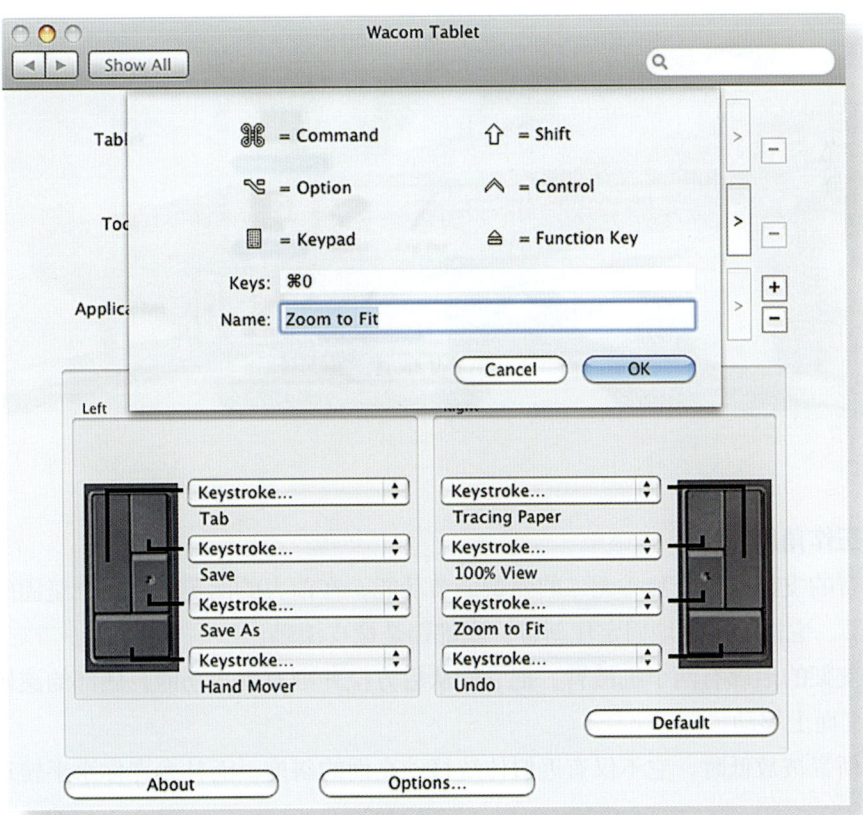

Alt+Command+0。

我们可以用触摸带实现这个功能,但我们希望用一个键也能达到相同效果。

在和冠的控制台点击"功能"一栏。

除了4×6英寸型号的手绘板是四个功能键之外,所有影拓手绘板都有8个功能键。新帝 21UX 也有8个,而 12WX 则有10个。

选择其中一个键,在菜单中选择"储存键位"。在新出现的对话框中,按住 Alt, Command, 0 键。在它们出现在对话框之后按确定。

当要求你给这个操作取一个名字时,键入"调整为合适的窗口大小"。

右侧的图展示了我们是如何设置 Painter 的。

14.6 调节新帝

当使用新帝时,每一个人适应的角度都不同。想想你妈妈是怎么说的:"你的姿势端正吗?"

新帝有一种魔力,它使人想要爬入图像,成为图像的一部分。你可不想让自己弯腰驼背地对着显示器工作,在第二天就精疲力竭了。

倾斜的工作角度

新帝的支架有一个独一无二的弹簧调节功能。在前方的两英尺有一个坚固的橡皮材质固定器。它能够很好地固定住新帝。底部则是橡皮滚轴。

在支架的后部有两个机械臂。把它们从后方拉开则有固定功能。底部的滚轴就可以自由在桌面上移动。

当新帝被放低时,它不仅有近似传统移动桌面的斜度,而且允许你水平转动它。如果你想要以一个接近水平的角度进行工作，就像在一张纸上一样，那么这个功能就更加合适了。

在调节新帝时，最好先面对它站立，用拇指按住前端，其他手指则在机械臂上。左侧的拉杆让屏幕降低，而右侧的则是让它升起。

新帝在固定之后还是有一些活动空间的，所以在放手之前应该先把它放稳。当你把它调整到你想要的角度时，它会稍微往回挪一些。

工作环境下的照明

是时候考虑你工作环境中的照明问题了。

新帝的屏幕有强光照明。但当屏幕上闪着强光时你很难清楚地评判屏幕上图片的质量高低，不仅如此，你的眼睛也会很累，累到可能引发头痛。

新帝还原色彩的能力极好，而且有很好的亮度。选择一种适合在工作时使用的灯光，避免在照明时产生任何眩光。就像你在拍摄时希望有适合当前光线的白平衡一样，要以同样的标准选择工作时的照明。如果你需要仔细评判反射性材料上的色彩和纹理，你需要有非常优质的光源。

第十五章
Painter 的色彩

不管你是一个对插图没多少了解的摄影师，还是有强烈的艺术创作冲动，Corel 的 Painter 总有适合你的地方。

很多摄影师通过开始使用 Painter 取得了商业上的成功。很多 Photoshop 的专家会同时使用这两款软件。Painter 与 Photoshop 有相似的工作界面，所以很容易上手，但它带来了一堆与 Photoshop 完全不同的额外功能。

Painter 的一些功能与 Photoshop 所提供的完全不同，所以不要指望它们在短时间里出现在 Adobe 的其他软件上。

还没有开始使用 Painter 的人像摄影工作室应该马上开始用它。如果你还没有开始把照片渲染得像画一样拿出去卖，你就损失了一大笔收入。

我们是 Painter 1.0 的第一批使用者，那些在曾经崭新，而现在早已过时的 Mac Quadras 软件上画的照片为我们赢得了很高的声誉。那台机器需要两个壮劳力才能搬动。

一些 Painter 的功能是自动化的。如果你能在 Photoshop 里对照片进行编辑，你应该就具备了像探索其他软件的功能一样发掘 Painter 特点的能力。

左侧的相片主要是以 Painter 的自动上色功能实现的。

15.1 了解传统媒介

Painter 有一个自然媒介的工具库和众多用来进行图片处理工作的皮肤外观。它不仅具备传统艺术的外观，更复制了古已有之的处理视觉效果的工作体验。唯一的区别只在于没有气味，无需清理。

Painter+ 和冠

在 Painter 上工作需要配备一台和冠手绘板。这是 Painter 触手可及，高互动性的工作体验的一部分。

当你向笔上制造压力以产生粉笔效果时，你会发现你的肌肉在手绘板上释放出能量所产生的效果与你拿着粉笔在炭画纸上工作的效果一模一样。

取样与复制

在接下来的两页中，我们取样了 6 种不同的表面，用六套我们经常在相片处理中采用的 Painter 媒介进行涂画。使用 Painter 工作的最佳方式就是使用复制功能。

复制功能非常适合摄影师。以照片作为复制源，各种复制工具（事实上是所有复制工具）会直接从你的照片上摘取色彩信息。

技术规格

摄影师／插图
Janet Stoppee

相机
Nikon D2x · ISO: 100 · 快门速度: 1/250
光圈优先

镜头
AF Zoom-Nikkor 80-400mm f/4.5-5.6D ED @ 400mm
35mm 等效焦距: 600mm @ f/5.6

闪灯
1 - Nikon SB-800 Speedlight

附件
1 - Gitzo Explorer Aluminum Tripod
1 - Gitzo 侧向球形云台

后期软件
Adobe Bridge, Camera Raw, and Photoshop
Corel Painter

为了在一个炎热的八月的日子里拍摄黑眼睛苏珊，简妮特使用了一个长变焦尼康镜头。尼康D2x相机让她400mm的焦距相当于600mm焦距一样。照片给人一种花瓣下垂，无精打采的印象。黄色体现了当时的热量。

为了把这些摄入镜头内，她用了一个尼康的补光闪光灯，虽然它看上去只是闪光灯的一种变体，实际上并不是。不仅如此，强光还能制造出一种视觉上的错觉。其实摄影师与花并不像她们看上去的那样是分开作用的。

石膏粉画板上的丙烯颜料
- 不透明细节画笔
- 柔顺丙烯
- 不透明丙烯
- 厚涂丙烯鬃毛笔
- 厚涂丙烯平笔
- 湿丙烯
- 湿细节画笔
- 厚涂丙烯圆笔

炭画纸上的喷枪
- 细节喷笔
- 精细喷雾笔
- 优质柔性笔尖喷笔20号
- 涂鸦笔
- 胡椒粉喷笔
- 锥形细节喷笔
- 变化泼溅喷笔
- 柔性喷笔30号

炭画纸上的粉笔、派通笔
- 方形粉笔
- 锥形艺术家粉笔
- 变化宽粉笔
- 色粉笔
- 圆头硬质色粉笔
- 软色粉笔
- 软色粉铅笔3号
- 方形硬粉蜡笔

色粉砂纸上的油画棒、碳棒
- 粗油性色粉笔10号
- 圆头油性色粉笔
- 软油性色粉笔
- 变化油性色粉笔
- 炭笔
- 炭铅笔
- 软性炭笔
- 软葡萄藤炭条

基本纸张上的铅笔
- 2B铅笔
- 覆盖铅笔
- 颗粒变化铅笔
- 油性铅笔
- 制图铅笔
- 油性变化铅笔
- 尖锐铅笔
- 粗略铅笔

意大利水彩纸上的数码水彩笔
- 粗糙干画笔
- 渗化水笔
- 粗糙涂抹画笔
- 精细尖水笔
- 扁平调和水笔
- 简单水彩笔
- 水洗笔
- 柔性宽画笔

15.2　Painter 的工作界面

Painter 的用户界面和你可能熟悉的其他软件完全不同。

经过仔细考量的以直观的用户使用体验为目标的设计使它超越了其他普通软件。它做到了独一无二。Painter 有一系列功能，能够轻松地完成复杂的任务。

当你开始适应 Painter 的功能时，就能得心应手地操作用户界面。你会觉得它非常清爽，用起来十分舒适。

这不是一本指导 Painter 使用方法的书，所以我们不打算历数 Painter 所有的功能，或是对一个个工具进行探索。

软件已经安装了一些非常棒的资源。在动画、设计、电影制作、插图和照相等领域都有很多创意专家在使用 Painter。很多人把令人激动的作品样本放到了 corel.com 上，也有不少精心编排的书是关于如何使用这个软件的。

杰里米·萨顿分享了很多 Painter 的实用技巧。他就 Painter 及和冠手绘板写了几本很不错的书并配有 DVD。

1. 工具箱

很多 Painter 的工具完全不用进行专门介绍。当摄影师开始接触 Painter 时，他应该已经有了至少在 Adobe Camera Raw、Photoshop 以及其他一些 Adobe 创意软件上的使用经验。虽然我们强烈建议你研读写得非常详细的用户手册，不过在这个时代，打印在纸面上的指南让人没有阅读兴趣，你可以随便选择一项工具就开始入门。

2. 选色盒

这是一个让 Adobe 软件使用者误认为是将背景色转换成前景色的功能。在 Painter 里，工作界面本身就是背景。这让前景可以使用主要颜色，背景则可以另选一种颜色。

虽然多数时候你只需要使用主要颜色，有些笔刷工具具有不止一种颜色。就像在传统媒介上工作一样，你的笔刷会从调色板上截取多种颜色。

3. 选择器

聪明、直观地进行工作是 Painter 的使用体验的一部分。选择器使你避开杂乱的桌面，直接选择需要的功能。选择器与以下这些文件库相连接：

　　纸
　　渐变
　　图案

花纹
外观
喷嘴

4. 调色板

　　Painter 最让人惊叹不已的地方是它选择颜色的方式。三角形的颜色区域是这款软件的标志。很多人并不知道还有一个小小的调色盘，在竖直的颜色调中选择颜色，和使用其他选色器一样。

　　为了让桌面保持干净而切合需要，Painter 允许你把它的调色板压缩为一个长条。

　　在颜色区域的下面是你在电脑上混合颜色的区域，就像画家充满油、树脂、水彩的传统调色板一样。

　　然后调制好颜色，以供重复使用。你可以把调制好的颜色保存下来。

　　颜色信息板（此处无配图）有一个让人误会的名字。它不止提供了信息。这个面板允许你使用 RGB 或 HSV 滑块或直接在对话框里输入颜色数值。

5. 属性栏

　　就像你使用 Adobe 软件时的习惯那样，每当你使用了一个 Painter 工具，属性栏会显示那个工具的特性。它会保存你做过的设置。即使你完全糊涂了，也能把它还原为初始状态。

6. 笔刷选择栏

我们把重头戏放到了最后说。这一栏有很多功能算得上是 Painter 最为强力的工具。你一定要尽快熟练使用它。这是 Painter 最强大功能之一。

笔刷有两个特性。第一，它具备我们在前两页提过的特点。在笔刷选择栏，你能看到一堆缩略图，对应了所有可以选择的笔刷种类。

接下来，你需要选择一个笔刷类型。这一栏也有展示笔刷笔触特征的缩略图。

正如你所能猜到的一样，在菜单之外 Painter 还提供了大量的个性化设定。

笔刷定制器

笔刷定制器让你设计自定义样式的笔刷，使用随机器来制造不同的花色，以及转换器来混合超过一种的笔刷的特性，以及设计笔触。改变它们的大小、形状、角度和流量来适应你的需要。

Painter 的高级用户非常喜爱这个工具。

我们只是介绍了一部分功能，但我们希望这些简介足以促使你探索更多 Painter 的功能，并让你在章节接下来的部分适应我们编辑图像的方式。

15.3 粉笔与蜡笔

九月中旬在切撒匹克湾附近拍摄是很容易找到模特的。年轻的克里斯蒂安·特里和他同样年轻的姐姐阿列克西丝正是我们的人选。

即使有相当多的模特人选，以及在最后一刻更改拍摄地点的经历，这次摄制仍然相当顺利，因为轻松气氛让每个人都乐在其中。

在这样的拍摄场合我们希望尽可能少地携带装备。借助自然条件并对光进行一些修正是完成工作的最快方式。通过尽可能多地切换镜头，改变方位，我们得到了一张充满变数的照片。

我们的拍摄助理和模特指导疏导完人流就立马回来开始指挥拍摄。

在这张照片中，我们唯一的光源是可以

技术规格

摄影师/插图
Janet Stoppee

设计师/Talent Director
Sherrie Hagan

相机
Nikon D2x · ISO: 100 · 快门速度: 1/250
手动模式

镜头
AF Zoom-Nikkor 80-400mm f/4.5-5.6D ED @ 80mm
35mm 等效焦距: 120mm @ f/10

闪灯
Matthews Aluminum Hand Reflector 24"x24" with Black Yoke

测光表
Gossen Starlite

附件
1 - Gitzo Explorer Aluminum Tripod
1 - Gitzo 侧向球形云台
1 - Matthews Mini Preemie Baby Stand

后期软件
Adobe Bridge, Camera Raw, and Photoshop
Corel Painter

模特
Alexis Terry
Christian Terry

安装在码头的支架上，完美收集太阳光线的 Matthews 反射板。

简妮特又一次使用了自动对焦的尼康变焦 80-400mm f/4.5-5.6D ED 进行拍摄，这样的距离使她几乎不可能亲自指导模特，除非她喊得每个人都听见。不过，这样拍摄的优点是镜头提供一种非常接近拍摄目标的感觉。看见像模特这样亲昵的举动，从而产生进一步了解他们的欲望是观看者的自然反应。

右边的照片比它在下面的尺寸要长一些，不过对我们来说这两张照片都可以接受。

选择 Painter 的媒介

你如何把一张照片编辑成插画？

从了解 Painter 已有的媒介开始。

随着使用经验的增加，你一看到照片就知道它适合以粉笔和蜡笔的方式进行渲染。你也能这样想：我要使用粉笔与蜡笔的渲染方式，资源库里有些什么呢？因为我们一年要拍摄并编辑上千张照片，我们的资源库相当庞大。

粉笔与蜡笔

粉笔与蜡笔效果是比较质朴的、也是抽象的，用众多基础的视觉效果体现了图像的纯洁性。

使用这一介质很讨喜。它用在儿童上实在再好不过了。色彩会变得非常丰富，并为图片带来强烈的生活感与愉悦感，就像儿童本身一般。

纹理是体现粉笔特点的关键所在。在 Painter 中，粉笔的特征与它在现实中的表现相当一致，画笔在表面上会出现相当强烈的反应。

与一些自然的图画媒介不同，当其他媒介由各种各样的元素混合而成时，粉笔在很大程度上反映了它自身材质的特性。Painter 也是这样的。当你加入新的色彩时，粉笔效果与表面上已存在的效果相互融合。

蜡笔的特点与粉笔有些不同。它能完全覆盖表面上已有的效果，软蜡笔也是如此。你越是用力按压数位笔，色彩就越不透明。

硬质的蜡笔在表面上的覆盖范围比接触范围要广。

克里斯蒂安的插图

正如你可以从左侧展示的制作插图的过程中看到的，简妮特用一些基础的铅笔线条来规划她的工作。不过，随着工作的进展，这个规划显得太呆板了。它没有表现出当时的灵动与欣喜。在得到新的灵感后她调整了使用媒介的方式，并创造了一种不一样的多

对照片进行插图处理与拍摄一张照片一样是一个全新的创作过程。Painter 让你脱离罩在电脑屏幕上的描图纸也能画出草图来。随着工作的进行，它成为了你的向导，让你直接在图像表面上作画，或是打开一个新的图层，就像你在 Illustrator、InDesign 和 Photoshop 里所做的一样，连操作都是近似的。

当你完成大纲时，请尽情挥洒插图所需要的各种颜色，就像简妮特对上图所做的一样。在画完之后，要仔细地对细节进行修饰。

彩的喜庆效果，要表达它单靠镜头是力所不能及的。

一言以蔽之，如果图像能以照片的方式呈现，它就能独立存在。插图是交流方式的一种，有其独特的特点。两者都是独立存在的。

当简妮特开始进一步使用大粉笔工具时，她在短时间里用大胆而鲜艳的色彩涂在图片上。这成为了她为图片添加独有的鲜活感与幽默感的起点。

自发性涂抹色彩的行为迅速激活了她创作的动力。虽然图片是在工作室里进行编辑的，但它与在拍摄日编辑的效果是类似的，一切都在迅速发生着变化。

当基础工作完成之后，你需要再花一些时间处理细节，来让图片变得更加生动。这些细节上的修饰让小男孩的金发变得栩栩如生，也让人感受到在秋日的微风登陆时，小男孩身上的毛衣所传达的暖意。

温暖的色泽传达了姐姐对弟弟的爱。

如果你在处理婚礼摄影或人像工作室的图像,这样的感觉就是应该从图片间传达出来的。

这就是当你的顾客在你这里挑选照片时,Painter能通过一张处理过的特别的照片让他们愿意挑选更多照片的理由。

这些照片能够被完美地打印出来,这是我们在接下来的最终章里将要讨论的。

15.4 丙烯

能够拍摄索恩雅、她的丈夫约翰,以及她们的第一个新生儿欧文是一种荣幸。索恩雅是我们最喜爱的模特之一,这也是欧文的第一张照片。

在一个非常狭小的空间里,我们仅在Novatron光头上安装了一把光伞,便能充分地以轻柔的光线照亮整个房间,完美地展现了一个温暖而充满爱意的家。

这是一个非常自然的时刻。1500Ws的用电对于这样一个空间来说似乎过多了,不过我们也因而降低了输出功率,以拥有更短的反应时间。当布莱恩对夫妇进行指导时,简妮特只要觉得时机合适,就能一张接一张地把正在发生的情景拍成很棒的照片。

把照片变成插图

丙烯介质的稳定性用在照片上能代表一个稳固的家庭关系。

这是对过去的大师们的油画作品的一种重新表现与全新诠释。

在 Painter 里，当丙烯被用在图像上时，它代表了自然媒介对潜在媒介的影响。在画布上它在相同的地方与已有的像素共同发挥作用。

胡尔的家庭肖像

在后期处理的最初阶段，简妮特为这张图采用了非常有冒险精神的修饰方式。她迅速勾勒主色，让画面呈现出丙烯画的特性。她"投身去做"的行事风格打破了对"一张白纸从头做起"的恐惧。有一些经验的摄影师应该很熟悉这种恐惧感。

接下来，简妮特迅速开始细部工作，首先从婴儿的脸入手，然后是成人。

最终的图片保留了简妮特勾勒的主要色彩。她和 Painter 已经结成了好搭档。回想刚刚开始使用这个软件的

技术规格

摄影师／插图
Janet Stoppee

设计师
Tracey Lee

相机
Nikon D2x · ISO: 100 · 快门速度: 1/250
手动模式

镜头
AF-S VR Zoom-Nikkor 70-200mm f/2.8G IF-ED @ 102mm
35mm 等效焦距: 153mm @ f/7.1

闪灯
1 - Novatron 1,500 Ws Digital Power Pack
1 - Novatron Bare Tube Head w/6.5" Reflector
1 - Westcott 45" Optical White Satin Umbrella with Removable Black Cover

测光表
Gossen Starlite

附件
1 - Gitzo Explorer Aluminum Tripod
1 - Gitzo 侧向球形云台
1 - Matthews Preemie Baby Stand

后期软件
Adobe Bridge, Camera Raw, and Photoshop
Corel Painter

模特
Sonya Peretti-Hull
John Hull
Owen Hull

起初先勾勒一些基础颜色。使用 Painter，你可以熟练地安排图层之间的上下关系。

接下来，开始着手细节。想一想怎样的特质会让被摄人物在余生中珍藏这张照片？强调它。

那几周，她在软件里用掉的颜料算起来大约有一加仑了。由于在 1990 年代中期打下的油画基础，她熟知各种作画材质的效果。

如果 Painter 对你来说还很陌生，不要担心。

投身去做。

我们在 Adobe Photoshop 2.0 刚刚发售的时候第一时间购买下来。在 Adobe InDesign 的版本号还是 0.x（测试版）的时候我们就开始研究它了。

如果你是摄影界的老行家，是不是会觉得你的第一台相机很奇特？如果你从业已经有几十年，会不会感到第一台单反相机有点怪？

往后就会习惯的。

15.5 油画棒

必须承认的是，那些最灵动的瞬间出现在工歇时间，当我们与一群新的模特在散步中相遇的时候。突然，我们的副制片人的女儿（还有他的妈妈和哥哥）充满活力地出现在我们面前，在栏杆上晃来晃去，做出各种可爱的举动。我们必须停下手里的事，为她拍上几张照片。

我唯一的反应就是架起照相机，设置在预设的自动挡，期待能得到想要的效果。当你面对一个活力充沛的四岁孩子的时候，你会连一秒的机会都不想放过。

尽管我们时间紧迫，但是处处都是景。这种时候，你只想用最好的相机进行拍摄。

油画棒

为了模仿油画棒中度干燥的天然质地，Painter的油画棒效果使用了真实油画棒的色彩，并尽力还原那种厚重的色调。

不管图片上原来是什么颜色，笔刷选择的新颜色都会把它遮住。

唯一例外的是多变油性色粉笔效果，它选取下面的颜色进行应用，效果很自然。

克里斯蒂安的瞬间就是简妮特的瞬间

在这幅画的创作中，简妮特偏离了安全守则。比起被规矩保护，她更害怕创造力被扼杀。这个想法鼓舞着她尝试略暗的底色并探索自由随性的拍摄角度，这和拍摄日克里斯蒂安的情绪很相符。

技术规格

摄影师
Brian Stoppee

设计师
Sherrie Hagan

插图
Janet Stoppee

相机
Nikon D2x · ISO: 100 · 快门速度: 1/160
自动模式

镜头
AF-S VR Zoom-Nikkor 70-200mm f/2.8G IF-ED @ 125mm
35mm 等效焦距: 187mm @ f/6.3

附件
1 - Gitzo Mountaineer Tripod
1 - Gitzo 侧向球形云台

后期软件
Adobe Bridge, Camera Raw, and Photoshop
Corel Painter

模特
Christie Mayo

使用自定义调色板，简妮特选用方形粉笔 35 使用她最喜欢的中色调涂满背景。

在这里油画棒效果有一个优点：它不从下面油画棒效果的部分取色。这让简妮特可以对图像修饰的方向有一个大概把握，而不会受到建立工程时候其他因素的影响。

接下来，用油画棒效果填充，孩子脸上的喜悦之情溢满了画面。这时候，简妮特开始加工克里斯蒂安最喜欢的星星 T 恤，还要做其他修正工作，让这幅肖像给亲朋好友都留下深刻的印象。找出那些在原图中一眼能抓住的特别元素。现在你已经做了很多了，只需要充满信息地挖掘细节就好。

和我们使用的所有专业应用软件一样，Painter 会吓退一些人。它的功能太强大，效果太独特。你可以自己创造一个场景。就像你放弃胶卷相机那时候一样去适应它，它会跟你走天下。

享受乐趣。

并展现你的乐趣。

在设置好暗色纸之后，简妮特开始加入一些背景，来为自己提供提示。

当选择有颜色的纸张时，简妮特不能使用"描图纸"选项。不过她可以在屏幕上反复复制和比对。

15.6 水彩

水彩从绘画中一出现，花朵就和水彩不分家。对于很多热情的微距摄影师来说，春天是从牡丹花开始的。他们有很好的理由趁着花开鼎盛的时候去留影。

因为大小的原因，一阵微风就能毁了牡丹花的拍摄。授粉的蜜蜂也会爬进黄色的花蕊丛，踢来踢去，使牡丹花颤动。

为了不让照片拍虚，微距摄影师的目标是防止一切自然产生的运动发生。你最好的防具就是闪光灯。因为花园大多在野外，我们使用第 12 章里深入讨论过的尼康无线电池闪光灯。

在附近有电源的情况下，我们选用 600Ws 的 Monolight。在多数情况下，只要光源和被摄物的距离保持不变，你就可以用测光表给一个又一个被摄物读数。尽管需要多拿一些东西，也必须确定照明灯的支架有配重。一阵突如其来的风就可能吹倒照明设备，砸到正在全神贯注看着取景器的你。

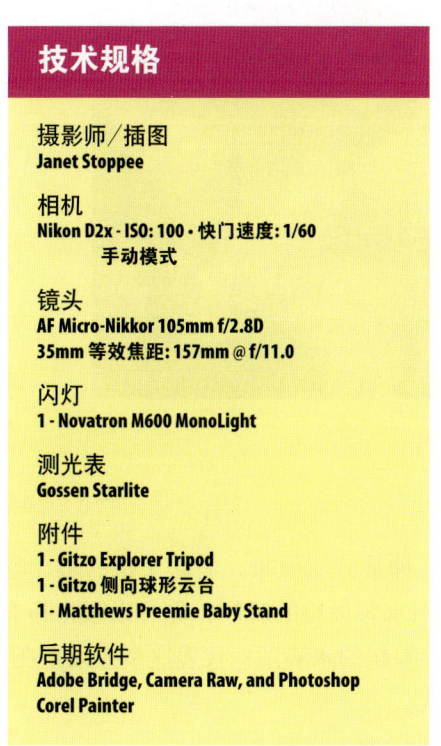

技术规格

摄影师／插图
Janet Stoppee

相机
Nikon D2x · ISO: 100 · 快门速度: 1/60
手动模式

镜头
AF Micro-Nikkor 105mm f/2.8D
35mm 等效焦距: 157mm @ f/11.0

闪灯
1 - Novatron M600 MonoLight

测光表
Gossen Starlite

附件
1 - Gitzo Explorer Tripod
1 - Gitzo 侧向球形云台
1 - Matthews Preemie Baby Stand

后期软件
Adobe Bridge, Camera Raw, and Photoshop
Corel Painter

在上图中，就像大多数水彩画家那样，简妮特用铅笔在纸上画出了轮廓线。和传统地呈现在最终画作上的铅笔线不同，简妮特可以把铅笔线单独画在一个图层上，以便过后删除。这样她在上下左右移动纸张的时候，既可以全神贯注地关注图像，又可以适时地得到铅笔线稿的指引。

分层水彩效果

  Painter 提供两种应用水彩效果的方式。一种是分层效果，看起来很有趣。它通过弄湿画布达到这种晕染效果。当你在作品中使用水彩风格的时候，你可以眼睁睁看着在传统天然媒介中的水彩效果发生在屏幕上。一个溅起的水滴图标代表这个效果正在生成。这是一种常见的通过改变媒介来处理图片的方式。

  这种效果会有一些延迟，如果你很着急，就需要一点耐心。

  我们的工作节奏很快。

我们不太有耐性，所以我们更喜欢数码水墨效果。

数码水墨效果

正如右图所示，数码水墨效果的特点是被羽化过的轻柔边缘。你可以通过相应的滑块调整晕染级别。

使用选择工具，你可以限制水墨效果的范围。只有严格符合所选区域的部分才会有晕染效果。效果就像干燥的纸张上滴了一些水一样。

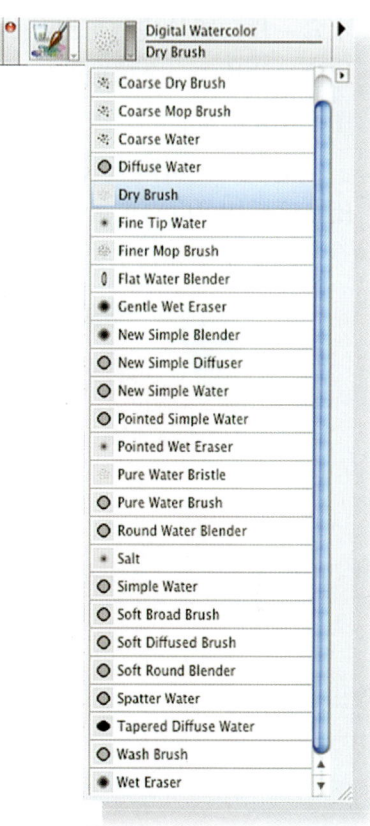

湿边缘

Painter为你提供了对水的控制功能，这是传统水彩画家无法享有的。在完成并"风干"应用之前，笔触的湿边缘可以进行调整。

你可以增加或减少水渍的大小。在"风干"之前，你的笔刷一直是湿的。

风干

一旦你调好笔触，对效果感到满意，就轮到进入图层菜单然后选择"风干数码水彩"了。

和传统的水彩一样，你要保持画面的整洁干净。这种介质对于色彩会有负面影响，使画面变暗。

铅笔线、绘图纸和计划的制订

因为水彩效果会给你的图片带来负面影响，你需要掌握图像会变成什么样。和传统

左图是Painter提供的数码水彩干笔刷选项中笔刷式样的部分。像传统水彩画家一样，简妮特在创作时试用了其中的好几种。在上图中，你可以看见到目前的步骤位置，简妮特已经使用了大量的颜色，这样可以避免在风干之后返工再添加颜色。下面就是风干后的效果。

简妮特用细密的笔刷为最终的水彩图片保留了所有细节。尽管最终的图片与原图非常相似，但仍然体现出了自己的个性。

水彩一样，铅笔线稿可以帮你达成这个目的。Painter 吸引人的地方之一就是你可以把铅笔线稿放在一个单独的图层上，过后删掉。它可以帮助你进行全局规划，或在同一张图上反复练习。

有些人不用铅笔线，而是用绘图纸作为指引。可以通过"命令"+"t"键开启和关闭，这样你可以看见最终效果。

这个指令非常重要，你一定想把它编进和冠手绘板的程序里面。

5.7 自动绘制照片

照片可以表现出拍摄进行当中的很多情况。一个人拍摄，另一个人进行指导，不过说到底，是孩子和父母在享受温馨的时光，而我们只不过是背景里的噪音罢了。

有时候，摆拍的图片更像一系列"信手拈来"的照片。

分割比

Painter 有一个很酷的工具，可以协助你衡量照片的构图。分割比与三分定律以及黄金分割有关，在几百年之前，它就是艺术家、画家和建筑师们的金科玉律了。

技术规格

摄影师
Janet Stoppee

设计师
Tracey Lee

插图
Janet Stoppee

相机
Nikon D2x · ISO: 100 · 快门速度: 1/250
　　手动模式

镜头
AF Zoom-Nikkor 80-400mm f/4.5-5.6D ED @ 180mm
　　35mm 等效焦距: 280mm @ f/5.3

闪灯
1 - Novatron M600 MonoLight
1 - Chimera Panel Frame - Large w/Diffusion Materiall

测光表
Gossen Starlite

附件
1 - Gitzo Explorer Tripod
1 - 侧向球形云台
1 - Matthews Preemie Baby Stand
2 - Matthews Hollywood - 2-1/2" Grip Heads
2 - Novatron Heavy Duty Stands

后期软件
Adobe Bridge, Camera Raw, and Photoshop
Corel Painter

模特
Michael Handy
Collin Handy

上方图中的绿线和眼睛观看构图的方式类似。这是个在开始后期之前检验视觉冲击力的好方法。

在这张图片的拍摄中，我们使用 Novatron 的 Monolight，通过 Chimera 面板框架进行广角柔光照明。为了提供轻松感，我们让模特在舞台上有充足的移动空间。

明智地使用模糊以及增强饱和度和对比度

在开始自动绘图之前，简妮特进入底层面板，明智的设置了一个模糊效果，用以减少图片的噪点，让图片达到更近似照片的效果。为了使肤色变暖，她还设置了饱和度和对比度。在这一切之前，她做了一份副本。她从来不在原片上进行修改。原片要始终保留。

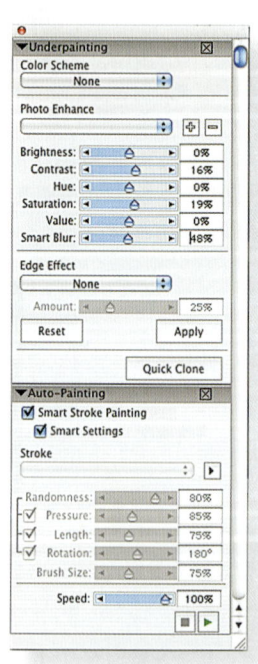

自动绘图

如果你刚刚开始使用 Painter，这就是你启程的地方。

自动绘图允许你来决定引擎如何生成智能画笔。开始你只能瞪着眼看着画笔如何在你的电脑上一步步呈现效果。

Painter 为我们生成此前两页上那种中等大小的图片。你可以设置画笔类型、随机度、笔压、旋转度、笔刷大小和速度。

一旦点击"表现"完成自动生成,你还有机会进一步修改个别细节,彰显你的个性,或者修正创意方向,形成自己的视觉风格。

　　在上图中,简妮特使用了自动绘图引擎完成了初步处理,接下来使用丙烯笔刷强调头发、眼睛和皮肤的细节。

　　她最喜欢的丙烯笔刷是不透明的细节笔刷,使用低透明度设置;丙烯湿软笔刷 5 号,也是低透明度的;细节湿笔刷 5 号;湿丙烯 30 号和不透明的丙烯笔刷。

　　在左页是我们使用的设置。在使用自动绘图功能的时候请随意调整,自己探索更多的效果。

　　有一张好图片,才能让自动绘图发挥作用。它应该光照充足,曝光适度,当然还要有非常出色的构图质量。

　　福克斯联系我们说他有很多珍贵的图片,还有一些人打给我们的手机,但如果我们无法做得出色,就会婉言谢绝。

第十六章
光线与展现

以印刷作为结束的章节非常恰当。本书从研究错综复杂的光线开始，其间囊括了摄影与光线的方方面面。到了这里，该收获成果，将作品打印到媒介上了。

我们已经卖掉了扩印机和处理器，所有化学药水都被丢在了20世纪80年代的老建筑里。我们是时代的先锋。

而对于暗房，我们却是新手。现在我们的暗房可能是数码暗房，但是暗房仍然致力于把我们的作品展现在优质纸张上。和以前飘散着刺鼻醋酸味道的暗房相比，只是变干净变整洁了而已。

当你看到一大幅光彩熠熠的照片从打印机里打出来的时候，仍然会感到激动。他让你回想起那种感动，就像过去你从湿漉漉的化学药剂缸里捞出小小的胶卷筒，然后把它们展开对着光看的时候一样。

它的精妙之处在于在这个过程中我们保留了博物馆品质的档案资料信息。那些转瞬即逝的瞬间终有一天被我们遗忘在脑后不再提起。但是我们却可以将出色的印刷品，流传到100年之后展示给人们看。

在数码世界里，印刷的过程充满了技术性与创造性，我们需要的是尽全力掌握它，为图像带入生机和活力。

16.1 打印机的驱动和媒介

面对一大堆爱普生打印机,我们心存疑惑。我们有各种大小和型号。但是即便种类翻倍,我们也不会觉得够用。

回溯到爱普生 Stylus Color 3000。在 1998 年,这款打印机赋予工作室一项新的能力:在自己的屋檐下完成打印和校样。我们从未忘记过去的日子,那时校样要使用巨型胶印机和四个全新的海德堡 6 色打印机(光是里面用到的铁就价值好几百万美元)。我们要忍受预压机操作员不信任的目光,他们对我们亲自校样感到不能理解。

不幸的是,(我们最喜欢的)那家印刷店已经在几年前就把机器拆分变卖了。然而,工作室的能力却大幅提升。我们所知道的实体摄影工作室里,没有一家没有喷墨打印机。

焊喉尺寸

这是个听起来可笑的术语,它来自用光敏纸和化学药剂洗印的年代。

如果我们的工作室要下成本洗印,就要使用 Colent、Hope 或者 Kreonite 的设备来冲洗你自己的胶片。

如果我们主要印 5×7 英寸、8×10 英寸和 11×14 英寸尺寸的照片,可以胜任的打印机的焊喉就应该是 14 英寸。然而,如果我们需要 16×20 英寸的印张,就需要 22 英寸的焊喉,它的左右还有几英寸富余,也可以打印 20×24 英寸的尺寸,这样才不至于卡纸。

有些东西是永远不会变的。

如今,办公用品店里打折出售那种 8.5 英寸焊喉的打印机,只需要不到 100 美元。

专业的焊喉尺寸是(最大 35mm 2:3 纵横比,最大的型号可以打印下列所有规格的纸张)

大型打印机匹配卷形纸张,一卷的长度从 20 英尺到 100 英尺不等。

焊喉	2:3 规格	最大纸张
13″	13″ × 19.5″	13″ × 19″
17″	17″ × 25.5″	17″ × 22″
24″	24″ × 36″	24″ × 30″
44″	44″ × 66″	24″ × 30″
64″	64″ × 96″	24″ × 30″

墨盒和媒介

印刷商不靠打印机赚钱,它们相当于卖打印机耗材。修理和维护一台年久失修的打印机还不如买一台新的。

不管是谁先提出"电脑时代的用纸量会减少"这个观念,他都是脱离实际、白日做梦。历史已经证明这个理论是错的。

驱动

每当苹果和微软对操作系统进行革新之后,厂商就只能回到工程绘图板前为对应的打印机、扫描仪以及各种周边设备重新创造驱动。

它不仅仅让电脑和打印机之间实现交流,电脑还需要了解特定打印机即将付印的纸张类型。

媒介

墨水在画布上和在展示用的背光材料上的表现是不一样的。

每一种媒介都有其特性,打印机的处理方式也大有不同。如果你在设置中选择普通纸,打印时却错用了光面纸,你就会知道我们说的是什么意思了。

使用正确的驱动

打印机厂商希望你永远离不开它们的墨盒和纸张。然而,随着市场扩张,对于优质纸张的需求也在增长。此外,纸张是一分钱一分货,劣质纸张供大于求。

只要从打印机厂商的网站上下载了驱动,你的打印机就可以使用这些或好、或坏、或差到不行的纸张进行打印了。然而如果你想要好的效果,就要选择最合适的匹配信息。

举个例子,丽色达(Lyson)的 Cave Paint Photochrome V3 喷墨打印机用墨粉和传统的爱普生的 Ultrachrome K3 墨盒适用于我们的爱普生 Stylus Pro 4800,这样我们就能顺利地使用爱普生提供的标准匹配信息和驱动设置。它们的色调近似。

不过,丽色达自己有一整套适合小型高质量爱普生打印机的匹配信息,它还适用于早些时候出产的不使用爱普生 Ultrachrome K3 ink 的宽幅爱普生打印机。

除了爱普生,你还可以在 Lyson.com 找到好几百种高端打印机的匹配信息。比如爱克发(Agfa)、佳能(Canon)、Grand Sherpa、柯达(Kodak)、御牧(Mimaki)、武藤(Mutoh)和罗兰(Roland)。

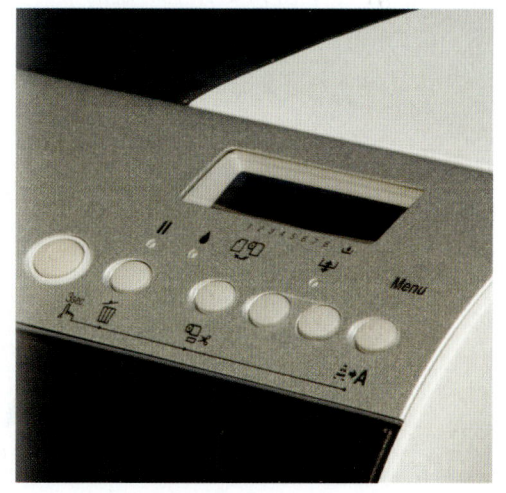

正确的匹配信息会改变一切。

16.2　ICC 匹配信息

打印机的匹配信息是指输出设备在特定纸张上还原色彩的方式。匹配信息包含了色彩和曲线值的矫正。

三种匹配信息

我们使用 Photoshop 举例。它需要三种不同的匹配信息：

输入：这种匹配信息用来图片来源的色彩特征。主要针对的是来自扫描仪和数码相机的图片。

显示：高端监视器有它自己的匹配信息。Windows 用户可以使用 Adobe Gamma 为他们的监视器创造自己的 ICC 匹配信息。Mac 机用户可以靠 ColorSync 组件创造监视器匹配信息，详见第 5.6 至 5.7 小节。

输出：每种打印介质都需要打印机、媒介与墨盒型号相结合的匹配信息。所有的打印介质都是不同的。每种介质通常需要它自己的匹配信息。为了精良的打印效果，我们使用丽色达墨盒和丽色达在北美长湾地区销售的 ink2image 纸张。

使用匹配信息

所有三种匹配信息都用于 Adobe Photoshop。举个例子，使用爱普生原装墨盒的人通常需要在打印机驱动中选择一个媒介类型以及色彩调整模式，例如"照片级写实"。要想自动完成设置就需要打印机驱动中有关于爱普生墨盒和媒介的匹配信息。丽色达产品需要不同的输出匹配信息，因为丽色达墨盒的色彩平衡和爱普生墨盒的不一样。正是因为有了这些不同，丽色达墨盒才有了更加出色的表

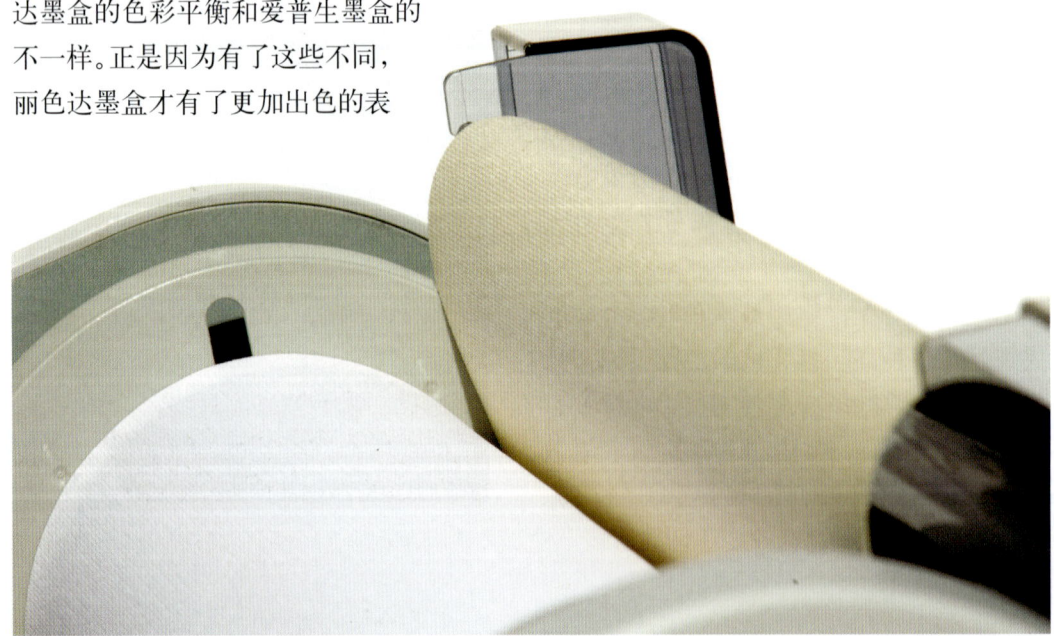

现，例如防止褪色和增强自然饱和度。

一旦更换了墨盒，老式打印机的驱动就需要帮助才能修正色彩信息。丽色达的匹配信息在这里就派上用场了，它可以矫正、甚至增强色彩再现的效果。

我的匹配信息在哪儿？

Mac 机和 Windows 用户的匹配信息都存储在操作系统里：

Mac OS X：在下列路径中寻找 ColorSync 的匹配信息：用户 > [用户名] > Library > ColorSync > Profiles

Windows XP：我们告诉你，它在：C:\windows\system32\spool\drivers\color

我可以打印多少种颜色？

可以再现的色彩很难用手指数清。关于有多少色彩可以被生产出来还有很多争论。

即便是同样的打印机用同样的墨盒，它所能打印的色彩数也是不同的，这取决于打印的介质。使用同样的墨盒和介质，用一台打印机和另一台打印机的效果也是不同的，因为不同打印机处理媒介和墨水的方式有所不同。

光滑表面和缎子布料往往可以产生最多的颜色。粗糙的表面能印出的颜色最少。

和颜料性墨水相比，自然饱和度的室内用墨水可以打印更多颜色。然而室内用墨水有它自己面临的难题，特别是在印刷的持久性方面。不过，颜料性墨水的颜色区域可以变宽。大多数时候，我们所说的"所有颜色"并没有考虑到颜色和介质的组合，以及人眼可视的极限质量。

打印速度与打印密度

爱普生的高色彩密度喷头可以打印更多颜色。一些其他厂商的打印机可以打得更快。这两点都是事实。

然而，高速意味着打印密度低。打印密度低等同于颜色数少。

你要得到画面上所有的颜色。

用色彩密度最高的喷头来打印。

4 色墨盒、6 色墨盒、8 色墨盒

经过很多年，CMYK 家族迎来了"后代"。他发展为 C, LC, M, LM, Y 和 K, 加入了浅青色（LC）和浅品红色（LM）。然后是 C, LC, M, LM, Y, K, LK 和 LLK，新添加的是浅黑色（LK）和非常浅的黑色（LLK）。现在又变成了 C, LC, VM, LVM, Y, K, LK 和 LLK，在品红和浅品红以外加入了艳品红色（VM）和浅艳品红色。

这是什么？

全部色彩！

打印机厂商一直试图通过加入不同浓度的黑色来拓展 CMYK 的颜色数。通过用更多颜色的墨水进行打印，输出质量提高了。

16.3 控制墨水；演绎你的视觉

在第 5.8 小节我们讨论了印刷的色彩控制，也就是如何处理显示器上能看到的图像和打印机实际打印出来的图像之间的关系。让我们重温一下，然后投入实践。

转换引擎

你的电脑以红、绿、蓝（RGB）格式显示图像，而你的打印机用 4 至 8 种，甚至更多的基本颜色来打印。一定有什么东西来完成这两种色彩模式之间的转换。

这些计算由"引擎"来完成。大型苹果机上有很多种引擎，Adobe ACE 是我们最喜欢的。在 Windows 方面使用的是色彩管理模块（CMM）引擎。

生成

在你选择文件＞打印的时候，面前有一系列选择。再次翻回到第 5.8 小节讨论过的内容，然后我们来探讨一下当你做出这些选择的时候会发生什么。

发生的就是你电脑里的引擎开始为颜色值进行"布局"，在 RGB 模式里被布局的是"源空间"，在 CMYK 格式里被布局的是"目标空间"。

相对色度

我们想要最真实、最准确的转换，把独立的颜色值准确地分布在相应的位置。然而，从 RGB 转换到 CMYK 模式时，有一些颜色无法转换。那些超出转换范围的颜色被忽略了。有一些高密度的颜色被拦截了，从而无法还原出细节。

在使用 8 色打印机打印色彩丰富的图片时，经常会用到相对色度。

等比压缩

"图片效果优先"的方法是提高对比度的打印转换法。有些客户很喜欢它产生的鲜亮效果。然而，为了加大色调范围，色调被改动了。高密度颜色区的细节能够被保留住。这种转换法在由大色域模式（RGB）转向小色域模式（CMYK）的时候非常流行。针对图片摄影，这种转换法是受

到推崇的。

还有什么?

正如我们在第 5.5 至 5.7 小节中讨论的，色彩转换的方式还有绝对色度坐标复制法和饱和度优先法，在专业图片打印中没有它们的用武之地。

内嵌匹配信息

当你保存图片的时候，Photoshop 会问你要不要标记你所创造的 RGB 工作环境。

这些标记会影响你的工作。当你将色彩空间信息内嵌到照片中之后，你就记下了图片在你的显示器上是怎样呈现的，以及原数据本来是怎样的。这使得异地付印成为可能，位于别处的你的伙伴在打开文件时可以读取你的色彩空间到他们的色彩空间里。

这种转换会改变文件，让它看起来更贴近在你那里所显示的样子。别的伙伴可以看到你所看到的样子。这种转码方式确实会为了让它们看到正确的图像而改变数据，除非你的伙伴在观看后做出改变，并保存了他们的显示器所匹配的信息。

16.4 管理墨盒

墨盒又贵又难伺候，不停地买新墨盒让我们抓狂。宽幅打印机的一套墨盒要好几百美元。

一个活跃的工作室一年要用好几个墨盒。很多墨盒的外壳都是不可循环的，是对宝贵资源的极大浪费。

更多墨水

有几种战略可以让你经常性地把新墨水灌进墨盒，但有些方法会弄得你灰头土脸。大多数方法让你拔掉墨盒上面的一个部件，然后用一根难看的管子把墨水从一边吸到另一边。

我们倾向于可反复灌装的墨水瓶。它可以节省一大笔资金。墨水很棒，可以随用随加。我们手头总会有几瓶备用。

很简单!

我们从 2000 年开始使用丽色达墨水。可反复灌装的墨盒一出现,我们就迫不及待地用上了。

检查喷嘴

喷嘴会堵塞。在你开始工作之前,确认打印机工作正常。这个测试可以依靠打印机的面板或者电脑上的特别组件完成。要养成经常检查喷嘴的习惯。建立喷嘴检查单,在上面写上日期,把它和说明书放在一起存档;这样你就可以知道喷组正常工作的寿命。

最好防患于未然,别等到遇到麻烦才把打印机丢出门外。

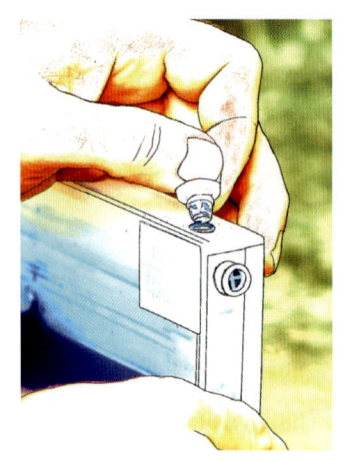  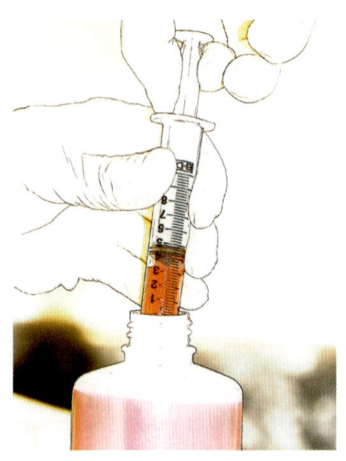

为宽幅打印机添加墨水的步骤非常简单。首先,小心地打开墨盒顶端的塞子。

接下来,装上漏斗,缓缓倒入适量墨汁。

填充小墨盒时,用针筒从墨水罐里吸取5毫米墨水。

填装墨盒

丽色达在北美地区销售的 ink2image 套装发售之后,你需要的所有东西都有了。它为使用高端打印机的你量身定做。

如果你有宽幅打印机,使用大型墨水盒,你的灌装可以更轻松。打开塞子,插入漏斗,倒墨水。然后像第 432 页所述的那样把接口拨回去。

要找到墨水对应的墨盒颜色。在可重复灌装的墨盒上,有一个出墨孔和另一个灌装孔。把两个都打开才能用注射器灌入墨水。缓缓拉动注射器泵,墨水将会慢慢灌入墨盒。不要用力推注射器泵强行灌入墨水。让它像魔法一样自然而然地发生。每次保持只灌五厘米,直到墨水灌满。

最好在使用之前让墨盒静置一晚上。这一步骤可以确保所有气泡都跑出来。

只在打印机墨水信号灯报警的时候填充墨盒。你可能会发现,当打印机告诉你没有墨水的时候，墨水还没有用尽。

这就像是你车内仪表盘上的低燃料警示灯一样。当它亮起的时候，油箱里还有一两加仑汽油。

它如何工作？

我们是对工作原理非常好奇的那类人。墨盒背面有一个非常小的接口，用来连接打印机。你不应该碰它。

但如果你对接口的构造感到好奇，我们可以来给你讲讲。

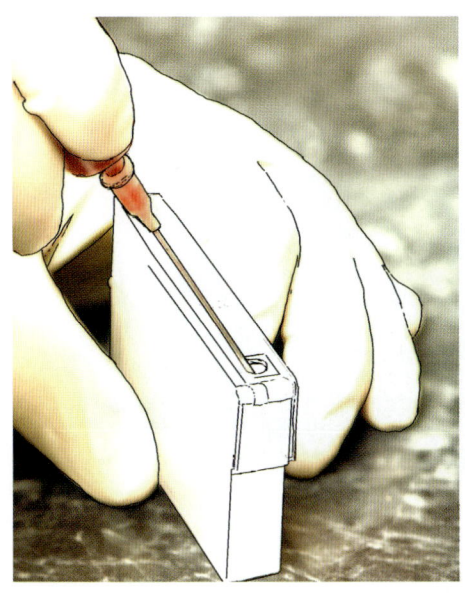

把针头插进墨盒，让它进出自如。这样可以把墨盒里的一部分空气挤压出来。

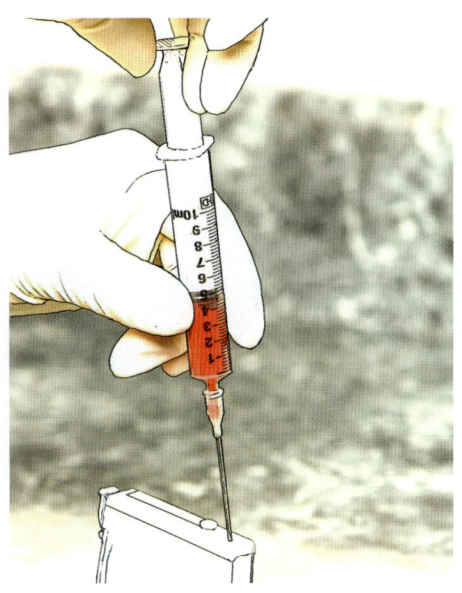

不要强行推动注射器泵。把它向上提起，然后注射器神奇地自动把墨水灌进墨盒。

它们把可反复灌装的墨盒和打印机驱动软件中的墨水量监控系统连在一起。和原厂墨盒一样，墨水量监控系统显示每个墨盒里面的墨水量，它随着你的打印过程而改变。

非常重要的一点是，等打印机报警时再灌装墨盒。

如果你等到它空了，打印机就会显示墨盒已空，然后停止打印。

重置接口

对于大墨盒的使用者，这是打印机上最酷的小部件。

当宽幅打印机的墨盒用过之后，它会发出墨水已经用完的信号。这看起来是用来防止你自行灌装新墨水的。

你可以自己调整接口，告诉机器你自己来灌装墨水。Ink2image 的一个小设备（如右图）可以帮你重置接口。用重置设备的针头碰触墨盒接口，保持几秒，这个小零件上的红色 LED 灯会闪烁，然后变绿。现在你可以按照我们之前说的方法用针头或者漏斗灌墨水了。

当你把重新灌装的墨水插回打印机的时候，打印机会认定这是一个新墨盒。（墨水是新的而已）

用这种方法，我们的青色、品红色、黄色、黑色，以及其他四种颜色的墨水都焕然一新了。

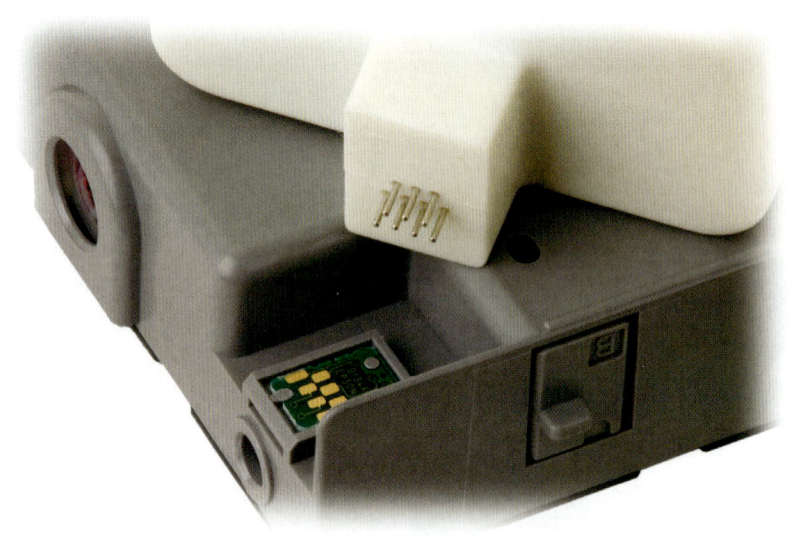

16.5　黑白色域

你想打印出出色的黑白照片吗？
你想要冷调或者褐色调的黑白照片吗？
你是不是已经发现身边老式的 6 色打印机不受欢迎？
这一节有你想要的东西。（以后你会感谢我们的）

6 色和白色

丽色达的 Quad Black Toneable 黑色墨盒也采用可反复灌装系统。你可以在普通的宽幅打印机上使用它，但是必须要把原有的墨水清理干净。安上的 Quad Black Toneable 黑色墨盒之后要清理干净，然后再把原来的彩色墨盒装回去。最好用一台打印机单独打印黑白照片。

电脑上的准备

这一系统采用一套特殊的匹配信息。按照第 16.2 小节"我的匹配信息在哪儿"所述安装它。

在 Photoshop 中优化图片大小

用 Photoshop 调整好付印的图片在屏幕上看起来有些怪，但是等打印出来就会好的。

打开 Photoshop 的黑白图片。确认在信息面板中它是单色的。如果整张图片的 RGB 值相等，图片就是单色的。

创造温暖的图像

开始创立"通道混合器"。选择图层＞新建调整图层＞通道混合器。把它命名为"调成暖调"。

接下来，在图层调整面板里选择"载入"。丽色达的 Quad Black Toneable 套装中有两个可以载入的 .cha 文件，选择"warm adj."。

当你做完这步之后，图片会呈现出鲜艳的品红色。这是正常的。选择"确定"接收通道混合值。

现在在图层面板中调整图层。在你的图层面板里，有一个名为"常规"的下拉菜单，

第十六章 光线与展现　433

把它选择为色彩。这一改变可以确定你的图片在颜色调整中保持灰度不变。在图片上加入鲜艳的品红色是必要的。丽色达会激活紫红色的打印通道。你安装的监视器匹配信息会滤掉大部分鲜艳的颜色,让图片看起来偏暖或呈棕褐色。

用同样的方法试试冷色调的图像。

16.6　哑光铜版纸和光面纸

Ink2image 的打印媒介选择很特殊。它们试遍了全世界所有优质的纸张。

每一种纸的着墨反应都有所不同。

高级雪面哑光铜版纸比起一般的哑光铜版纸有着更光滑洁白的纸面,可打印的颜色也较多。它是一种经济实惠的照片打印用纸,可以单面或双面打印。

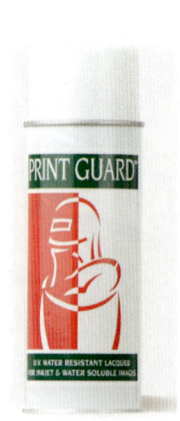

纤维底糙面纸耐腐蚀,适合长期展示。这种纸重量较重,会为照片加上一层奶油白色。

高级绒面和光面纸底色白净光亮,适合展现更深和更浅的颜色,以及层次丰富的中性黑色。下图就体现了丰富的深色调。

亮白色和自然色的高光银色滑面纸看起来的感觉就像传统的高光类银色纸张。它耐腐蚀,有亮白色和自然色两种规格。

白色缎面纸和高光银色滑面纸类似,但是光泽度略低。

滑面艺术纸采用纤维素底,耐腐蚀,呈现传统水彩画纸那样的中性暖色调。但是比传统的软绵纸多一些纹路。

你可以用右上图中的"印刷品卫士"来保护印张。这种漆防晒、防水。

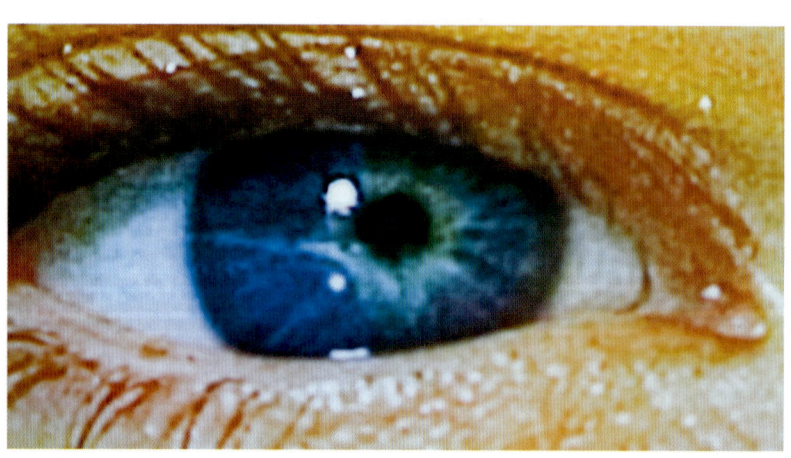

16.7 绒面纸与油画布

天鹅绒美术纸有亮白色和自然色两种规格。它是百分百纯棉的,而且耐腐蚀,这种相对光滑的糙面纸可以很好地呈现鲜艳颜色的细节。

糙面油画布也是100%纯棉的。2‰自然白色画布有防水保护,对于照片打印和画作复制品打印来说非常理想。它采用2∶1编织工艺,耐用,抻拉时不易损坏。下图显示出纹理是如何丰富色彩的。

相对光滑的糙面画布编织致密,给画面增加了亮白的色泽。它适合油画复制品打印和照片打印。可以避免锯齿影像画面质量。它是100%纯棉的,19‰的基底,也使用2∶1编织法。

高光油画布有很强的高光,防水。用19‰的纤维/棉混纺而成。

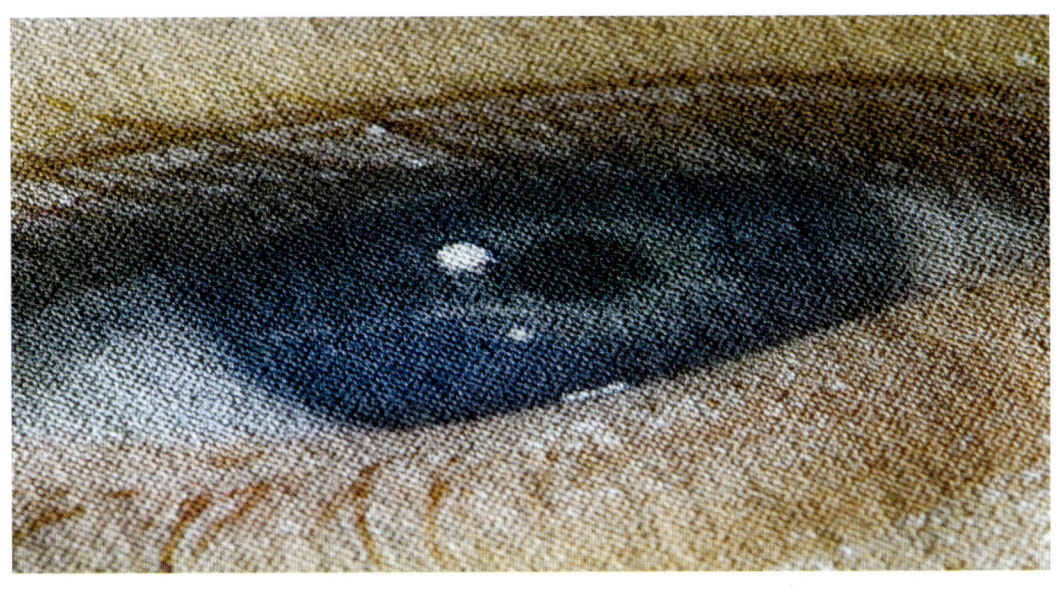

16.8 亮度和持久度

当摄影师把印好的图片卖给别人的时候,图像的持久度是他们最关心的。对于那些拍摄人们生活中一些特别事件的摄影师说,这点更是尤其重要。

摄影师保留原文件,客户拿走印张。照片可能在他们的手中代代相传。

对于摄影艺术家来说也是如此。他们会把参展作品卖给愿意出大价钱进行投资的人。

卤化银洗印术,载入史册

多年以来,人们用黑白照片留存记忆。它们可以流传好几十年不会褪色。

在 20 世纪 50 年代后期，彩色洗印大张旗鼓地进入市场，但是人们无法相信彩色照片可以沿用终生。

在 20 世纪七八十年代，用颜料墨水的洗印系统能力还非常有限。因为有些珍贵的照片不仅仅会褪色，甚至还会完全消失。

当时，用卤化银纸洗印的照片，如果每天经受 450 勒克斯（lux）的冷白银光灯照射 12 小时，它的寿命是 20 至 40 年。同样的照片如果在温度、湿度合适，完全黑暗的环境下，它的寿命可以达到 50 至 100 年。

喷墨打印，更近一步

喷墨打印在纸上印上很小的墨点。墨点小到要以微微升为单位来计量。

比起光照，这些印张的持久度在更大程度上要取决于墨水的质量以及打印媒介。

颜料性墨水对比溶剂性墨水

颜料性墨水和颜料性照片纸一样，有很多缺点，它们无法拿出解决方案。起初，喷墨打印机使用颜料墨水，因为它们的色域更大，这是客户和新兴的数码摄影家们想要的。

即便是现在，人们有时候也会像 20 世纪 50 年代的摄影家一样对这种墨水偏心，包容它的种种不足与缺陷。

如今，溶剂性墨水已经被普遍接受，洗印照片的技术门槛也降低了很多。

被合成树脂外盒包裹的溶剂型墨水色域宽广，耐光持久度也很出色。

膨润型纸张

有些图片看起来很漂亮，但时间一久就会有问题。

膨润型纸张正如其名，遇到潮湿环境会发生膨胀。它需要较长的干燥时间。纸张的基底像三明治一样，夹在两个聚乙烯纤维涂层中间。就像卤化银时代的涂塑相纸一样。

这些纸很适合颜料性墨水，但溶剂性墨水就无法完全渗透进去。

渗透式纸张

这种媒介防湿耐潮。它的风干速度很快，不容易蹭脏。然而不巧的是，因为这种纸没有保护涂层，它们会暴露在周围环境的损害中。如果你想在家里的厨房附近挂一幅画，这种纸张就很不合适。那么什么纸合适呢？

无酸棉纸

100% 由无酸棉制成的糙面纸有着非常出色的耐久度，而且它还耐腐蚀。

湿度对传统卤化银纸张的负面影响要大于对喷墨印张的影响。

环境的挑战

不管工作室交给用户的是什么相纸的照片，一旦要让照片暴露在户外，用户就有必要对照片采取保护措施。

有五个减损照片寿命的因素。

光照

尽管和卤化银时代相比，照片的耐光度已经有了大幅改进，但光线仍然会造成照片褪色。

喷墨纸张不怕光照——这不是真的。它们只是不受那么大的影响而已。相纸最显而易见的指标就是褪色度。实验表明在档案纸上打印的溶剂性墨水耐光牢固度最好。

工作室也要注意厂商的耐光牢度声明。它们针对的是特定的纸张和墨水的组合。摄影师不能根据某一种纸张的耐久度可达 100 年就武断地判定任何一种纸张都可以撑这么久。打印机厂商鼓吹用那些大品牌纸张打印后的耐久度，但你要明白如果用地摊货就是两码事了。

为了自己和客户的利益，工作室的人应该明白这些声明的意义。

每一次的测试环境都有所不同。

在得到广泛认同的 2005 年白皮书中，打印实验表明在 450lux 的光照强度下，一些颜料性墨水印张的寿命只有 4 至 8 年。而溶剂性墨水印张的寿命最高可达 115 年。

即便是那些客户指向的溶剂性墨水产品，也有很多的寿命超过了 100 年。然而有些声称耐久度超过 100 年的纸张如果使用颜料性墨水喷墨打印，寿命仅有 11 年。

在同样的测试中，在受欢迎的小实验室环境中，大品牌的卤化银相纸寿命仅有 9 年。

避光

那些在暴晒下寿命仅有 10 至 20 年的打印材料在经过调控的暗房里确实可以保存 100 年以上。但是不能就此推测所有的打印材料在暗房里都能延长寿命。

温度和湿度

所有印张暴露在高湿度的环境里都有可能会发霉。高温潮湿的环境对传统卤化银印张比对喷墨打印印张的负面影响更大。溶剂性墨水受到的影响最小，而印在膨胀式纸张上的颜料性墨水会损失图像质量。

气体污染

在喷墨打印印张方面，臭氧对颜料性墨水的影响比对溶剂性墨水更大。经过玻璃板装裱过的画幅幸存的几率更大。

水

传统的卤化银印张在防水方面比喷墨打印印张出色。水会毁掉喷墨打印的作品，它们是不防水的。

更多研究

这并不是印张持久度研究的结语。有些厂商在这些研究领域是中流砥柱，我们期望它们走得更远。

无需越俎代庖，坐享其成即可。

怀俄明图像研究所（Wilhelm Imaging Research）是深入研究的绝好地方，请访问它们的网址 wilhelm-research.com。

出版后记

无论你从事什么职业,摄影、绘画、设计、建筑,你都无法在自己的领域里避开光线。本书从最基本的原理入手,向你分析了什么是光、它是如何影响我们的眼睛和照片的、数码相机的光学原理是什么、我们该怎么样判断光线的状态又如何让它按照我们的要求改变。只有真正掌握本书中的知识,才能从根本上解决用光问题。

斯托夫夫妇是有着多年丰富拍摄经验的摄影师,他们用平实的语言创作了这本有关光线的书。不同于那些单纯讲述布光的书籍,他们把拍摄中涉及光线的每一个步骤都详细记录下来。了解光的语言,成功摄影师在你眼中将再没有任何秘密。

后浪出版公司有幸能够得以协助出版这本《光的语言》,相信本书会有助于所有从事相关专业人士和学生更系统地了解光。因时间仓促、能力所限,编辑过程中难免存在错漏之处,欢迎读者批评指正,以便再版时及时纠正。

服务热线:133-6631-2326　188-1142-1266
服务邮箱:reader@hinabook.com

"摄影学院"编辑部
后浪出版公司
2012 年 10 月

图书在版编目（CIP）数据

光的语言 / (美) 斯托夫 (Stoppee,B.) , (美) 斯托夫 (Stoppee,J.) 著；王真，郭人和译. -- 北京：世界图书出版公司北京公司，2012.11（2014.11重印）

书名原文：Stoppees' Guide to Photography and Light

ISBN 978-7-5100-5322-1

Ⅰ.①光… Ⅱ.①斯… ②斯… ③王… ④郭… Ⅲ.①摄影光学 Ⅳ.①TB811

中国版本图书馆CIP数据核字(2012)第234591号

Stoppees' Guide to Photography and Light / by Brian & Janet Stoppee / ISBN: 978-0-240-81063-8

Copyright © 2008, Taylor & Francis Group LLC. All rights reserved.

Authorized translation from English language edition published by Focal Press, part of Taylor & Francis Group LLC; All rights reserved. 本书原版由 Taylor & Francis 出版集团旗下，Focal Press 出版公司出版，并经其授权翻译出版。版权所有，侵权必究。Beijing World Publishing Corporation is authorized to publish and distribute exclusively the Chinese (Simplified Characters) language edition. This edition is authorized for sale throughout Mainland of China. No part of the publication may be reproduced or distributed by any means, or stored in a database or retrieval system, without the prior written permission of the publisher. 本书中文简体翻译版授权由世界图书出版公司独家出版并限在中国大陆地区销售。未经出版者书面许可，不得以任何方式复制或发行本书的任何部分。

Copies of this book sold without a Taylor & Francis sticker on the cover are unathorized and illegal. 本书封面贴有 Taylor & Francis 公司防伪标签，无标签者不得销售。

北京市版权局著作权合同登记号图字 01-2009-6844

光的语言：摄影师、画家和设计师都必须了解的摄影用光

著　者：(美) 布莱恩·斯托夫（Brian Stoppee）简妮特·斯托夫（Janet Stoppee）	丛书名：摄影学院
译　者：王真　郭人和	筹划出版：银杏树下　出版统筹：吴兴元　编辑统筹：董良
责任编辑：德晓　王骏清	营销推广：ONEBOOK　装帧制造：墨白空间

出　版：世界图书出版公司北京公司
出 版 人：张跃明
发　行：世界图书出版公司北京公司（北京朝内大街137号　邮编100010）
销　售：各地新华书店
印　刷：北京盛通印刷股份有限公司（北京亦庄经济技术开发区科创五街经海三路18号 邮编100176）
（如存在文字不清、漏印、缺页、倒页、脱页等印装问题，请与承印厂联系调换。联系电话：010-67887676）

开　本：787毫米×1092毫米　1/16
印　张：27.5　插页2
字　数：568千
版　次：2013年1月第1版
印　次：2014年11月第4次印刷

读者服务：reader@hinabook.com 188-1142-1266
投稿邮箱：onebook@hinabook.com 133-6631-2326
购书服务：buy@hinabook.com 133-6657-3072
网上订购：www.hinabook.com（后浪官网）

ISBN 978-7-5100-5322-1　　　　　　　　　　　　　定价：99.80元

后浪出版咨询（北京）有限责任公司常年法律顾问：北京大成律师事务所　周天晖　copyright@hinabook.com

版权所有　翻印必究